高等院校大机械系列实用规划教材

精密与特种加工技术

主　编　袁根福　祝锡晶
副主编　闫伟林　陈远龙　尹成龙
参　编　李　华　吴林峰　梁华琪

北京大学出版社
PEKING UNIVERSITY PRESS

内 容 简 介

本书收集了国内外大量的文献资料，较系统地讲述了精密和特种加工技术的主要内容，全书共 11 章，除概论外，其余各章的内容分别为精密切削加工、精密磨削加工、电火花加工、电火花线切割加工、电化学加工、激光加工技术、电子束和离子束加工、超声波和超高压水射流加工、复合加工、其他精密与特种加工技术。

本书可作为机械制造及其自动化专业本科学生的教材，同时也可作为从事机械制造业的工程技术人员的参考用书。

图书在版编目（CIP）数据

精密与特种加工技术/袁根福，祝锡晶主编. —北京：北京大学出版社，2007.8
高等院校大机械系列实用规划教材
ISBN 978-7-301-12167-2

Ⅰ. 精… Ⅱ. ①袁… ②祝… Ⅲ. ①精密切削—高等学校—教材 ②特种加工—高等学校—教材 Ⅳ. TG506.9 TG66

中国版本图书馆 CIP 数据核字(2007)第 074906 号

书　　　　名：	精密与特种加工技术
著作责任者：	袁根福　祝锡晶　主编
责 任 编 辑：	郭穗娟
标 准 书 号：	ISBN 978-7-301-12167-2/TH · 0008
出　 版　 者：	北京大学出版社
地　　　　址：	北京市海淀区中关村北京大学校内　100871
网　　　　址：	http://www.pup.cn　http://www.pup6.com
电　　　　话：	邮购部 010-62752015　发行部 010-62750672　编辑部 010-62750667
电 子 邮 箱：	编辑部 pup6@pup.cn　总编室 zpup@pup.cn
印　 刷　 者：	北京虎彩文化传播有限公司
发　 行　 者：	北京大学出版社
经　 销　 者：	新华书店
	787mm×1092mm　16 开本　19.5 印张　450 千字
	2007 年 8 月第 1 版　2024 年 7 月第 10 次印刷
定　　　　价：	49.00 元

未经许可，不得以任何方式复制或抄袭本书之部分或全部内容。
版权所有，侵权必究　　举报电话：010-62752024
　　　　　　　　　　　电子邮箱：fd@pup.cn

高等院校大机械系列实用规划教材
专家编审委员会

名誉主任　胡正寰*

主任委员　殷国富

副主任委员　（按拼音排序）

　　　戴冠军　江征风　李郝林　梅　宁　任乃飞
　　　王述洋　杨化仁　张成忠　张新义

顾　　问　（按拼音排序）

　　　傅水根　姜继海　孔祥东　陆国栋
　　　陆启建　孙建东　张　金　赵松年

委　　员　（按拼音排序）

　　　方　新　郭秀云　韩健海　洪　波
　　　侯书林　胡如风　胡亚民　胡志勇
　　　华　林　姜军生　李自光　刘仲国
　　　柳舟通　毛　磊　孟宪颐　任建平
　　　陶健民　田　勇　王亮申　王守城
　　　魏　建　魏修亭　杨振中　袁根福
　　　曾　忠　张伟强　郑竹林　周晓福

---

*胡正寰：北京科技大学教授，中国工程院机械与运载工程学部院士

丛书总序

殷国富[*]

机械是人类生产和生活的基本工具要素之一，是人类物质文明最重要的一个组成部分。机械工业担负着向国民经济各部门，包括工业、农业和社会生活各个方面提供各种性能先进、使用安全可靠的技术装备的任务，在国家现代化建设中占有举足轻重的地位。20 世纪80 年代以来，以微电子、信息、新材料、系统科学等为代表的新一代科学技术的发展及其在机械工程领域中的广泛渗透、应用和衍生，极大地拓展了机械产品设计制造活动的深度和广度，改变了现代制造业的产品设计方法、产品结构、生产方式、生产工艺和设备以及生产组织模式，产生了一大批新的机械设计制造方法和制造系统。这些机械方面的新方法和系统的主要技术特征表现在以下几个方面：

(1) 信息技术在机械行业的广泛渗透和应用，使得现代机电产品已不再是单纯的机械构件，而是由机械、电子、信息、计算机与自动控制等集成的机电一体化产品，其功能不仅限于加强、延伸或取代人的体力劳动，而且扩大到加强、延伸或取代人的某些感官功能与大脑功能。

(2) 随着设计手段的计算机化和数字化，CAD/CAM/CAE/PDM 集成技术和软件系统得到广泛使用，促进了产品创新设计、并行设计、快速设计、虚拟设计、智能设计、反求设计、广义优化设计、绿色产品设计、面向全寿命周期设计等现代设计理论和技术方法的不断发展。机械产品的设计不只是单纯追求某项性能指标的先进和高低，而是注重综合考虑质量、市场、价格、安全、美学、资源、环境等方面的影响。

(3) 传统机械制造技术在不断吸收电子、信息、材料、能源和现代管理等方面成果的基础上形成了先进制造技术，并将其综合应用于机械产品设计、制造、检测、管理、销售、使用、服务的机械产品制造全过程，以实现优质、高效、低耗、清洁、灵活的生产，提高对动态多变的市场的适应能力和竞争能力。

(4) 机械产品加工制造的精密化、快速化，制造过程的网络化、全球化得到很大的发展，涌现出 CIMS、并行工程、敏捷制造、绿色制造、网络制造、虚拟制造、智能制造、大规模定制等先进生产模式，制造装备和制造系统的柔性与可重组已成为 21 世纪制造技术的显著特征。

(5) 机械工程的理论基础不再局限于力学，制造过程的基础也不只是设计与制造经验及技艺的总结。今天的机械工程学科比以往任何时候都更紧密地依赖诸如现代数学、材料科学、微电子技术、计算机信息科学、生命科学、系统论与控制论等多门学科及其最新成就。

上述机械科学与工程技术特征和发展趋势表明，现代机械工程学科越来越多地体现着知识经济的特征。因此，加快培养适应我国国民经济建设所需要的高综合素质的机械工程学科人才的意义十分重大、任务十分繁重。我们必须通过各种层次和形式的教育，培养出适应世界机械工业发展潮流与我国机械制造业实际需要的技术人才与管理人才，不断推动我国机械科学与工程技术的进步。

为使机械工程学科毕业生的知识结构由较专、较深、适应性差向较通用、较广泛、适

---

[*]殷国富教授：现为教育部机械学科教学指导委员会委员，现任四川大学制造科学与工程学院院长

应性强方向转化，在教育部的领导与组织下，1998年对本科专业目录进行了第3次大的修订。调整后的机械大类专业变成4类8个专业，它们是：机械类4个专业（机械设计制造及其自动化、材料成型及控制工程、过程装备与控制、工业设计）；仪器仪表类1个专业（测控技术与仪器）；能源动力类2个专业（热能与动力工程、核工程与核技术）；工程力学类1个专业（工程力学）。此外还提出了面向更宽的引导性专业，即机械工程及自动化。因此，建立现代"大机械、全过程、多学科"的观点，探讨机械科学与工程技术学科专业创新人才的培养模式，是高校从事制造学科教学的教育工作者的责任；建立培养富有创新能力人才的教学体系和教材资源环境，是我们努力的目标。

要达到这一目标，进行适应现代机械学科发展要求的教材建设是十分重要的基础工作之一。因此，组织编写出版面向大机械学科的系列教材就显得很有意义和十分必要。北京大学出版社和中国林业出版社的领导和编辑们通过对国内大学机械工程学科教材实际情况的调研，在与众多专家学者讨论的基础上，决定面向机械工程学科类专业的学生出版一套系列教材，这是促进高校教学改革发展的重要决策。按照教材编审委员会的规划，本系列教材将逐步出版。

本系列教材是按照高等学校机械学科本科专业规范、培养方案和课程教学大纲的要求，合理定位，由长期在教学第一线从事教学工作的教师立足于21世纪机械工程学科发展的需要，以科学性、先进性、系统性和实用性为目标进行编写，以适应不同类型、不同层次的学校结合学校实际情况的需要。本系列教材编写的特色体现在以下几个方面：

(1) 关注全球机械科学与工程技术学科发展的大背景，建立现代大机械工程学科的新理念，拓宽理论基础和专业知识，特别是突出创造能力和创新意识。

(2) 重视强基础与宽专业知识面的要求。在保持较宽学科专业知识的前提下，在强化产品设计、制造、管理、市场、环境等基础理论方面，突出重点，进一步密切学科内各专业知识面之间的综合内在联系，尽快建立起系统性的知识体系结构。

(3) 学科交叉与综合的观念。现代力学、信息科学、生命科学、材料科学、系统科学等新兴学科与机械学科结合的内容在系列教材编写中得到一定的体现。

(4) 注重能力的培养，力求做到不断强化自我的自学能力、思维能力、创造性地解决问题的能力以及不断自我更新知识的能力，促进学生向着富有鲜明个性的方向发展。

总之，本系列教材注意了调整课程结构，加强学科基础，反映系列教材各门课程之间的联系和衔接，内容合理分配，既相互联系又避免不必要的重复，努力拓宽知识面，在培养学生的创新能力方面进行了初步的探索。当然，本系列教材还需要在内容的精选、音像电子课件、网络多媒体教学等方面进一步加强，使之能满足普通高等院校本科教学的需要，在众多的机械类教材中形成自己的特色。

最后，我要感谢参加本系列教材编著和审稿的各位老师所付出的大量卓有成效的辛勤劳动，也要感谢北京大学出版社和中国林业出版社的领导和编辑们对本系列教材的支持和编审工作。由于编写的时间紧、相互协调难度大等原因，本系列教材还存在一些不足和错漏。我相信，在使用本系列教材的教师和学生的关心和帮助下，不断改进和完善这套教材，使之在我国机械工程类学科专业的教学改革和课程体系建设中起到应有的促进作用。

2006年1月

前　　言

制造业在国民经济中起着支配作用，是决定一个国家经济发展水平的最基本因素，而机械装备的设计制造又是制造业中的核心产业。大学机械专业人才的培养担负着为机械装备产业输送设计制造工程技术人才的重任，而人才培养质量直接关系到我国机械领域的创新和机械产品质量的提高。

中华人民共和国成立后一直到改革开放前，我国高校机械类专业设置基本上参照苏联模式，以产品、部门、行业系统为界限设置专业，专业面较窄。20世纪80年代中期，为了适应改革开放的历史潮流，经当时的国家教育委员会批准设置了机械设计与制造专业，覆盖了原40多个机械产品类老专业，形成了当时高校专业中设置院校、在校人数最多和专业面最宽的专业。到20世纪90年代末，教育部根据形势的发展，又将机械设计与制造、机械制造工艺与设备、机电自动化及控制、汽车拖拉机设计这几个大专业合并为机械设计制造及其自动化专业。这是目前我国高校中专业面最宽、招生规模最大的26个专业之一。2005年机械专业本科学生数量达到190 385人。当前，我国高等教育开始步入大众化阶段，在大众化阶段，高等教育的人才培养目标已经不是精英教育，而主要是增加培养应用型人才的数量，这是从许多发达国家高等教育大众化历程中总结出来的经验。另一方面，科学技术对经济和社会的发展起着巨大促进作用，高等院校只有培养出大量高素质的应用型人才，把科学技术成果大量应用到实际中去，这种作用才能真正体现出来。这给以培养工程应用型人才为主的高校带来了巨大的发展机会和发展潜力。具体到机械专业来说，我国在国际制造大国地位的确立，需要大量高素质的工程应用型机械专业人才，因此，很多原来没有开设机械专业的一般地方本科院校和相当数量的新办本科院校都开设了机械设计制造及其自动化专业。由于这些院校受客观条件和人才培养目标的限制，必然冲击了原来几乎千篇一律的办学模式，带来了机械专业办学规模、办学层次、办学类型、办学特色等方面的多样性，从而有关工程应用型本科机械专业人才的培养的问题已经受到广泛关注。办好工程应用型本科机械专业，培养工程应用型本科机械专业人才，对提升我国机械工业整体水平，提高我国机械行业在经济全球化背景下的国际竞争力具有同样重要作用。

培养工程应用型本科机械专业人才，必须树立全新的教育思想和教育观念。与传统的本科机械专业教育不同，应用型本科机械专业教育主要是培养基层第一线的技术应用型人才，强调学用结合，重视将知识直接转化为现实的生产力。因此，工程应用型本科机械专业应当有别于以往一般本科机械专业的人才培养模式，我们认为其人才培养目标是：应具有机械设计制造及其他相关知识能力和综合素质，德、智、体、美、技全面发展，面向生产、管理、服务等第一线或实际岗位，并具有可持续发展的潜力的高级应用型专门人才。在工程应用型本科人才培养目标中，编者特别提到其中"技"字和"专门人才"。工程应用型本科机械专业人才应当具备熟练的技术应用能力和一定的技能，这有别于一般工程研究型本科机械专业人才。同时，工程应用型本科机械专业人才在通识教育的基础上，需要掌握一定的专门技术，即工程应用型本科机械专业是"专才"教育，而不是像工程研究型大学那样进行"通才"教育，这也是应用型人才的特征。

精密与特种加工技术在现代制造业中起着举足轻重的作用，它是先进制造技术的重要组成部分，其技术水平的高低也代表了一个国家制造业水平的高低。近年来，随着电子技术、计算机技术和自动控制技术的发展，精密与特种加工技术获得了飞跃发展和广泛应用。我国将由制造业大国向制造业强国转变，因此，工程应用型本科机械专业人才了解和掌握一些精密与特种加工技术是很有必要的。根据工程应用型本科机械专业人才培养特点，编者立足于扩大读者知识面，以实用为主，把本书编成适于应用型人才培养的一本教材。

本书各章的编者如下：袁根福(第1、7章)，祝锡晶(第2、3、11章)，陈远龙(第6章)，闫伟林(第4章)，李华(第5章)，吴林峰(第8、9章)，尹成龙(第10章)，梁华琪参加了第7章的编写工作，全书由袁根福统稿。

本书的内容涉及知识面比较广泛，由于编者水平有限，书中定然存在不足之处，恳请广大读者给予批评和指正。

编 者
2007年3月

目　录

第1章　概论 1
　1.1　精密与特种加工技术的产生及发展 1
　1.2　精密与特种加工方法与分类 2
　　1.2.1　概述 2
　　1.2.2　加工方法及其分类 2
　1.3　精密加工与经济性 4

第2章　精密切削加工 5
　2.1　概述 5
　　2.1.1　概念 5
　　2.1.2　精密切削加工分类 7
　2.2　精密切削加工机理 8
　　2.2.1　切削变形和切削力 8
　　2.2.2　切削热和切削液 16
　　2.2.3　刀具磨损、破损及耐用度 18
　2.3　切削加工机床及应用 23
　　2.3.1　精密机床发展概况 23
　　2.3.2　精密机床的精度指标 24
　　2.3.3　精密主轴部件 25
　　2.3.4　床身和精密导轨部件 27
　　2.3.5　进给驱动系统 28
　　2.3.6　在线检测与误差补偿技术 31
　2.4　功率超声车削 32
　　2.4.1　功率超声车削装置 33
　　2.4.2　基本原理和特点 34
　小结 36
　思考题 37

第3章　精密磨削加工 38
　3.1　概述 38
　　3.1.1　磨削的基本特点 38
　　3.1.2　精密磨削加工的分类 39
　3.2　磨削加工机理 43
　　3.2.1　磨削过程及磨削力 43

　　3.2.2　磨削温度与磨削液 47
　　3.2.3　磨削质量和裂纹控制 51
　3.3　精密磨削加工的机床及其应用 57
　　3.3.1　概述 57
　　3.3.2　精密磨削机床的结构及特点 58
　3.4　精密研磨与抛光 64
　　3.4.1　研磨加工机理 64
　　3.4.2　抛光加工机理 65
　　3.4.3　精密研磨与抛光的主要工艺
　　　　　 因素 66
　　3.4.4　研磨盘与抛光盘 67
　　3.4.5　研磨剂与抛光剂 67
　　3.4.6　非接触抛光 68
　小结 72
　思考题 73

第4章　电火花加工 74
　4.1　概述 74
　　4.1.1　电火花加工的概念 74
　　4.1.2　电火花加工的特点 74
　　4.1.3　发展概况 75
　　4.1.4　应用前景 75
　4.2　电火花加工的基本原理及机理 76
　　4.2.1　电火花加工的基本原理 76
　　4.2.2　电火花加工的机理 77
　4.3　电火花加工中的一些基本规律 81
　　4.3.1　影响材料放电腐蚀的主要
　　　　　 因素 81
　　4.3.2　电火花加工的加工速度和工具
　　　　　 的损耗速度 85
　　4.3.3　影响加工精度的主要因素 88
　　4.3.4　电火花加工的表面质量 89
　4.4　电火花加工机床 91
　　4.4.1　机床型号、规格及分类 91

		4.4.2	机床主体部分	92
		4.4.3	脉冲电源	94
		4.4.4	自动进给调节系统	97
		4.4.5	工作液循环过滤系统	102
	4.5	电火花成形加工的应用		104
		4.5.1	冲模的电火花加工	104
		4.5.2	小孔电火花加工	106
		4.5.3	异型小孔的电火花加工	108
		4.5.4	型腔模的电火花加工	109
	4.6	其他电火花加工技术		114
		4.6.1	电火花小孔磨削	116
		4.6.2	电火花对磨和跑合加工	117
		4.6.3	电火花共轭回转加工	117
		4.6.4	聚晶金刚石等高阻抗材料的电火花加工	119
		4.6.5	电火花表面强化和刻字	119
		4.6.6	曲线孔的电火花加工工艺	121
	小结			121
	思考题			123
第5章	电火花线切割加工			125
	5.1	概述		125
		5.1.1	电火花线切割加工及其发展历程	125
		5.1.2	电火花线切割加工的特点	126
		5.1.3	电火花线切割加工的应用范围	127
		5.1.4	电火花线切割技术的应用现状及发展趋势	128
	5.2	电火花线切割加工原理		130
		5.2.1	高速走丝电火花线切割加工原理	130
		5.2.2	低速走丝电火花线切割加工原理	131
	5.3	电火花线切割机床		132
		5.3.1	电火花线切割机床的型号与主要技术参数	132
		5.3.2	电火花线切割加工设备	132
	5.4	电火花线切割系统和编程技术		139

		5.4.1	电火花线切割控制系统	139
		5.4.2	电火花线切割编程	141
		5.4.3	ISO代码的手工编程方法	146
		5.4.4	自动编程	148
	5.5	电火花线切割的应用		149
		5.5.1	影响线切割工艺指标的因素	149
		5.5.2	线切割加工工艺及其应用	152
	小结			154
	思考题			156
第6章	电化学加工			158
	6.1	概述		158
	6.2	电化学加工基本原理		159
		6.2.1	电化学反应过程	159
		6.2.2	电极电位	159
		6.2.3	电极的极化	163
		6.2.4	金属的钝化和活化	164
	6.3	电解加工		165
		6.3.1	电解加工过程及其特点	165
		6.3.2	电解加工的基本规律	168
		6.3.3	电解液	174
		6.3.4	电解加工设备	179
		6.3.5	电解加工的应用	185
	6.4	电铸及电刷镀加工		190
		6.4.1	电铸	191
		6.4.2	电刷镀加工	194
	小结			196
	思考题			198
第7章	激光加工技术			199
	7.1	激光原理与特点		199
		7.1.1	激光的产生	199
		7.1.2	激光工作原理	200
		7.1.3	激光特性	201
	7.2	材料加工用激光器简介		202
		7.2.1	激光加工常用激光器	202
		7.2.2	激光加工基本设备的组成	203
	7.3	激光切割和打孔技术		203

| 7.3.1　激光切割 203
| 7.3.2　激光打孔 207
  7.4　激光焊接技术 208
       7.4.1　激光焊接技术的兴起及发展 208
       7.4.2　激光焊接的原理及特点 208
       7.4.3　激光焊接的形式与质量 210
  7.5　激光表面技术 211
       7.5.1　激光表面技术分类 211
       7.5.2　激光相变硬化 212
  7.6　激光重熔 213
  7.7　激光合金化 214
  7.8　激光熔覆 214
  7.9　其他激光加工简介 215
       7.9.1　激光铣削技术与应用 215
       7.9.2　激光快速成形技术 217
  小结 218
  思考题 218

第8章　电子束加工和离子束加工 219

  8.1　电子束加工 219
       8.1.1　电子束加工的基本原理 219
       8.1.2　电子束加工的特点 221
       8.1.3　电子束加工设备 222
       8.1.4　电子束加工应用 223
  8.2　离子束加工 226
       8.2.1　离子束加工的基本原理 226
       8.2.2　离子束加工的特点 227
       8.2.3　离子束加工装置 227
       8.2.4　离子束加工的应用 228
  小结 229
  思考题 230

第9章　超声波加工和超高压水射流加工 231

  9.1　超声波加工 231
       9.1.1　超声波特性及其加工的基本原理 231
       9.1.2　超声波加工的特点 232
       9.1.3　超声波加工设备 233
       9.1.4　超声波加工的应用 235
  9.2　超高压水射流加工 237
       9.2.1　超高压水射流加工原理 237
       9.2.2　超高压水射流加工设备 238
       9.2.3　超高压水射流加工的工作参数及其对加工的影响 239
       9.2.4　超高压水射流加工的特点 240
       9.2.5　超高压水射流加工的应用 241
  小结 241
  思考题 242

第10章　复合加工 243

  10.1　概述 243
  10.2　复合切削加工(切削复合加工) 243
  10.3　化学机械复合加工 245
  10.4　超声电火花(电解)复合加工 247
       10.4.1　超声电火花复合加工简介 247
       10.4.2　超声电解复合加工 248
       10.4.3　超声电解复合抛光 249
       10.4.4　超声电火花复合抛光 250
  10.5　电化学机械复合加工 250
       10.5.1　电解磨削复合加工 251
       10.5.2　电解珩磨复合加工 253
       10.5.3　电解研磨复合加工 254
  10.6　复合加工的技术发展趋势 255
  小结 255
  思考题 257

第11章　其他精密与特种加工技术 258

  11.1　功率超声光整加工 258
       11.1.1　功率超声珩磨 258
       11.1.2　功率超声研磨 259
       11.1.3　功率超声抛光 260
       11.1.4　功率超声压光 261
  11.2　化学加工 261
       11.2.1　化学铣切加工 261
       11.2.2　光化学腐蚀加工 264
       11.2.3　化学抛光 269
       11.2.4　化学镀膜 269

- 11.3 水射流及磨料流加工技术 270
  - 11.3.1 水射流加工原理 270
  - 11.3.2 水射流加工工艺及应用 272
- 11.4 等离子体加工 275
  - 11.4.1 基本原理 275
  - 11.4.2 材料去除速度和加工精度 277
  - 11.4.3 设备和工具 277
  - 11.4.4 实际应用 277
- 11.5 挤压珩磨 278
  - 11.5.1 基本原理 278
  - 11.5.2 挤压珩磨的工艺特点 279
  - 11.5.3 黏弹性磨料介质 280
  - 11.5.4 夹具 280
  - 11.5.5 挤压珩磨的实际应用 281
- 11.6 光刻技术 283
  - 11.6.1 光刻加工的原理及其工艺流程 283
  - 11.6.2 光刻加工应用及关键技术 ... 284
  - 11.6.3 光刻技术的极限和发展前景 290
- 11.7 磁性磨料加工 291
  - 11.7.1 加工原理 292
  - 11.7.2 磁性磨料 292
  - 11.7.3 加工工艺参数对加工质量的影响 293
  - 11.7.4 应用实例 293
- 小结 295
- 思考题 297

参考文献 298

第1章 概 论

1.1 精密与特种加工技术的产生及发展

制造业是将制造资源(物料、能源、设备、工具、资金、技术、信息和人力等)通过制造过程转化为可供人们使用与利用的工业品和生活消费品的行业，是国民经济的基础。因此，从某种意义上讲，制造技术水平的高低是衡量一个国家国民经济和综合国力的重要指标之一。制造技术的发展已经有几千年的历史，从石器时代、青铜器时代、铁器时代到现代的高分子塑料时代；从手工制作、机器制作到现代的智能控制自动化制作；从一般精度加工、精密加工到现代的超精密加工及纳米加工，精密加工和特种加工是新世纪知识经济时代先进制造工艺技术的重要组成部分，代表了当前先进制造技术发展的重要方向，在制造业乃至社会发展进程中起到非常重要的作用。

但是从第一次产业革命以来，一直到第二次世界大战以前，在这段长达150多年都靠传统的机械切削加工(包括磨削加工)的漫长年代里，并没有产生精密与特种加工的迫切要求，由于现代科学技术的迅猛发展，机械、电子、航空和国防工业等各领域，要求尖端科学技术产品向高精度、高速度、大功率、小型化方向发展，以及要求在高温、高压、重负荷等极端条件下长期可靠地工作。为了适应这些要求，各种新结构、新材料和复杂形状的精密零件大量出现，其形状越来越复杂、材料的强韧性越来越高，零件表面精度、粗糙度和某些特殊要求也越来越高，因此，对机械制造技术提出了下列新的课题。

(1) 解决各种难加工材料的加工问题。如硬质合金、钛合金、耐热钢、不锈钢、淬火钢、金刚石、宝石、石英以及硅等各种高硬度、高强度、高韧性、高脆性的金属和非金属材料的加工。

(2) 解决各种特殊复杂型面的加工问题。如各种热锻模、冲裁模、冷拔模和注射模的模腔和型孔、整体涡轮、喷气涡轮机叶片、炮管内膛线、喷油嘴、喷丝头小孔等。

(3) 解决各种超精密、光整或需要特殊要求零件的加工问题。如精密光学透镜、航空航天陀螺仪、伺服阀、高灵敏度的红外传感器部件、大规模集成电路、光盘基片、复印机和打印机的感光鼓、微型机械和机器人零件、细长或薄壁件等各种对表面质量和精度要求比较高的零件的加工。

要解决上述一系列问题，仅依靠传统的机械切削加工(包括磨削加工)方法是难以实现的，人们相继研究和开发各种新的加工方法，因此，精密与特种加工技术就是在这种前提条件下产生和发展起来的。目前精密与特种加工技术已成为零件制造的重要工艺技术手段，成为世界制造技术领域的制高点，是现代制造技术的前沿。

1.2 精密与特种加工方法与分类

1.2.1 概述

精密加工是指加工精度和表面质量达到极高精度的加工工艺，通常包括精密切削加工和精密磨削加工。其最高技术指标不是固定不变的，而是随时代有所不同。如 20 世纪 60 年代，一般加工精度为 $100\mu m$，精密加工精度为 $1\mu m$，超精密加工精度为 $0.1\mu m$；而到 20 世纪末，一般加工精度达到 $1\mu m$，精密加工为 $0.01\mu m$，而超精密加工为 $0.001\mu m$ ($1nm$)。加工精度的不断提高对提高机电产品的性能、质量和可靠性，改善零件的互换性，提高装配效率等都具有至关重要的作用。

特种加工是将电能、热能、光能、声能和磁能等物理能量及化学能量或其组合乃至与机械能组合直接施加到被加工的部位上，从而实现材料去除的加工方法，也称为非传统加工技术。自苏联学者拉扎连柯夫妇在 1943 年发明电火花加工新型方法近半个多世纪以来，相继出现了数十种特种加工新方法，如电解加工、超声波加工、放电成形加工、激光加工、电子束加工、离子束加工、化学加工等。特种加工技术在难加工材料加工、模具及复杂型面加工、零件精细加工等领域已成为重要的加工方法或仅有的加工方法。

1.2.2 加工方法及其分类

虽然精密与特种加工方法非常多，但如果按照加工成形的原理和特点来分类，可分为去除加工、结合加工和变形加工三大类，它们既涵盖了利用刀具进行的切削加工和磨削加工等传统加工方法，又涵盖了非传统加工方法中的利用机、光、电、声、热、化学、磁、原子能等能源来进行加工的特种加工方法，而且还包括了利用多种加工方法的复合作用形成的复合加工方法。表 1-1 列出了各种常用的精密与特种加工的分类、加工方法和原理、所达到的精度以及表面粗糙度和应用情况。

(1) 去除加工又称分离加工，是从工件上去除一部分材料。车削、铣削、磨削、研磨和抛光等传统的加工方法，以及特种加工中的电火花加工、电解加工等，都属于这种加工方法。

(2) 结合加工是利用各种方法把工件结合在一起，按结合的机理和方法又可以分为附着、注入和连接三种方法。附着加工(沉积加工)是在工件表面上覆盖一层物质，来改变工件表面性能，如电镀和各种沉积等；注入加工(渗入加工)是在工件表层注入某些元素，使其与基材结合，以改变工件表面的各种性能，如氧化、渗碳和离子注入等；连接加工是把工件通过物理和化学方法连接在一起，如焊接和粘接等。

(3) 变形加工又称流动加工，是利用力、热等手段使工件产生变形，改变其尺寸、形状和性能，如锻造、铸造、液晶定向凝固等。

发展先进制造技术已经成为一个国家经济发展的重要手段之一，精密与特种加工技术作为先进制造技术的重要组成部分，反映了当前的高科技的技术水平，是一个国家制造业水平的重要标志之一，随着科学技术的发展，精密与特种加工方法将显得越来越重要，目前，很多学者正在这方面做着大量的研究和实验工作，各种新的精密与特种加工技术将不断出现，以满足科学和工业技术发展的需要。

表 1-1 常用精密与特种加工方法

分类	加工成形原理	主要加工方法	精度(μm)/表面粗糙度 R_a(μm)	应用举例
刀具切削加工	切削加工	精密、超精密车削	1~0.1/0.05~0.008	金属件球体、光学反射镜
		精密、超精密铣削		金属件各种多面体
		精密、超精密镗削		金属件活塞销孔
		精密微孔钻削	20~10/0.2	金属和非金属材料件喷嘴、印制电路板
磨料加工	磨削	精密、超精密砂轮和砂带磨削	5~0.5/0.05~0.008	金属和非金属材料件的外圆、孔、平面
	研磨	精密、超精密、磁粉、滚动和油石研磨	10~1/0.01	金属和非金属材料件的外圆、孔、平面
	抛光	精密、超精密抛光、喷射抛光、水合抛光等	1~0.001/0.01~0.008	金属和非金属材料件的平面、圆柱面
	珩磨	精密珩磨	1~0.1/0.025~0.01	金属件孔
特种加工	电火花加工	电火花成形加工	50~1/2.5~0.02	金属型腔模
		电火花线切割加工	20~3/2.5~0.16	金属冲模
	电化学加工	电解加工	100~3/1.25~0.06	金属型孔、型面、型腔
		电铸	1/0.02~0.012	金属成形小零件
	化学加工	蚀刻	0.1/2.5~0.2	金属、非金属和半导体刻线、图形
		化学铣削	20~10/2.5~2	金属的下料和成形加工
	激光加工		10~1/6.3~0.12	各种材料打孔、切割、焊接、热处理、熔覆
	电子束加工		10~1/6.3~0.12	各种材料微孔、渡膜、焊接、蚀刻
	离子束加工		0.01~0.001/0.02~0.01	各种材料蚀刻、注入
	超声波加工		30~5/2.5~0.04	脆性材料的型孔、型腔
复合加工	电解	精密电解磨削、研磨和抛光	20~0.1/0.08~0.008	金属的外圆、孔、平面
	超声	精密超声车削、磨削和研磨	5~0.1/0.1~0.008	难加工脆性材料的外圆、孔、平面
	化学	机械化学研磨、抛光和化学机械抛光	0.1~0.01/0.01~0.008	各种材料的外圆、孔、平面、型面

1.3 精密加工与经济性

由于精密加工机床价格昂贵，加工环境条件要求极高，因此精密加工总是与高加工成本联系在一起。在过去相当长的一段时期内，这种观点限制了精密加工的应用范围，它主要应用于军事、航空航天等部门。近十几年来，随着科学技术的发展和人们生活水平的提高，精密加工的产品已进入国民经济和人民生活的各个领域，其生产方式也从过去的单件小批量生产走向大批量生产。在机械制造行业，精密加工机床不再是仅用于后方车间加工工具，工业发达国家已将精密加工机床直接用于产品零件的精密加工，取得了显著的经济效益。

例如，加工一块直径为 100mm 的离轴抛物面反射镜，用金刚石精密车削工艺成本只有用研磨—抛光—手工修琢的传统工艺的成本的十几分之一，而且精度更高，加工周期由 12 个月缩短为 3 周。我国精密加工技术较落后，当前某些精密产品还得依赖进口，还有些精密产品靠老工人手工艺制造，因而废品率极高。例如，现在生产的某种高精度惯性仪表，在十几台甚至几十台中才挑选出一台合格品，磁盘生产质量尚未完全过关，激光打印机的多面棱镜尚不能生产。

正因为精密加工具有优良的特性，因此得到了世界各国的高度重视。我国必须大力发展精密加工技术，使其为我国的国民经济创造出巨大的经济效益。

第 2 章　精密切削加工

教学提示：精密切削加工技术涉及的方法很多，本章主要介绍精密切削加工的分类、精密切削加工的机理分析、精密切削加工机床和应用以及功率超声车削等基本知识。

教学要求：通过本章的学习，要求学生在掌握普通切削加工的基础上，了解精密切削加工的相关知识，重点掌握精密切削加工的机理，以及精密切削加工机床的各组成部件，同时了解功率超声车削这种特种加工技术。

2.1　概　　述

随着科学技术的发展，电子计算机、原子能、激光、宇航和国防等技术部门对零件的加工精度和表面质量要求越来越高。精密加工技术的研究及应用水平已成为衡量一个国家的机械制造业乃至整个制造业水平的重要依据。各国特别是工业发达国家对精密加工技术极其重视，投入了大量的资金对其进行研究，以保证其尖端技术产品处于国际领先地位，提高其产品在国际上的竞争力。

2.1.1　概念

所谓精密加工，是指加工精度和表面质量达到极高程度的加工工艺。不同的发展时期，其技术指标有所不同。目前，在工业发达国家中，一般工厂能稳定掌握的加工精度是 $1\mu m$，与之相对应，将加工精度为 $0.1\sim 1\mu m$，加工表面粗糙度 R_a 在 $0.02\sim 0.1\mu m$ 内的加工方法称为精密加工。

当代多种加工方法所能达到的精度及其发展趋势预测，如图 2.1 所示。2000 年后，普通机械加工、精密加工与超精密加工的精度已经分别达到 $1\mu m$、$0.01\mu m$ 及 $0.001\mu m$ ($1nm$)。由此可见，精密加工正在向其终极目标——原子级精度逼近，也就是实现"移动原子"。

现代机械工业之所以致力于提高零件加工精度，其主要原因在于以下三个方面。

(1) 提高零件的加工精度可提高产品的性能和质量，提高产品的稳定性和可靠性。英国 Rolls-Royce 公司的资料表明，将飞机发动机转子叶片的加工精度由 $60\mu m$ 提高到 $12\mu m$，加工表面粗糙度 R_a 由 $0.5\mu m$ 减少到 $0.3\mu m$，则发动机的压缩效率将从 89%提高到 94%。20 世纪 80 年代初，苏联从日本引进了 4 台精密数控铣床，用于加工螺旋桨曲面，使其潜艇的水下航行噪声大幅度下降，即使使用精密的声呐探测装置也很难发现潜艇的行踪，此事震惊了西方有关国家的国防部门。

(2) 提高零件的加工精度可促进产品的小型化。传动齿轮的齿形及齿距误差直接影响了其传递扭矩的能力。若将该误差从目前的 $3\sim 6\mu m$ 降低到 $1\mu m$，则齿轮箱单位质量所能传递的扭矩将提高近 1 倍，从而可使目前的齿轮箱尺寸大大缩小。IBM 公司开发的磁盘，其记忆密度由 1957 年的 $300bit/m^2$ 提高到 1982 年的 254 万 bit/cm^2，提高了近 1 万倍，这在很大程度上应归功于磁盘基片加工精度的提高和表面粗糙度的减小。

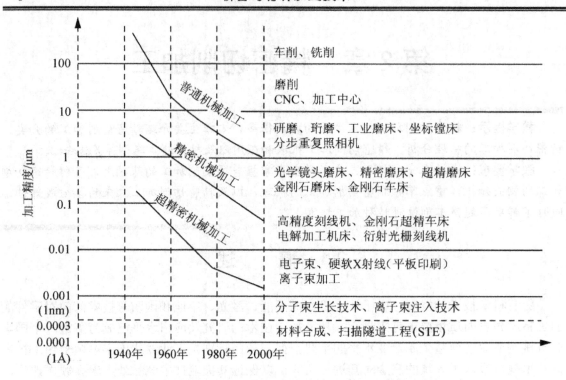

图 2.1 各种加工方法所能达到的精度及其发展趋势预测

(3) 提高零件的加工精度可增强零件的互换性，提高装配生产率，促进自动化装配应用，推进自动化生产。自动化装配是提高装配生产率和装配质量的重要手段。自动化装配的前提是零件必须完全互换，这就要求严格控制零件的加工公差，从而导致零件的加工精度要求极高。精密加工使之成为可能。

精密加工技术是一项涉及内容广泛的综合性技术，实现精密加工，不仅需要精密的机械设备和工具，也需要稳定的环境条件，还需运用计算技术进行实时检测和反馈补偿。只有将各个领域的技术成果集成起来，才有可能实现和发展精密加工。下面对这些关键技术进行简要介绍。

1. 精密加工机床

精密加工机床是实现精密加工的首要条件，各国投入了大量的资金对它进行研究。目前的主要研究方向是提高机床主轴的回转精度，工作台的直线运动精度以及刀具的微量进给精度。精密机床主轴轴承要求具有很高的回转精度，转动平稳，无振动，其关键在于主轴轴承。早期的精密主轴轴承采用超精密级的滚动轴承，而目前使用的精密主轴轴承是静、动态性能更加优异的液体静压轴承和空气静压轴承。工作台的直线运动精度是由导轨决定的。精密机床使用的导轨有滚动导轨、液体静压导轨、气浮导轨和空气静压导轨。为了提高刀具的进给精度，必须使用微量进给装置。微量进给装置有多种结构形式、多种工作原理。目前只有弹性变形式和电致伸缩式微量进给机构比较适用，尤其是电致伸缩微量进给装置，可以进行自动化控制，有较好的动态特性，在精密机床进给系统中得到广泛的应用。

2. 金刚石刀具

精密切削加工必须能够均匀地切除极薄的金属层，微量切除是精密加工的重要特征之一。金刚石刀具是精密切削的重要手段。金刚石刀具有两个重要的问题要解决：一是金刚石晶体的晶面选择，这对刀具的使用性能有重要的影响；二是金刚石刀具刃口的锋利性，即刀具刃口的圆弧半径，它直接影响到切削加工的最小切削深度，影响到微量切除能力和加工质量。先进国家刃磨金刚石刀具的刃口半径可以小到数纳米的水平。我国在这方面的研究相对落后，目前刃磨的金刚石刀具的刃口半径只能达到 $0.1\sim 0.3\,\mu m$。另外，当刃口半径小于 $0.01\,\mu m$ 时，必须解决测量上的难题。

3. 精密切削机理

精密切削是微量切削，微量切削过程中许多机理方面的问题都有其特殊性，如积屑瘤的形成，鳞刺的产生，切削参数及加工条件对切削过程的影响，以及它们对加工精度和表面质量的影响，都与常规切削有很大的不同。因此，必须对这些切削机理方面的问题进行深入研究，掌握其变化规律，以便更好地利用精密加工技术提高零件的加工精度和表面质量。

4. 稳定的加工环境

精密加工必须在稳定的加工环境下进行，主要包括恒温、防振和空气净化三个方面的条件。精密加工必须在严格的多层恒温条件下进行，即不仅工作间应保持恒温，还必须对机床本身采取特殊的恒温措施，使加工区的温度变化极小。为了提高精密加工系统的动态稳定性，除在机床结构设计和制造上采取各种减振措施外，还必须用隔振系统来消除外界振动的影响。由于精密加工的加工精度和表面粗糙度要求极高，空气中的尘埃将直接影响加工零件的精度和表面粗糙度，因此必须对加工环境的空气进行净化，对大于某一尺寸的尘埃进行过滤。国外已研制成功了对 $0.1\,\mu m$ 的尘埃有99%净化效率的高效过滤器。

5. 误差补偿

当加工精度高于一定程度后，若仍然采用提高机床的制造精度，保证加工环境的稳定性等误差预防措施提高加工精度，这将会使所花费的成本大幅度增加。这时应采取另一种所谓的误差补偿措施，即是通过消除或抵消误差本身的影响，达到提高加工精度的目的。国外的一些著名精密机床采用了误差补偿的方法，取得了很好的效果。

6. 精密测量技术

精密加工技术离不开精密测量技术，精密加工要求测量精度比加工精度高一个数量级。目前，精密加工中所使用的测量仪器多以干涉法和高灵敏度电动测微技术为基础，如激光干涉仪、多次光波干涉显微镜及重复反射干涉仪等。国外广泛发展非接触式测量方法并研究原子级精度的测量技术。Johaness 公司生产的多次光波干涉显微镜的分辨率为0.5nm，扫描隧道显微镜的分辨率为0.01nm，是目前世界上精度最高的测量仪之一。最新的研究结果证实，在扫描隧道显微镜下可移动原子，实现精密工程的最终目标——原子级精密加工。

2.1.2 精密切削加工分类

根据加工表面及加工刀具的特点，精密切削加工可分为四类，见表2-1。

精密切削研究是从金刚石车削开始的。应用天然单晶金刚石车刀对铝、铜和其他软金属及其合金进行切削加工，可以得到极高的加工精度和极低的表面粗糙度，从而产生了金刚石精密车削加工方法。在此基础上，又发展了金刚石精密铣削和镗削的加工方法，它们分别用于加工平面、型面和内孔，也可以得到极高的加工精度和表面质量。金刚石刀具精密切削是当前加工软金属材料最主要的精密加工方法。除金刚石刀具材料外，还有立方氮化硼、复方氮化硅和复合陶瓷等新型超硬刀具材料，它们主要用于黑色金属的精密加工。

表 2-1 精密与超精密切削方法

切削方法	切削工具	精度/μm	表面粗糙度 R_a/μm	被加工材料
精密、超精密车削 精密、超精密铣削 精密、超精密镗削	天然单晶金刚石刀具、人造聚晶金刚石刀具、CBN 刀具、陶瓷刀具、硬质合金刀具	1～0.1	0.05～0.008	金刚石刀具，有色金属及其合金等软金属材料，其他材料刀具
微孔加工	硬质合金钻头、高速钢钻头	10～20	0.2	

2.2 精密切削加工机理

金属切削过程，就其本质而言，是材料在刀具的作用下，产生剪切断裂、摩擦挤压和滑移变形的过程，精密切削过程也不例外。但在精密切削中，由于采用的是微量切削方法，一些对普通切削影响不显著的因素将成为影响精密切削过程的主要因素。因此，我们应该对精密切削的特殊性进行系统的研究，掌握其变化规律，以便更好地应用这一新技术。

2.2.1 切削变形和切削力

1. 切削变形

1) 过渡切削

为了研究微量切削过程的切削机理，了解切削过程中的各种现象，首先分析过渡切削过程。以回转刀具的切削情况为例，分析在过渡切削过程中刀具切削刃与工件表面的接触情况及工件材料的变形情况。

图 2.2 所示为单刃回转刀具铣削平面的切削过程，为了反映整个工艺系统的弹性特性，假设刀具支持在具有一定弹性模数的支撑中刃上。图 2.2(b)所示为切削剖面的情况，从刀具切削刃和工件接触开始，刀具在工件上滑动一定的距离，工件表面仅产生弹性变形，在切削刃移开之后，工件表面仍能恢复到原来的状态。切削刃在工件表面上的这种滑动称为弹性滑动。随着刀具的继续回转，切削刃上的切削深度不断增大，在工件表面上开始产生塑性变形，在此塑性变形区内，切削刃的工件表面滑过之后，工件表面被刺划出沟痕，但此时并没有真正切除材料。切削刃在工件表面上的这种滑动称为塑性滑动。在塑性滑动之后，随着刀具切入深度的增加，前刀面上产生了切屑，开始了切削过程。图 2.2(b)中的点画线为切削刃的运动轨迹，实线为被加工表面上的轮廓线。由于工件表面上产生了弹塑性变形，所以切削刃的运动轨迹与被加工表面上形成的轮廓线不重合。

通过改变刀具的切入角 λ_g，可以依次改变刀具与工件的最大干涉深度，从而可以得到如图 2.2(a)所示的曲线。当切削刃的最大干涉深度很小时，即切入角 λ_g 很小时，便是图 2.2(a) 中的(1)状态。此时，刀具仅在工件表面滑过，工件表面没有刀具切入的痕迹，在刀具和被加工表面的全部接触长度上处于弹性变形区域。当刀具与工件的最大干涉深度达到一定的数值时，形成如图 2.2(a)中的(2)的切削状态。在切削开始的一段长度内为弹性滑动区域，然后进入塑性变形区，在切削刃滑动过去后，在塑性变形区域内将留下沟痕，但并不产生切屑。继续增大刀具与工件的最大干涉深度，便形成图 2.2 中的(3)的切削状态。在切削刃和工件表面的接触初期为弹性滑动区域，随着切削深度的增大，之后为塑性滑动区域，再之后为切削区域，在工件表面上有塑性变形和去除切屑所形成的沟槽。随着切入深度的减小，之后又过渡到塑性变形区和弹性变形区。

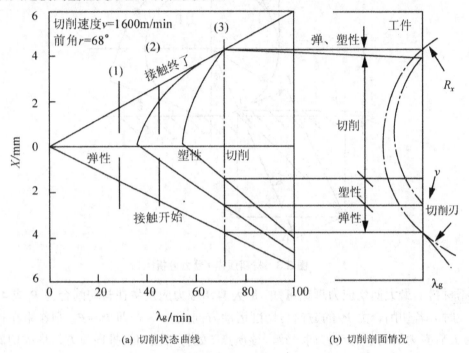

(a) 切削状态曲线 (b) 切削剖面情况

图 2.2 过渡切削过程

必须指出，在塑性滑动区域内也存在弹性变形区，而在切削区域内既存在切屑去除区，也存在塑性变形区和弹性变形区。

2) 最小切入深度

零件的最终工序的最小切入深度应等于或小于零件的加工精度(允许的加工误差)。因此最小切入深度反映了它的精加工能力。

根据过渡切削过程的分析可知，当切入深度太小时，切削刃对工作表面的作用只是弹性滑动或塑性滑动，并没有产生切屑，因此最小切入深度要受到一些因素的限制。

以车削过程为例，对最小切入深度问题进行分析。车削过程能够成立，主要应满足下列条件：

(1) 切削过程应当是连续的、稳定的。
(2) 应当保持有较高的加工精度和表面质量。
(3) 刀具应有较长的使用寿命。

在精密切削中，采用的是微量切削方法，切入深度较小，切削功能主要由刀具切削刃的刃口圆弧承担，能否从被加工材料上切下切屑，主要取决于刀具刃口圆弧处被加工材料质点受力情况。如图2.3所示，可分析在正交切削条件下，切削刃口圆弧处任一质点 i 的受力情况。由于是正交切削，质点 i 仅有两个方向的切削力，即垂直力 P_{Yi} 和水平力 P_{Zi}，水平力 P_{Zi} 使被切削材料质点向前移动，经过挤压形成切屑，而垂直力 P_{Yi} 则将被切削材料压向被切削零件本体，不能构成切屑形成条件。最终能否形成切屑，取决于作用在此质点上的切削力 P_{Yi} 和 P_{Zi} 的比值。

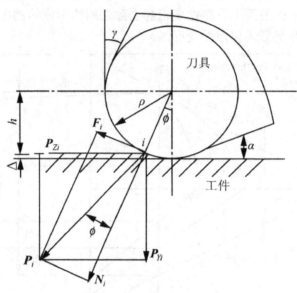

图2.3 材料质点 i 受力分析

根据材料的最大剪切应力理论可知，最大剪切应力应发生在与切削合力 P_i 成45°的方向上。此时，若切削合力 P_i 的方向与切削运动方向成45°，即 $P_{Yi}=P_{Zi}$ 则作用在材料质点 i 上的最大剪应力与切削运动方向一致，该质点 i 处材料被刀具推向前方，形成切屑，而质点 i 处位置以下的材料不能形成切屑，只产生弹性、塑性变形。因此，当 $P_{Zi}>P_{Yi}$ 时，材料质点被推向切削运动方向，形成切屑；当 $P_{Zi}<P_{Yi}$ 时，材料质点被压向零件本体，被加工材料表面形成挤压过程，无切屑产生。$P_{Zi}=P_{Yi}$ 时所对应的切入深度 Δ 便是最小切入深度。这时质点 i 对应的角度

$$\varphi = 45° - \phi$$

对应的最小切入深度 Δ 可表示为

$$\Delta = \rho - h = \rho(1 - \cos\varphi)$$

由此可见，最小切入深度与刀具的刃口半径和刀具与工件材料之间的摩擦因数有密切关系。

3) 毛刺与亏缺

微量切削过程中，在刀具刃口圆弧附近的材料，一部分形成切屑被切除，另一部分材料被挤压而产生弹、塑性变形，并沿着切削刃两侧方向塑性流动，形成两侧方向毛刺，如图2.4所示。实验研究表明，这种毛刺所造成的加工表面不平可占表面粗糙度的30%。

在刀具接近工件终端面时,由于终端部支撑刚度较小,在刀尖的斜下方将产生负剪切区域,称之为第Ⅳ变形区,如图2.5所示。

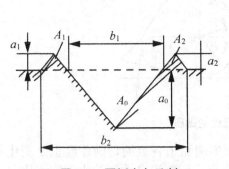

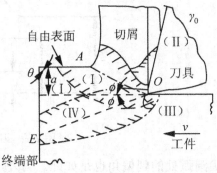

图2.4 两侧方向毛刺　　　　图2.5 刀具切至工件终端部时切削区域图示

a_1,a_2—毛刺高度;A_1,A_2—毛刺;A_0—亏缺;b_1,b_2—不平整宽度;
Ⅰ—剪切变形区;Ⅱ—二次变形区;Ⅲ—第三变形区;Ⅳ—负剪切区

当第Ⅰ变形区占主导地位时,被切削层金属将沿 OA 方向滑移,形成切削方向毛刺;当第Ⅳ变形区占主导地位时,被切削层金属将沿 OE 方向滑移,这将致使工件端部形成切削方向亏缺,如图2.6所示。

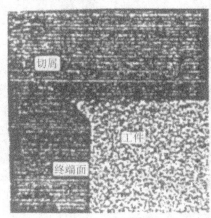

图2.6 切削方向毛刺与亏缺

刀具前角 γ_0 将直接影响切削力的大小和方向,从而影响工件终端的最终形状(毛刺或亏缺)。

4) 微量切削的碾压过程

微量切削采用了极小的切削深度,切削过程中有其特殊的切削现象。

首先分析刃口圆弧处的碾压现象,如图2.7所示。在刃口圆弧处,不同的切削深度,刀具的实际前角是变化的。如果 $\Delta<\rho$,则实际前角变为负前角。当切削深度很小时,实际前角为较大的负前角,在刀具刃口圆弧处将产生很大的挤压摩擦作用,称之为碾压效应。这时,被加工表面通常将产生残余压应力。

另外,再分析刀尖圆弧处的碾压,如图2.8所示。在精密车削加工中,加工余量很小,切削刃的直线部分可能不参加切削,而只是部分圆弧刃参加切削。这时,刀尖圆弧上各点上的主偏角 χ 是变化的,且小于名义值。

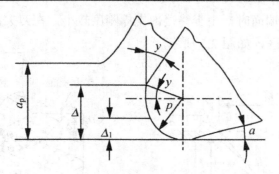

图 2.7 刃口圆弧处的碾压

刀尖圆弧处的副偏角也是如此。另外，在刀尖圆弧上各点的切削厚度也是变化值，最大厚度为 a_m，最小厚度为零。当切削厚度逐渐变小，切削深度达到最小切削深度时，将不会产生切削作用，仅有弹性变形和塑性变形，这时该处仅有碾压作用。由于图 2.8 中有剖面线的部分作为切屑被除去之后，由刀尖圆弧在被加工零件上留下的圆弧形表面并非全部留下形成加工表面，其中大部分将在后续的加工中被切除，仅在刀尖附近留下的圆弧形轮廓才成为最终的加工表面，因此，在形成加工表面的刀尖处所对应的切屑有极小的厚度，甚至接近零。由此可知，在被加工表面形成过程中伴随的碾压作用占很大的比例，即被加工表面的质量在很大程度上受碾压效果的影响。

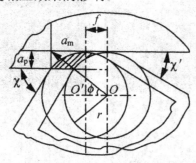

图 2.8 刀尖圆弧处的碾压

2. 切削力

1) 切削力的来源

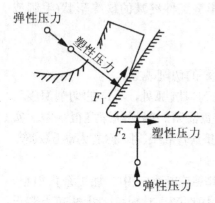

图 2.9 切削力的来源

在切削过程中，切削力的大小直接影响着切削热的多少，并进一步影响刀具的磨损与零件的精度。因此，研究切削力的规律，将有助于分析精密切削过程。

切削力的来源有两个方面：一是切削层金属、切屑和工件表面层金属的弹性变形、塑性变形所产生的抗力；二是刀具与切屑同工件表面间的摩擦阻力(见图 2.9)。

图 2.10 为车削外圆时的切削力。作用在车刀前刀面上的正压力 N_1 和摩擦力 F_1 可以合成为 Q_1，作用在车刀后刀面上的正压力 N_2 和摩擦力 F_2 可以合成为 Q_2，Q_1 和 Q_2 再合成为作用在车刀上的总切削力 f。为了便于测量和研究切削力，切削力可分解为以下三个分力。

主切削力 F_Z——它垂直于水平面，通常与切削速度的方向一致，在一般切削情况下，该分力最大。

径向切削力 F_Y——它在基面内，并与进给方向相垂直。F_Y 是沿切削深度方向上的分力，它不做功，但能使工件变形或造成振动，对工件加工精度和表面粗糙度影响较大。

轴向切削力 F_X——它在基面内，并与进给方向相平行。

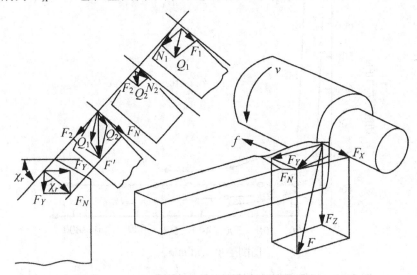

图 2.10　切削合力和分力

2) 影响切削力的因素

精密切削时，采用微量切削。各种因素对切削力的影响与普通切削有所不同。

(1) 切削速度。实际生产中一般都要采用切削液来消除积削瘤对加工的影响。不考虑积屑瘤的存在，采用硬质合金车刀和采用天然金刚石车刀进行精密切削，切削速度对切削力的影响规律是不一样的。用硬质合金车刀进行精密切削时，切削速度对切削力的影响不明显。这是因为在微量切削时，前刀面前的切削区的变形及摩擦在整个切削中所占比例较小，如图 2.11(a)所示。因此当 v 增加时，这部分变形及摩擦减小很不明显；同时由于硬质合金车刀切削刃刃口半径 ρ 较大，刃口圆弧部分对加工面所产生的挤压所占的比例较大，切削速度的增加，对其影响很小，因此用硬质合金车刀精密切削时，切削速度对切削力的影响不明显。可是用天然金刚石车刀时，情况就不一样，它的刃口圆弧半径比硬质合金小很多，虽然切削量相同，切下的切屑要从前刀面流出，如图 2.11(b)所示。但因前刀面的切削区的变形及摩擦所占的比例加大，当切削速度增加时，这部分变形及摩擦要减少，所以用天然金刚石车刀精密切削时，切削力随切削速度的增加而下降。

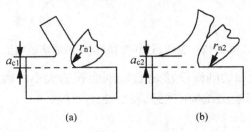

图 2.11　刃口圆弧大小对切屑流出的影响

若考虑积屑瘤的影响，情况有所不同，如图 2.12 所示。

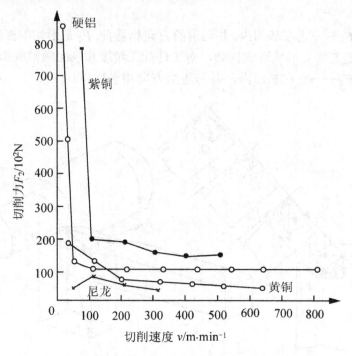

图 2.12 超精切削时的切削力(f=0.0075mm/r a_p=0.02mm)

低速时切削力随切削速度增加，切削力急剧下降。到 200～300m/min 后，切削力基本保持不变，规律和积屑瘤高度随切削速度的变化规律一致，即积屑瘤高时切削力大，积屑瘤小时切削力也小，这和普通切削时规律正好相反。原因是积屑瘤的存在，使刀具的刃口半径增大；积屑瘤呈鼻形并自切削刃前伸出，这导致实际切削厚度超过名义值许多；积屑瘤代替刀具进行切削，积屑瘤和切屑及已加工表面之间的摩擦比刀具和它们之间的摩擦要严重许多。这些因素都将使切削力增加(见图 2.13)。

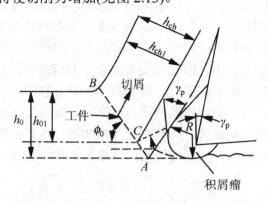

图 2.13 有积屑瘤时的超精切削的切削模型

(2) 进给量。进给量和切削深度决定着切削面积的大小，因而是影响切削力的重要因素。进给量对切削力的影响的试验结果见表 2-2。

表 2-2　进给量对切削力的影响(硬质合金车刀)

切削力 $F(0.01N)$	进给量 $f/(mm·r^{-1})$				
	0.01	0.02	0.04	0.10	0.20
F_Z	6	10	35	50	96
F_Y	24	28		58	70
F_X		6	7	11	13

从表 2-2 可以清楚地看出：进给量对切削力有明显的影响，进给量对 F_X 的影响比对 F_Y 及 F_Z 的影响大。

另外，当进给量小于一定值时，$F_Y > F_Z$，这是精密切削时切削力变化的特殊规律，掌握这一规律，有利于合理设计刀具。用天然金刚石车刀进行精密切削试验，其试验结果见表 2-3。

表 2-3　进给量对切削力的影响(金刚石车刀)

切削力 $F(0.01N)$	进给量 $f/(mm·r^{-1})$				
	0.01	0.02	0.04	0.10	0.20
F_Z	20	26	48	96	160
F_Y	4	5	12	17	30

从表 2-3 可以清楚地看到，用天然金刚石车刀进行精密切削时，$F_Z > F_Y$。

(3) 切削深度。切削深度对切削力影响的试验结果见表 2-4 和表 2-5。

表 2-4　切削深度对切削力的影响(硬质合金车刀)

切削力 $F(0.01N)$	进给量 $f/(mm·r^{-1})$				
	0.002	0.004	0.008	0.016	0.032
F_Z		15	37	52	67
F_Y	25	27	33	37	39

表 2-5　切削深度对切削力的影响(金刚石车刀)

切削力 $F(0.01N)$	进给量 $f/(mm·r^{-1})$				
	0.003	0.006	0.01	0.02	0.03
F_Z	10	17	26	45	50
F_Y	2	3	5	7	9

从表 2-4 中可知，使用硬质合金车刀时，切削深度对切削力有明显的影响，对 F_Z 的影响大于对 F_Y 的影响。切削深度小于一定值时，则 $F_Y > F_Z$。

从表 2-5 中可知，使用天然金刚石车刀时，F_Z 仍然大于 F_Y。原因是切削用量直接影响 F_Z 的大小。切削刃口半径的大小决定后刀面上正压力大小，直接影响着 F_Y 的大小。当切削用量减小时，F_Z 随之减小。由于切削刃口半径是一固定值，所以当切削用量减小到一定值之后，F_Y 才能大于 F_Z，但是由于天然金刚石车刀可以磨得很锋利，切削刃口半径可以比硬质合金的小许多倍，因此由刃口圆弧部分产生的挤压小，后刀面上的正压力小，从而 F_Y 小，虽然是微量切削，F_Z 仍然大于 F_Y。

由上可知：一般切削时，F_Z 与 F_Y 的比值总是大于 1，而精密切削时情况不一定是这样的，它取决于切削用量（f、a_p）同刀具刃口半径的比值。当切削用量同刃口半径之比值达到一定数值时，F_Z 与 F_Y 的比值可以小于 1。

另外，在一般切削时，切削深度 a_p 对切削力的影响大于进给量 f 对切削力的影响。在精密切削时则恰恰相反，进给量对切削力的影响大于切削深度的影响。这与精密切削时通常采用进给量 f 大于切削深度 a_p 的切削方式有关。

(4) 刀具材料。天然金刚石对切屑的摩擦因数比其他刀具材料要小很多，而且天然金刚石能刃磨出极小的刃口半径，所以在精密切削时，采用天然金刚石刀具所产生的切削要比其他材料刀具小。

其他有关刀具几何角度、切削液等对切削力的影响同一般切削相似，故不再赘述。

2.2.2 切削热和切削液

切削热是金属切削过程中产生的重要现象之一。它直接影响刀具磨损和刀具耐用度，因而限制了切削速度的提高。在精密切削中，切削温度还会影响工件的加工精度和表面质量。

1. 切削热

1) 切削热的来源及切削温度

切削中所消耗的能量绝大部分转变为切削热。切削热来自三个切削变形区的金属弹性变形、塑性变形和摩擦。

(1) 变形所消耗的功转变为热。变形所消耗的功包括两部分：弹性变形所消耗的功和塑性变形所消耗的功。前者占的比例很小，而后者较大。

(2) 摩擦所消耗的功转变为热。摩擦所消耗的功也包括两部分：前刀面与切屑摩擦所产生的热和后刀面与工件加工表面摩擦所产生的热。

随着工件材料、切削用量、刀具几何角度等具体条件的不同，各个热源产生的热量比例地有所不同。

切削热通过改变切削温度来影响切削过程。切削温度一般是指切屑、工件和刀具接触表面上的平均温度。刀具刀尖附近的温度最高，对切削过程的影响最大。切削温度的高低决定于切削时切削热产生的多少和散热条件。

切削时大量的切削热是由切屑、工件、刀具和周围介质传导的。各部分所传出热量的比例，随工件材料、切削用量、刀具材料及刀具几何角度、加工情况等的变化而有所不同。通常情况下，切屑传出的热量最多，其余依次为刀具、工件及周围介质。

就精密切削而言，当切削单位从数微米缩小到小于 1μm 以下时，刀具的刀尖部分会受到很大的应力作用，在单位面积上会产生很大的热量，使刀尖局部区域产生极高的温度。通常情况下，金属材料是由数微米到数百微米的微细晶粒组成，在晶粒内部，一般情况下 1μm 左右的间隔内就有一个位错缺陷。当切削单位较大时，在切削力作用下，工件材料不是整个晶体的滑移面上的原子一起产生位移，而是通过位错运动形成滑移，所以实际剪切强度远远小于理论剪切强度，刀具刀尖部分受到的平均应力并不很大。当切削单位小于位错缺陷平均间隔 1μm 时，在这狭窄区域内是不会发生由于位错线移动而产生的材料滑移变形的，因此也就使其剪切强度接近理论剪切强度，这时，刀具刀尖部分受到的平均应力将很大，从而导致前面指出的现象。因此，采用微量切削方法进行精密切削时，需要采用耐热性高、耐磨性强，有较好的高温硬度和高温强度的刀具材料。

2) 切削热的影响及控制

在精密加工中，由于热变形引起的加工误差占总误差的 40%～70%。因此，在精密加工中必须严格控制工件的温度和环境温度的变化，否则无法达到精密加工所要求的高精度。例如，精密加工 100 mm 长的铝合金零件，温度每变化 1℃，将产生 2.25 μm 的误差。若要求确保 0.1 μm 的加工精度，则工件及环境温度就必须控制在±0.05℃的范围内。

切削热对精密加工影响很大。切削热不但直接传到工件上，使工件的温度升高，而且还传到切削液中，使切削液温度上升，高温切削液反过来也会使工件的温度升高。

目前减小切削热对精密加工影响的主要措施是采用切削液浇注工件的方法。为了使工件充分冷却、切削液的浇注方式可以采用浇注加淋浴式，若将大量的这种切削液喷射到工件上，使整个工件被包围在恒温油内，工件温度便可控制在(20±0.5)℃的范围内。切削液的冷却方式可通过在切削液箱内设置螺旋形铜管，管内通以自来水，使切削液冷却，通过控制水的流量来达到控制切削液温度的目的。必要时还可以在冷却水箱中放入冰块，通过冰水混合液能可靠地把切削温度控制在所要求的范围内。另外，通过优化刀具几何角度，切削用量也可以达到减小切削热的目的。

2. 切削液

切削液对精密加工影响很大。图 2.14 的曲线是在 SI-l25 精密车床上用金刚石刀具切削铝合金时，干切削与使用切削液的切削对比。从图 2.14 中可知，干切削后的粗糙度比用切削液时的粗糙度差 1～1.5 个小级，甚至差 1 个大级。

图 2.15 所示是我国研究人员使用不同配方的切削液做的试验对比图。从图 2.15 中可知，30%的豆油加 70%的混合油效果最好。20%的氯化石蜡加 1%的二烷基二硫化磷酸锌和 79%的混合油的效果同它接近。20%氯化石蜡加 80%的混合油效果次之。而混合油的效果最差。

切削液通过渗透到接触面上，湿润刀具表面，并牢固地附着在刀具表面上形成一层润滑膜，达到减少刀具与工件材料之间摩擦的效果。表面吸附可分为物理吸附和化学吸附。试验结果表明，由混合油分子形成一层物理吸附薄膜的效果最差。由氯化物形成的化学膜效果较好。由氯化物、硫化物形成的化学吸附膜效果更好。加入少量豆油而形成的物理厚膜效果最好，能获得最小的表面粗糙度。一般情况下，化学吸附膜比物理吸附膜能耐更高的温度及应力。按理说，润滑效果更好，能获得更小的表面粗糙度，但是形成的化学膜是硫或氯同刀具表面的化学成分形成的硫化物或氯化物，这些化合物在切削过程中会脱落，影响刀具表面的粗糙度，从而影响到工件表面的粗糙度。而物理吸附厚膜即使脱落也不会影响刀具表面的粗糙度，因此物理吸附厚膜比化学吸附膜效果好，能获得更小的表面粗糙度。

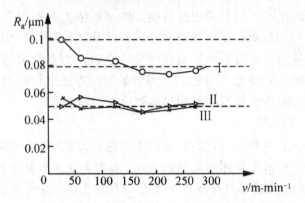

图 2.14 干切削与施加冷却润滑液的切削表面粗糙度的比较

注：试件Ⅰ和Ⅱ加冷却润滑液，试件Ⅲ不加冷却润滑液

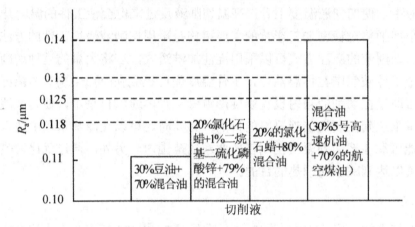

图 2.15 切削液对表面粗糙度的影响

刀具材料：天然金刚石车刀。

工件材料：LY12-CZ 硬铝。

切削用量：a_p=0.002mm，f=0.01mm/r，v=68m/min。

机床：CGM6125。

美国加利福尼亚大学的 Bryan 等人，利用缝纫机用的矿物油喷淋加工区。国外还有利用大量的煤油和橄榄油对切削区进行冷润滑和冲洗。在用金刚石刀具切削计算机磁盘端面时，用酒精进行喷雾冷却润滑，取得了良好的效果。

在精密切削中，使用切削液还可产生如下作用。

(1) 抑制积屑瘤的生成。精密切削中，积屑瘤会严重影响加工表面粗糙度，抑制积屑瘤对提高精密切削的加工表面质量具有很好的效果。

(2) 降低加工区域温度，稳定加工精度。

(3) 减少切削力。切削液可使刀具与切屑及工件加工表面之间的摩擦减少。

(4) 减小刀具磨损，提高刀具耐用度。

2.2.3 刀具磨损、破损及耐用度

金刚石具有许多独特的优点，它作为刀具材料在精密切削中得到广泛的应用，因此我

们着重分析金刚石刀具磨损、破损及其耐用度问题。

1. 金刚石刀具的磨损及破损

1) 金刚石刀具的磨损形式

图 2.16 为单晶金刚石刀具磨损区概貌。图 2.17(a)所示为金刚石刀具正常磨损情况，图 2.17(b)所示为金刚石刀具剧烈磨损情况。

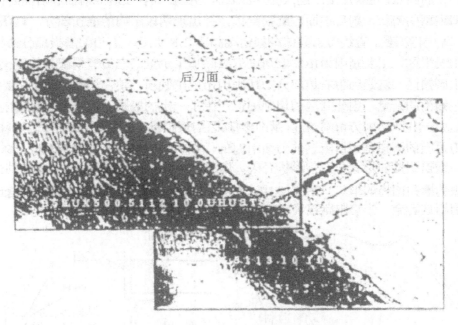

图 2.16　单晶金刚石刀具磨损区概貌

A—后刀面细长而光滑的磨损带

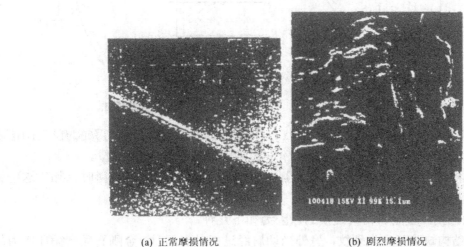

(a) 正常摩损情况　　　　　(b) 剧烈摩损情况

图 2.17　金刚石刀具的磨损情况

刀具磨损形式有机械磨损、黏结磨损、相变磨损、扩散磨损、破损和炭化磨损等。

金刚石刀具的磨损可分为机械磨损、破损和炭化磨损。常见的磨损形式为机械磨损和破损，炭化磨损较少见。

(1) 机械磨损。机械磨损是由于机械摩擦所造成的磨损。在刀具开始切削的初磨阶段，刀具和工件、切屑的接触表面高低不平，形成犬牙交错现象，在相对运动中，双方的高峰都逐渐被磨平。最普遍的机械磨损现象是由于切屑或工件表面有一些微小的硬质点，如炭化物等，在刀具前刀面上划出沟纹而造成的磨料磨损。

金刚石刀具使用一段时间后，在前、后刀面上出现细长而光滑的磨损带，刀棱逐渐变成圆滑过渡的圆弧，随着加工的继续会形成较大的圆弧或者发展成前面和后面之间的斜面。随着切削距离的增长，副后刀面上磨损增大，并出现两段不同的磨损部分，这两部分的长度相同，等于走刀量。直线刃刀具的磨损情况如图 2.18 所示。右边的磨损部分磨损量很大，称为第 I 磨损区，主要是因为由这段切削刃去除加工余量。左边磨损部分的磨损量较小，称为第 II 磨损区，这是因为右边部分的切削刃出现了硬损，使左边部分切削刃参加切削，切去 I 区残留的余量，因此 II 区的切削刃也产生了一定的磨损。但由于 I 区切削刃切削的深度远远大于 II 区切削刃切削深度，两个磨损区的磨损量大不相同，即形成了阶梯形磨损。

前刀面上的磨损是切屑流过前刀面引起的，在切屑的摩擦下，通常形成一条凹槽形的磨损带。磨损凹槽的形状和刀具形状有关。图 2.19 所示是刀尖半径为 2μm 的切削刃前刀面上出现的磨损凹槽的形状。图 2.18 中左边为凹槽的剖面图，刀具材料为天然金刚石，工件材料为铝镁合金。当切削距离为 100km 时 U 槽的深度达到 0.1μm。

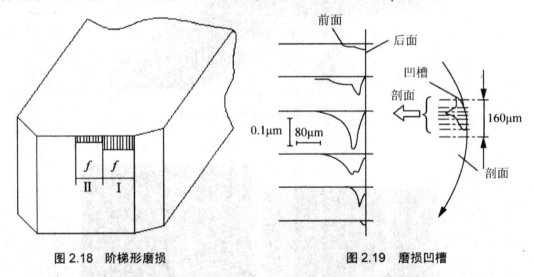

图 2.18 阶梯形磨损　　　　　　　图 2.19 磨损凹槽

金刚石刀具的这种机械磨损量非常微小，刀具后刀面的磨损区及前刀面的磨损凹槽表面非常平滑，使用这种磨损的刀具进行加工不会显著地影响加工表面质量。

这种机械磨损主要产生在用金刚石刀具加工铝、铜、尼龙等物质材料时。加工这些材料时，切削过程稳定，无冲击振动。

(2) 刀具的破损。金刚石刀具破损的原因为如下几种：

① 裂纹。结构缺陷可产生裂纹，另外当切屑经过刀具表面时，金刚石受到循环应力的作用也可产生裂纹，刀具表面研磨应力也会产生裂纹。这些裂纹在切削过程中会加剧，进而造成刀具的严重破损。

② 碎裂。由于金刚石材料较脆，在切削过程中受到冲击和振动都会使金刚石切削刃产生微细的解理，形成碎裂。刀具的碎裂会降低切削刃的表面质量，影响加工质量，甚至会

形成较大范围的解理。

③ 解理。当垂直于金刚石(111)晶面的拉力超过某特定值时，两相邻的(111)面分离，产生解理劈开。如果金刚石晶面方向选择不当，切削力容易引起金刚石的解理，使刀具寿命急剧下降，尤其是在有冲击振动、切削不稳定的条件下，更容易产生解理。最新研究表明，为了增加切削刃的微观强度，减小破损概率，应选用微观强度最高的(110)晶面作为金刚石刀具的前后刀面。

2) 刀具磨损对加工质量的影响

刀具的磨损形式在很大程度上取决于工件材料性质、金刚石特性的利用及机床的动态性能。特别是金刚石的特性与磨损有很大关系，合理地使用金刚石刀具，可以在较长时间内保持较高的加工质量。

为了研究刀具的磨损形式与加工质量的关系，有人进行了相关的试验，试验结果如图2.20 和图 2.21 所示。

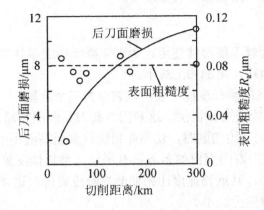

图 2.20　后刀面磨损及表面粗糙度同切削距离的关系

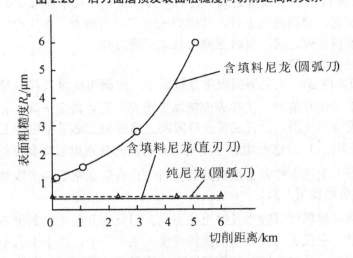

图 2.21　表面粗糙度同切削距离之间的关系

工件材料：铝合金。

刀具：直刃刀。

工件材料：尼龙。

从图 2.20 可知，用直刃金刚石刀具加工铝合金时，刀具表面产生机械磨损，刀具表面磨损区的表面光滑。用这类磨损的刀具加工时，对工件加工表面粗糙度影响不大。虽然随着切削距离的增加，刀具磨损量不断增加，但由于这种磨损面很光滑，所以加工表面的粗糙度不发生改变。

图 2.21 表示加工尼龙时工件表面粗糙度和加工距离之间的关系。在加工纯尼龙时，刀具不产生破损，加工表面粗糙度一直能保持不变。从图 2.21 还可看出，用圆弧刀切削含硬质点填料的尼龙时，工件表面粗糙度随着切削距离的增加而增加，这是因为尼龙中的硬质点填料在切削过程中会反复冲击刀具表面，使金刚石刀具产生破损。随着切削距离的增加，加工表面质量急剧恶化。用直线刃刀具切削含硬质点填料尼龙时，虽然也会产生破损，但由于破损只产生在切削刃的一部分长度上，最后精修切削刃仍能保证加工表面的质量。若破损扩展到精修切削刃上，则会影响表面质量。

2. 刀具的耐用度

刀具磨损到一定程度就不能继续使用，否则将降低加工零件的尺寸精度和加工表面质量，同时也增加刀具的消耗，增加加工成本。

如图 2.22 所示，刀具的磨损过程一般可以划分为三个阶段。

(1) 初期磨损。这一阶段磨损很快，这是因为新刀具表面粗糙，且存在各种缺陷(如汽化层、脱碳层等)。刀具刚开始切削时，切屑能很快将表面高低不平处及缺陷层磨去。

(2) 正常磨损阶段。当表面突出的各点被磨平后，磨损情况就稳定了，磨损量随切削距离增加而成正比地增加，其磨损速度比初期磨损阶段要慢。这是因为高峰磨去后，刀面上的接触面积增加，接触应力减小。

(3) 急剧磨损阶段。当磨损量达到一定时，刀具变钝，切削温度上升，切削力增大，磨损原因发生了变化，磨损速度上升，切削刃失去了切削能力。在生产中应当避免这种急剧磨损，在正常磨损结束之前，及时更换刀具或刃磨刀具。

一般刀具磨钝标准有两种。

(1) 工艺磨损限度 $\Delta_{工}$。工艺磨损限度是根据工件表面粗糙度及尺寸精度的要求而制定的，当刀具磨损到一定数值时，工件表面粗糙度增大，尺寸精度下降，并有可能超出所要求的表面粗糙度及公差范围，因此必须予以限制。精密加工都采用这种工艺磨损限度 $\Delta_{工}$。

(2) 合理磨损限度 $\Delta_{合}$。这是由合理使用刀具材料的观点出发而制定的磨损限度。因为刀具磨损限度定得太大或太小都会浪费刀具材料。只有取正常磨损阶段终了之前作为磨损限度 $\Delta_{合}$ 才能最经济地使用刀具。

刀具磨损达到磨损限度时应当及时更换刀具。刀具由开始切削到磨钝为止的切削总时间称为刀具耐用度，它代表刀具磨损的快慢程度。在生产中，由于工人不可能经常测量刀具磨损大小，因此通常是按一定的时间间隔来更换刀具。目前，一些先进的机床具有在线自动检测系统，可以根据检测结果，合理地确定出刀具的更换时间。

刀具耐用度越大，则表示刀具的磨损越慢，因此影响刀具磨损的因素，都会影响刀具耐用度。由于刀具耐用度对生产率的影响很大，所以各种影响刀具耐用度的因素，都在不同程度上影响了切削加工，可用来作为衡量对切削加工影响程度的重要指标。例如，工件材料对刀具磨损及耐用度的影响就是衡量这种材料加工性能的最主要指标；刀具材料的耐磨性就是衡量该刀具材料切削性能的主要指标；刀具角度对刀具磨损及耐用度的影响是刀具角度合理性的主要标志。因此刀具耐用度是衡量切削过程中诸因素利弊、效率的重要标准之一。

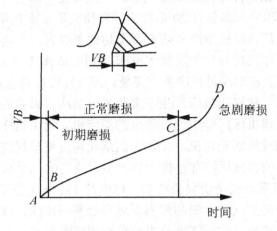

图 2.22 刀具的磨损过程

A—开始磨损界限；B—初期磨损界限；C—正常磨损界限；D—急剧磨损界限；VB—磨损量

天然单晶金刚石是精密切削中最重要的刀具材料，它是目前已知的最硬的材料，金刚石刀具的磨损及耐用度具有特殊性。

用天然单晶金刚石刀具对有色金属进行精密切削，如切削条件正常，刀具无意外损伤，刀具磨损极慢，刀具耐用度极高。

天然单晶金刚石刀具用于精密切削，其破损或磨损而不能继续使用的标志是加工表面粗糙度超过规定值。金刚石刀具的耐用度平时以其切削距离的长度表示，如切削条件正常，金刚石刀具的耐用度可达数百千米。

实际使用中，由于切削时的振动或切削刃的碰撞，切削刃会产生微小崩刃而不能继续使用，金刚石刀具的耐用度达不到上述指标。因此，天然单晶金刚石刀具只能在机床主轴转动非常平稳的高精度机床上使用，否则，由于振动会使金刚石刀具很快产生切削刃微观崩刃，不能继续使用。金刚石刀具要求使用维护极其小心，不允许在有振动的机床上使用。在刀具设计时，应正确选择金刚石晶体方向，以保证切削刀具有较高的微观强度，减少解理破损的产生概率。通过这些措施，可提高金刚石刀具的耐用度。

2.3 切削加工机床及应用

2.3.1 精密机床发展概况

精密机床是实现精密加工的先决条件，随着加工精度要求的提高和精密加工技术的发展，机床的精度不断提高，精密机床获得了迅速的发展。

第二次世界大战后，为了满足国防工业和尖端技术发展的需要，美国首先发展了金刚石刀具精密切削技术，并为此发展了空气轴承的高性能精密车床。50 多年来，美国在这方面投入了大量的财力、人力和物力,并研究开发了超精密切削机床。超精密机床是综合性新技术的结晶,它综合应用多项近代新技术于精密机床,使精密机床产生质的飞跃。近年来,精密和超精密切削技术在民用产品中也得到广泛的应用,如加工计算机磁盘、复印机的硒鼓、录像机硒鼓、激光打印机的多棱镜等。一些高生产率的中小型超精密机床也陆续开发成功。现在,英国和日本均备有20多家工厂和研究所生产超精密机床,荷兰、德国等工业发达国家也都有工厂、研究生产和研究开发超精密机床,并达到了较高的水平。

我国在20世纪60年代起开始发展精密机床,经过30多年的努力,我国的精密机床已有相当规模,不仅品种上基本满足我国生产需要,而且精度质量也达到一定的水平。例如,昆明机床厂、宁江机床厂和汉川机床厂生产多种坐标镗床,最新的坐标镗床已有精密数控系统。重庆机床厂、武汉机床厂能生产高精度的滚齿机。重庆机床厂、武汉机床厂、上海机床厂等均能生产高精度的蜗轮母机,使加工的蜗轮精度明显提高。北京机床研究所、航空精密机械研究所、前哨机械厂等都已批量生产多种规格的三坐标测量机。

1987年北京密云机床研究所研究成功加工球面的JSC-027型超精密车床。北京航空精密机械研究所研制成功的空气轴承的超精密车床和金刚石镗床,性能良好。哈尔滨工业大学研制成功的带激光在线测量的空气轴承主轴数控超精密车床,具有良好的性能。

我国超精密机床的生产和研制起步较晚,和国外的差距较大。由于涉及许多保密技术,从国外引进超精密机床受到限制,我国必须加大力度研制性能更优越的超精密机床,为国防工业、尖端技术的发展创造条件。

2.3.2 精密机床的精度指标

和普通的机床相比较,精密和超精密加工机床的精度指标提高了许多,特别是某些关键指标要求极高。

普通车床主轴径向跳动量通常为0.01mm,导轨直线度为0.02mm/1000mm;精密车床的主轴径向跳动量通常为0.003~0.005mm,导轨的直线度为0.01mm/1000mm。超精密加工机床的技术要求则更高,其各项精度指标见表2-6。

表2-6 超精密机床的精度指标

机床 项目	实用机床	实验机床	备注
回转精度	500nm	25nm	近期目标:10nm
直线运动精度	250nm/250mm	25nm/250mm	
轴承刚度	$10^3 \sim 10^9$ N/m	$10^4 \sim 10^9$ N/m	
热变形量	1~10μm	25nm	近期目标:2.5nm
温度控制精度	0.2K	0.01K	近期目标:0.001K
负荷测量	10^{-2} N	10^{-3} N	刚性:$10^4 \sim 10^9$ N/m
尺寸测量	20~1000nm	5nm	分辨率:0.5nm

通常,加工设备的精度必须高于零件精度,有时要求高于零件精度一个数量级,即超精加工机床的高精度指标取决于加工零件的高精度。随着一些新兴科学技术的发展,一些

加工零件的尺寸精度、形位精度、表面粗糙度等技术指标要求更高，对机床精度提出了更高的要求。

日本精机学会机床研究专业组曾提出超精密加工机床精度指标的提案(见表 2-7)。此提案的数据表明，主轴的回转误差仅为工件尺寸精度的四分之一左右，进给的直线度与工件的圆柱和平面度处于同一数量级，主轴的跳动量与工件的圆度处于同一数量级，表面粗糙度比尺寸精度高一个数量级。

表 2-7　机床精度等级和指标　　　　　　　　　　　　(单位 μm)

指标	等级	2	1	0	-1	-2
零件	尺寸精度	1.5	1.25	0.75	0.50	0.25
	圆度	0.7	0.3	0.2	0.12	0.06
	圆柱度	1.25	0.63	0.38	0.25	0.13
	平面度	1.25	0.63	0.38	0.25	0.13
	粗糙度	0.2	0.07	0.05	0.03	0.01
机床	主轴跳动	0.7	0.3	0.2	0.12	0.06
	运动直线度	1.25	0.63	0.38	0.25	0.13

2.3.3　精密主轴部件

精密主轴部件是精密和超精密机床的关键部件之一，它的性能直接影响精密和超精密加工的质量。主轴的回转精度要求极高，并且要求主轴转动平稳、无振动，其关键在于所用的精密轴承。早期的精密主轴轴承采用的是超精密的滚动轴承，由于制造极为不易，很难进一步提高主轴精度，滚动轴承已很少在超精密机床主轴中使用。目前，超精密机床主轴主要使用液体静压轴承和空气静压轴承。

1. 液体静压轴承主轴

液体静压轴承回转精度可达 0.1μm，且转动平稳，无振动，因此某些超精密机床主轴使用这种轴承。

液体静压轴承也存在下列缺点。

(1) 液体静压轴承的油温升高，在不同转速时温度升高值不相同，因此要控制恒温较难，温升造成的热变形会影响主轴回转度。

(2) 静压油回油时将空气带入油隙中，形成微小气泡不易排出，这将降低液体静压轴承的刚度和动特性。

针对上述问题，目前采取以下两种措施。

(1) 提高静压油的压力，使油中微小气泡的影响减小。

(2) 静压轴承用油经温度控制，基本达到恒温；同时轴承采用恒温水冷却，减小轴承的温升，采用了上述措施后，液体静压轴承主轴得到了令人满意的性能。

2. 空气静压轴承主轴

空气静压轴承的工作原理和静压轴承相似，它也具有很高的回转精度。由于空气的黏度小,主轴在高速转动时空气温升很小,因此造成的热变形误差很小。空气轴承的刚度较低,只能承受较小的载荷。超精密切削时切削力很小,空气轴承能满足要求,故在超精密机床中得到广泛的应用。

图 2.23 所示为双半球空气轴承主轴,前后轴承均采用半球状,既是径向轴承又是止推轴承。由于轴承的气浮面是球面,有自动调心作用,因此可以提高前后轴承的同心度,提高主轴的回转精度。

图 2.24 所示为前部用球形、后部用圆柱径向空气轴承主轴。超精密机床中常使用这种结构的主轴。这种结构因一端为球形,能同时起到径向和轴向止推轴承的作用,并具有自动调心的作用,可以提高前后轴承的同心度,从而提高主轴的回转精度。

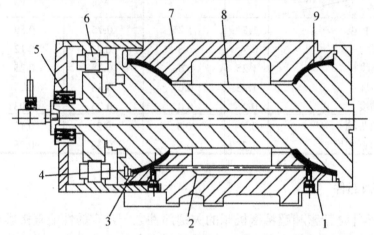

图 2.23 内装式双半球空气轴承同轴电动机驱动主轴箱(CUPE)

1—圆柱顶销;2—顶杆;3—密封垫;4—压块;5—止推轴;6—轴承;7—外壳;8—球状连接体;9—球状封圈

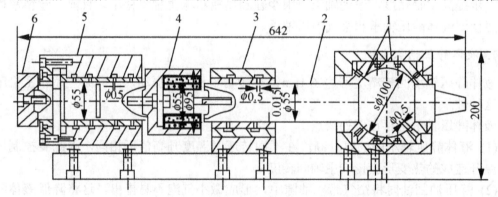

图 2.24 一端为球形轴承一端为圆柱径向轴承的空气轴承主轴(东芝机械)

1—球轴承;2—主轴;3—径向轴承;4—电磁联轴器;5—径向及止推轴承;6—带轮

3. 主轴的驱动方式

主轴驱动方式直接影响精密和超精密机床的主轴回转精度。精密和超精密机床主轴主要采用下面几种驱动方式。

1) 电动机通过带传动驱动

早期的超精密机床都采用这种驱动方式。采用这种驱动方式,电动机采用直流电动机或交流变频电动机，可以无级调速，不同齿轮变速以减少振动，电动机要求经过精密的动平衡并用单独地基以免振动影响机床精度，传动带用柔软的无接缝的丝质材料制成。为了进一步隔离传动造成的主轴振动，带轮有自己的轴承支承，经过精密动平衡，通过柔性联轴器与机床主轴相连，如图 2.23 所示。

2) 电动机通过柔性联轴器驱动机床主轴

这种方案是将调速电机通过柔性联轴器与机床主轴连接在同一轴线上，结构紧凑使用较普遍。

采用这种主轴驱动方案时，为了提高主轴回转精度，电动机应经过精密动平衡，电动机安装时尽量保证电动机轴和主轴同心，并用柔性联轴器消除安装误差引起的振动和回转误差。

3) 采用内装式同轴电动机驱动机床主轴

这种方案是将电动机的转子直接装在机床主轴上，电动机的定子装在主轴箱内，依靠机床的高精度空气轴承支撑转子的转动。电动机采用无刷直流电动机，可很方便地进行主轴无级变速，同时可消除电刷引起的摩擦振动，提高主轴的回转精度。同样，各回转部件也必须经过精密平衡。

内装式同轴电动机驱动机床主轴存在一个问题：电动机工作时定子将发热产生温升，使主轴部件产生热变形，采取使电动机定子强制通气冷却或定子外壳做成夹层，通恒温油(或水)冷却等措施，可基本解决这个问题。

2.3.4 床身和精密导轨部件

床身和导轨是精密机床的基础件，其材料性能对精密机床的整体性能有较大的影响。床身和导轨材料应具有尺寸稳定性好、热膨胀系数小、振动衰减能力强、耐磨性好，加工工艺性好等特性，目前精密机床主要采用下列材料作为床身和导轨材料。

1. 床身和导轨材料

1) 优质耐磨铸铁

铸铁是传统的制造床身和导轨的材料，它的优点是工艺性好。通过选用耐磨性好、热膨胀系数低、振动衰减能力强，并经过时效消除内应力的优质合金铸铁作为精密机床的床身和导轨，可以得到满意的结果。铸铁的缺点是抗腐蚀能力不强，易生锈。

2) 花岗岩

花岗岩现在已成为制造精密机床床身和导轨的首选材料。与铸铁相比，花岗岩在尺寸稳定性、热膨胀系数、振动衰减能力、硬度、耐磨性和抗腐蚀性等方面的性能都优越，用它做精密或超精密机床的床身和导轨是比较理想的。

花岗岩的主要缺点是具有吸湿性，吸湿后产生微量变形，影响精度。另外，花岗岩加工困难，工艺性不如铸铁。

3) 人造花岗岩

针对花岗岩不能铸造成形且有吸湿性，国外研制了人造花岗岩。人造花岗岩是由花岗岩碎粒用树脂黏结而成。用不同粒度的花岗岩组合可提高人造花岗岩的体积，使人造花岗岩具有优良的性能，不仅可铸造成形，吸湿性低，并加强了振动的衰减能力。国外已有公司采用人造花岗岩制成高精度机床床身效果甚佳，成为专利技术，在不少工厂推广应用。

2. 导轨类型

1) 滚动导轨

滚动导轨在一般机床和精密机床中应用多年，近年来，由于波动导轨技术的提高，它的应用又得到扩大。直线运动的精度可以达到微米级精度，摩擦因数可以达到0.0003以下。

(1) 直线滚动轴承。过去滚动导轨都是使用滚柱直线滚动轴承，滚柱带保持架在导轨的耦合面作直线滚动作行程决定。通过使用高精度滚柱和施加一定的预载应力，可以得到较高的直线运动精度。

(2) 再循环滚动组件。直线滚动轴承的工作长度受到轴承长度的限制。再循环该动组件，由于滚动体的再循环度不受限制。

根据接动体的类型不同，有再循环滚柱滚动组件和再循环滚珠滚动组件两种类型。

再循环滚珠滚动组件和再循环滚柱滚动组件相比，制造工艺性更好，可以制成更高的精度。再循环滚珠滚动组件的承载能力相对低些，但通过将滚珠的滚道制成凹圆弧截面，承载能力可提高12倍。

2) 液体静压导轨

由于导轨运动速度不高，液体静压导轨的温度升高不严重，而液体静压导轨刚度高，承载能力强直线运动精度高并且平稳，无爬行现象，因此现在不少的超精密机床使用液体静压导轨。

3) 气浮导轨和空气静压导轨

气浮导轨和空气静压导轨可以得到很高的直线运动精度，运动平稳，无爬行，摩擦因数几乎为零，不发热，这些特性使得它们在超精密机床中得到较广泛的应用。

2.3.5 进给驱动系统

工件的加工精度是由成形运动的精度决定的。成形运动包括主运动和进给运动。进给运动的精度是由进给系统精度决定的，因此精度机床必须具有精密的进给驱动精度。

1. 精密数控系统

对于精密和超精密机床，要求刀具相对工件作纵向(Z向)和横向(f向)运动，因此需要有两个方向的精密数控系统驱动，以便完成各种曲面的精密加工。

为了加工出形状精度很高的非球曲面，要求精密数控系统具有很高的分辨率，达到每脉冲在Z向或X向的移动量为$0.01\mu m$。通过精密双频激光测量系统检测Z向和X向的位移并反馈给精密数控系统，形成闭环控制系统，可以达到很高的位移精度要求。

2. 滚珠丝杠副驱动

一般的数控系统都是采用伺服电动机通过滚珠丝杠副驱动机床的滑板或工作台。目前许多精密和超精密机床仍采用精密滚珠丝杠副作为进给系统的驱动元件。

图2.25是滚珠丝杠副的结构原理图。滚珠在丝杠和螺母的螺纹槽内滚动，因此摩擦力很小。通过对滚珠丝杠副进行适当的预紧，可消除正转和反转之间的回程间隙，提高其精度。现在高精密级的滚珠丝杠副可以使相邻螺距误差达到$0.5\sim 1\mu m$，积累螺距达到误差$3\sim 5\mu m /300mm$。

现在超精密机床中使用滚珠丝杠副时，通过使用双频激光检测系统作为进给量的检测和反馈，可消除丝杠积累误差，提高进给精度。由于丝杠螺距在进给全程中存在误差，会使丝杠和螺母的松紧程度发生变化，导致进给运动的不平衡，因此有些国家已开始研究使用摩擦驱动来取代滚珠丝杠副驱动。

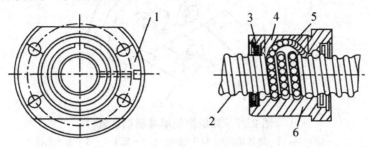

图 2.25　滚珠丝杠副的结构原理图
1—油孔；2—丝杠；3—密封圈；4—油罩；5—滚珠通道；6—螺母

3. 液体静压和空气静压丝杠副驱动

液体静压丝杠副和空气静压丝杠副的结构极为相似，只是前者使用压力油，后者使用压缩空气，它们的结构如图 2.26 所示。空气静压丝杠副的进给运动极为平稳，但因刚度略低，正反运动变换时将有微量的空行程。液体静压丝杠传动副使用效果很好，但它的制造复杂，因而目前应用还不广泛。与滚珠丝杠副相比，液体静压丝杠副和空气静压丝杠副的进给运动更平稳。

4. 摩擦驱动

为了进一步提高导轨运动的平稳性精度，现在有些超精密机床的进给驱动采用摩擦驱动，经实际应用，摩擦驱动的使用效果很好，已在一些大型超精密机床进给驱动系统中使用。

图 2.27 所示为摩擦驱动装置的原理图。和导轨运动体相连的驱动杠夹在两个摩擦轮之间。上摩擦轮是用弹簧压板压在驱动杠上的，当弹簧压板压力足够时，摩擦轮和驱动杠之间将无滑动。两个摩擦轮均有静压轴承支承，可以无摩擦转动。下摩擦轮和直流电动机相连，带动下摩擦轮转动，靠摩擦力带动驱动杠，进而带动导轨做非常平稳的直线运动。

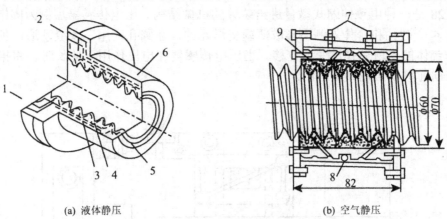

(a) 液体静压　　　　　　　　　　(b) 空气静压

图 2.26　液体和空气静压丝杠传动副
1—进油；2—排油；3—油腔；4—外螺纹；5—密封圈；6—螺母；7—进气口；8—排气口；9—树脂

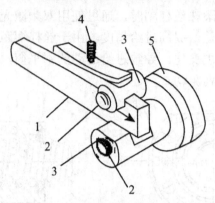

图 2.27 双摩擦轮摩擦驱动装置
1—驱动杆；2—摩擦轮；3—静压轴承；4—弹簧压块；5—驱动电机

5. 微量进给装置

为了实现精密和超精密加工，精密和超精密加工机床必须具有微量进给装置。利用微量进给装置，可为精密和超精密加工提供微进给量，进一步提高机床的分辨率；用于加工误差的在线补偿，提高加工的形状精度；将非轴对称特殊曲线的坐标数值输入控制微量进给装置进给量的计算机中，可加工出非轴对称特殊曲面；还可用于实现超薄切削。目前高精度微量进给装置已可达到 $0.001\sim0.01\mu m$ 的分辨率。

根据微量进给装置的结构形式、工作原理，可将它归纳为 6 种类型：机械传动或液压传动式；弹性变形式；热变形式；流体膜变形式；磁致伸缩式；电致伸缩式。上述 6 种类型中，仅有弹性变形式和电致伸缩式微量进给机构的相关技术比较成熟，应用较普遍。尤其是电致伸缩微量进给装置，可以进行自动化控制，有较好的动态特性，可以用于误差在线补偿。

机械结构弹性变形微量进给装置，工作稳定可靠，精度重复性好，它很适用于手动操作。

压电或电致伸缩式微量进给装置具有良好的动态特性，可用于实现自动微量进给。平时电致伸缩陶瓷片两片成一对，中间通正电，两侧通负电，将很多对陶瓷片叠在一起，正极联在一起，负极联在一起，即组成一个电致伸缩式传感器。陶瓷片在静电场作用下将伸长，当静电场的电压增加时，伸长量也增大。

图 2.28 是一种电致伸缩式微量进给装置的机械结构。压电传感器后侧为固定支撑，刀架体上有 4 个圆孔和台体外侧面形成薄壁变形元件，在圆孔间用三条缝开通，使前面装车刀部分和台体能作前后弹性变形位移。当压电传感器在电压作用下伸长时，将推动前面装刀具部分向前移动实现微量进给。

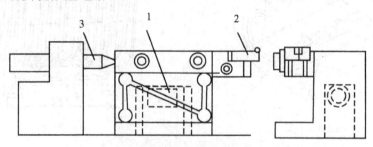

图 2.28 电致伸缩式微量进给装置
1—压电伸缩式传感器；2—金刚石刀具；3—测微仪

2.3.6 在线检测与误差补偿技术

精密和超精密加工的精度是依靠检测精度来保证的,而为了消除误差,进一步提高加工精度,必须使用误差补偿技术。

保证工件加工精度有两条途径。一条是依靠一定精度的机床来保证,即要求机床的精度高于工件所要求的精度,一般称为"蜕化"原则或"母性"原则。普通工件的加工精度一般都是通过这条途径来保证的。对于精密和超精密加工,由于工件的精度要求极高,而要制造出比工件精度更高的机床,在技术上难度很大,耗资也很大,甚至达到不可能的程度,这就要求人们开辟另一条途径,即在精度比工件要求低的机床上,加工出高精度的工件,利用误差补偿技术,可以实现这个目的,这就是所谓的"进化"原则或"创造性"原则。

精密和超精密加工机床,由于采用了在线检测和误差补偿技术,因此可以加工出精度极高的工件。

现在国外生产的超精密机床,都装有双频激光随机检测系统,检测机床运动部件两个坐标方向的位移位置,和精密数控系统组成反馈控制系统,以保证加工的尺寸精度。精密数控系统现在一般都采用闭环控制,即机床的运动部件的位移用装在机床内部的双频激光干涉测距系统随机精确检测,将数据反馈给精密数控系统,保证位移的高精度。

图 2.29 所示是美国 Pneumo Precision 公司生产的 MSG-325 超精密车床的位移激光检测系统。该机床的布局为主轴箱装在纵滑板上做 Z 方向运动,刀架装在横滑板上做 X 方向运动。双频激光发生器发出的激光经分光镜分成两路,分别测 Z 方向和 X 方向的位移。激光测量系统的分辨率为 $0.01\,\mu m$,该测量的绝对测量精度小于 $0.1\,\mu m$。

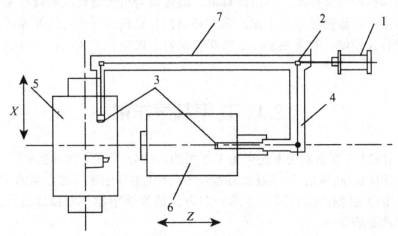

图 2.29 美国 Pneumo Precision 公司生产的 MSG-325 超精密金刚石车床的位移激光检测系统

1—激光器;2—分光镜;3—移动棱镜;4—接收器;5—横滑板;6—纵滑板;7—封闭罩

图 2.30 所示为哈尔滨工业大学开发的 SI-255 超精密车床车削工件圆度和圆柱度的误差检测和补偿系统。该系统主要由机床主轴回转误差实时测量系统、建模与预报、主从控制系统、驱动电源及电致伸缩微进给机构组成。

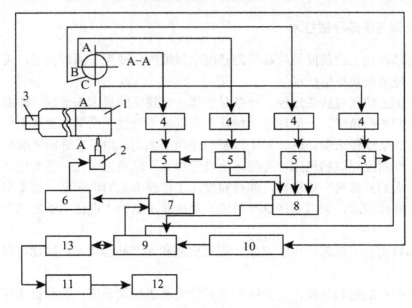

图 2.30 车削工件圆度和圆柱度的误差补偿

1—工件；2—补偿执行机构；3—光电码盘；4—电容测微仪；5—S/H；6—驱动电动机；7—D/A；9—高速信号处理器；
10—分频点路；11—信号处理；12—建模预报；13—微机

测量系统中，由带有调速机构的扇形测量架和底座组成测量装置，沿扇形测量架的圆周方向装有 3 个电容测头 A、B、C，沿其轴线装有另一电容测头 D。4 台电容测微仪的输出信号经 4 路采样/保持(S/H)、模/数转换(A/D)后读入计算机系统，装在车床主轴后端的光电码盘产生同步脉冲及采样脉冲。由计算机、高速信号处理器构成的数据采集组从系统完成误差信号的采集、数据处理等工作。误差补偿执行机构是一个电致伸缩式微进给刀架。采用该套误差补偿系统，效果明显，工件圆度误差平均减小了 40%，工件圆柱度误差平均减小 23%。

2.4 功率超声车削

最早是在 1927 年观察到功率超声加工作用的，1945 年有了首批登记的专利，20 世纪 50 年代开始应用功率超声加工，我国 20 世纪 60 年代也开始进行这方面的应用研究。

功率超声加工是指给工具或工件沿一定方向施加功率超声频振动进行振动加工的方法，其应用范围见表 2-8。

表 2-8 功率超声加工的应用范围

磨料冲击加工	功率超声切削加工	功率超声磨削加工	功率超声光整加工	功率超声塑性加工
功率超声切割	功率超声车削	功率超声修整砂轮	功率超声珩磨	功率超声拉管
功率超声打孔	功率超声铣削	功率超声清洗砂轮	功率超声珩齿	功率超声拉丝
功率超声套料	功率超声刨削	功率超声磨削	功率超声抛光	功率超声冲裁

续表

磨料冲击加工	功率超声切削加工	功率超声磨削加工	功率超声光整加工	功率超声塑性加工
功率超声雕刻	功率超声钻削 功率超声镗削 功率超声插齿 功率超声剃齿 功率超声滚齿 功率超声攻丝 功率超声锯料	功率超声磨齿	功率超声研磨 电火花功率超声复合加工 功率超声强化	功率超声挤压 功率超声铆墩 功率超声弯管和矫直

2.4.1 功率超声车削装置

功率超声车削是在传统的车削过程中给刀具施加功率超声振动而形成的一种新的加工方法。图 2.31 所示是纵向振动功率超声车削的示意图。换能器将功率超声频电源提供的电能转变为功率超声振动，经变幅杆放大后传递给车刀。除纵振车削外，还有弯曲和扭转振动车削装置。最常用的是弯曲振动车削，图 2.32 所示是使刀具产生弯曲振动的一种常用装置示意图。

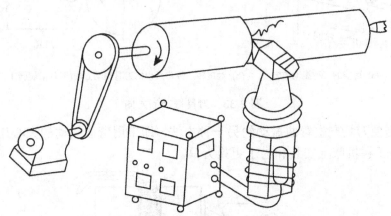

图 2.31　纵向振动功率超声车削方法

纵振变幅杆可以从刀杆的中心位置激发，也可以从刀杆的端头激发使其做弯曲振动。换能器可用磁致伸缩型或夹心式压电换能器二刀具端头的振动方向与工件的转动方向(即切削方向)可以是平行的也可以是垂直的，共有三个方向，如图 2.33(a)所示，但实验证明前者效果较好。在车削时刀具振动方向与工件旋转方向如图 2.33(b)所示。在功率超声车削过程中，刀具与工件是断续接触的。

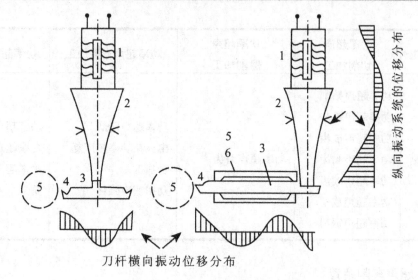

图 2.32 功率超声振动切削装置

1—换能器；2—变幅杆；3—刀杆；4—切削部位；5—工件；6—刀杆夹具

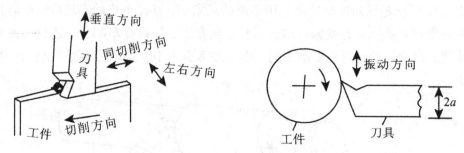

(a) 可能的三种振动方向　　(b) 对旋转工件常采用的刀具振动方向(刀具沿旋转工件的切线方向振动)

图 2.33 刀具振动的方向

图 2.34 是使刀具产生弯曲振动的另一种方法，即采用弯曲振动的夹心压电换能器。其装置简便，便于在机床上安装和易于更换刀具。

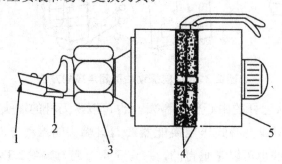

图 2.34 弯曲振动的方法

1—刀具；2—刀具支架；3—连接螺母；4—PZT；5—弯曲振动换能器

2.4.2 基本原理和特点

当刀具振动时，它与工件的接触是断续的。设工件旋转时表面的线速度(即切削速度)

为 v,刀具振动频率为 f,位移振幅为 a,则实现功率超声车削的条件为 $v < 2\pi af$。

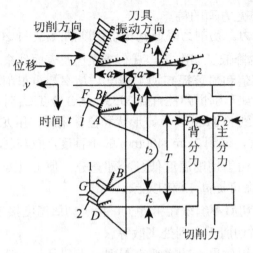

图2.35 刀具运动和切削过程

当 $v = v_c = 2\pi af$ 时,称为临界速度,车削 v 速度越接近于 v_c,就越接近于传统车削。当 $v > v_c$ 时,刀具不能脱离工件,即和传统车削完全相同。在功率超声振动车削过程中,刀具的运动和车削过程如图2.35所示。刀具作经过原点 o 的近似谐和振动,到 E 点开始接触工件,在 EFA 间车削,生成切屑1,同时产生脉冲状切削力 P_1、P_2,刀具运动到 A 点将反向,由于反向运动速度大于工件运动速度 v,刀具开始脱离工件,切削力近似为零,直到刀具运动到触点 B 再与工件接触,在 BGD 期间按同样过程车削出切屑2。刀具与工件这种接触、切削、脱离的过程周而复始地进行,即可生成切屑1,2,…,n,同时产生脉冲切削力 P_1、P_2,P_1 是垂直于切削方向的分力,称为背分力,P_2 是平行于切削方向的分力,称为主分力。

设刀具位移 $y = a\sin\omega t$(a,ω 和 t 分别为刀具的振幅、振动角频率和时间),刀具振速 $v_a = \dot{y} = a\omega\cos\omega t$,脱离时间 t_1 满足 $-v_a = -a\omega\sin\omega t_1 = v$,所以有

$$t_1 = \frac{1}{2\pi f}\arccos\left(\frac{-v}{2\pi af}\right) \tag{2-1}$$

式中,v 为切削速度或切削处工件的线速度。

当 $v > 2\pi af$ 时,式(2-1)不成立,即刀具不能脱离工件。刀具在离开 A 点后,在任意时刻 t 的位置 $y = a\sin\omega t_1 - v(t - t_1)$,在 t_2 时刀具到达 B 点,再与工件接触,故有

$$a\sin\omega t_1 + vt_1 = a\sin\omega t_2 + vt_2 \tag{2-2}$$

从而得到接触时间 t_2、脱离时间 t_1 和周期 T 的关系为

$$\sin(2\pi\frac{t_1}{T}) - 2\pi\frac{t_1}{T}\cos(2\pi\frac{t_1}{T}) = \sin(2\pi\frac{t_2}{T}) - 2\pi\frac{t_2}{T}\cos(2\pi\frac{t_2}{T})$$

净切削时间

$$t_c = T + t_1 - t_2 \tag{2-3}$$

相对净切削时间

$$\frac{t_c}{T} = 1 + \frac{t_1}{T} - \frac{t_2}{T} \tag{2-4}$$

t_c/T 值在振动车削中是重要参数,t_c/T 值小,说明每个振动周期内刀具的净车削时间所占的比例小,平均切削力小。提高刀具振动频率,增大其振幅或减小切削速度均可达到

这一目的。

功率超声车削有如下几方面的特点。

(1) 大幅度降低切削力。切削力降低到传统切削的 1/3~1/20，纯切削时间 t_c 极短，大大降低摩擦因数，因而也降低了切削热，减小热损伤及表面残余应力，减小热变形等。

(2) 降低表面粗糙度值和显著提高加工精度。功率超声车削不产生积屑瘤，切削后端无毛刺。提高加工精度，如车削恒弹性合金 3J53、钛合金 TiC_4 时，轮廓平均算术偏差 R_a 值由普通切削的 3μm 降低到 0.3μm 以下。形状和位置精度，用龙门刨床对硬铝、黄铜、碳素钢等进行功率超声刨削，得到 2μm/400mm 的不直度，且与材料的种类无关。

(3) 提高工具寿命。由于切削温度低且冷却充分，使工具寿命明显提高，如切削弹性合金 3J53 端面，刀具寿命可提高 13 倍以上。

(4) 切削处理容易。切屑不缠绕在工件上，由于切屑温度接近室温不会形成派生热源，且排屑容易，切削脆铜时切屑不会到处飞散等。

(5) 提高切削液的使用效果。功率超声车削，当刀具与工件分离时，切削液易进切削区，冷却和滑润充分。采用机油加锭子油作冷却液时，功率超声切削效果最好。

(6) 提高已加工表面的耐磨性和耐腐蚀性。由于功率超声车削会在零件表面布满花纹，使零件在工作时在表面形成较强的油膜，这对提高滑动面耐磨性有重要作用。它能润滑活塞和汽缸套内孔表面间的滑动区，从而可以防止黏着和咬合。

小　结

1. 精密加工概念及其分类

(1) 精密加工是指加工精度和表面质量达到极高程度的加工工艺。不同的发展时期，其技术指标有所不同。目前，在工业发达国家中，一般工厂能稳定掌握的加工精度是 1μm，与之相对应，将加工精度为 0.1~1μm，加工表面粗糙度 R_a 为 0.02~0.1μm 内的加工方法称为精密加工。

(2) 精密加工分类见表 2-1。

2. 精密切削加工机理

(1) 切削变形：包含几个重要方面，其中包括过渡切削、最小切入深度、毛刺与亏缺及微量切削的碾压过程。

(2) 切削力：包括影响切削力的切削速度、进给量、切削深度和刀具材料等以及切削力的来源。

(3) 切削热：包括切削热的来源、影响及控制。

(4) 切削液：包括冷却效果及所起的重要作用。

(5) 刀具磨损及耐用度：包括刀具的 6 种磨损形式(机械磨损、黏结磨损、相变磨损、扩散磨损、破损和炭化磨损)和 3 种破损形式(裂纹、破裂和解理)以及刀具磨损的 3 个阶段(初期磨损、正常磨损阶段、急剧磨损阶段)。

3. 切削加工机床及应用

(1) 精密机床的精度指标见表 2-6。
(2) 精密主轴部件，包括液体静压轴承主轴、空气静压轴承主轴等。
(3) 床身和精密导轨部件，包括精密切削机床床身和导轨的材料、导轨的类型。
(4) 进给驱动系统，包括精密数控系统、滚珠丝杠副驱动、液体静压和空气静压丝杠副驱动、摩擦驱动和微量进给装置等。
(5) 在线检测与误差补偿技术。

4. 功率超声车削

(1) 功率超声车削的装置、组成及振动方式。
(2) 功率超声车削脉冲切削运动原理及切削特点。

思 考 题

1. 精密加工研究包括哪些主要内容？结合精密切削加工对发展国防和尖端技术的重要性，试提出发展我国精密切削加工技术的策略、研究重点及主要研究方向。

2. 实现精密与超精密加工应具备哪些基本条件？试结合金刚石刀具精密切削，简述切削用量对加工质量的影响及主要控制技术。

3. 一般情况下精密和超精密机床通常采用哪种轴承？试述几种常用主轴轴承的特点，并说明为什么目前大部分精密和超精密机床均采用空气轴承。

4. 试述在线检测和误差补偿技术在精密和超精密加工中的作用。

5. 常用微量进给装置有哪些种类？试结合在精密与超精密加工机床的应用谈谈其作用及特点。

6. 试述超精密机床中使用的摩擦驱动机构的工作原理、结构特点及优缺点。

7. 简述功率超声振动车削的切削机理及其与普通车削对比的优势。

第3章 精密磨削加工

教学提示：精密磨削加工技术涉及的方法很多，本章主要介绍精密磨削加工的分类、精密磨削加工的机理分析、精密磨削加工机床和应用以及精密研磨和抛光等基本知识。

教学要求：通过本章的学习，要求学生在普通磨削加工的基础上，了解精密磨削加工的相关知识，重点掌握精密磨削加工的机理，以及精密磨削加工机床的各组成部件及特点，同时了解精密研磨与抛光等精密加工技术。

3.1 概　　述

3.1.1 磨削的基本特点

磨削是一种常用的半精加工和精加工方法，砂轮是磨削的主要切削工具。磨削的基本特点如下。

(1) 磨削除可以加工铸铁、碳钢、合金钢等一般结构材料外，还能加工一般刀具难以切削的高硬度材料如淬火钢、硬质合金、陶瓷和玻璃等。但不适宜加工塑性较大的有色金属工件。

(2) 磨削加工的精度高，表面粗糙度值小。精度可达IT5及IT5以上；表面粗糙度值R_a为1.25～0.01μm，镜面磨削时R_a为0.04～0.01μm。

(3) 磨削的径向磨削力F_Y大，且作用在工艺系统刚性较差的方向上。因此，在加工刚性较差的工件时(如磨削细长轴)，应采取相应的措施，防止因工件变形而影响加工精度。

(4) 磨削温度高。磨削产生的切削热多，80%～90%传入工件(10%～15%传入砂轮，1%～10%由磨屑带走)，加上砂轮的导热性很差，大量的磨削热在磨削区形成瞬时高温，容易造成工件表面烧伤和微裂纹。因此，磨削时应采用大量的切削液以降低磨削温度。

(5) 砂轮有自锐作用。在磨削过程中，磨粒的破碎将产生新的较锋利的棱角，同时由于磨粒的脱落而露出一层新的锋利的磨粒，它们能够使砂轮的切削能力得到部分的恢复，这种现象叫做砂轮的自锐作用，也是其他切削刀具所没有的。磨削加工时，常常通过适当选择砂轮硬度等途径，以充分发挥砂轮的自锐作用来提高磨削的生产效率。必须指出，磨粒随机脱落的不均匀性会使砂轮失去外形精度；破碎的磨粒和切屑会造成砂轮的堵塞。因此，砂轮磨削一定时间后，需进行修整以恢复其切削能力和外形精度。

(6) 磨削加工的工艺范围广。磨削不仅可以加工外圆面、内圆面、平面、成形面、螺纹、齿形等各种表面，还常用于各种刀具的刃磨。

(7) 磨削在切削加工中的比例日益增大。在工业发达国家磨床在机床总数中的比例已占到30%～40%，且有不断增长的趋势。磨削在机械制造业中将得到日益广泛的应用。

3.1.2 精密磨削加工的分类

精密磨削加工是利用细粒压的磨粒或微粉对黑色金属、硬脆材料等进行加工，得到高加工精度和小表面粗糙度值，它是用微小的多刃刀具削除细微切屑的一种加工方法。一般多指砂轮磨削和砂带磨削。精密磨削和超精密磨削加工都是20世纪60年代发展起来的，近年来已扩大到磨料加工的范围。因此精密磨削加工按磨料加工大致可分为以下几类，见表3-1。

表 3-1 磨料加工分类

磨料加工	固结磨料加工	磨削：砂轮磨削、砂带磨削
		研磨
		超精加工
		珩磨
		砂带研抛
		超精研抛
	游离磨料加工	抛光
		研磨：干式研磨、湿式研磨、磁性研磨
		精密研磨
		滚磨：回转式、振动式、离心式、主轴式
		珩磨：挤压珩磨
		喷射加工

将一定粒度的磨粒或微粉与结合剂黏结在一起，形成一定形状并具有一定强度，再采用烧结、黏结、涂敷等方法即形成砂轮、砂条、油石、砂带等磨具。其中用烧结方法形成砂轮、砂条、油石等称为固结磨具；用涂敷方法形成砂带称为涂覆磨具或涂敷磨具。

1. 固结磨具

精密砂轮切削是利用精细修整粒度为 $60^{\#} \sim 80^{\#}$ 的砂轮进行磨削，其加工精度可达 0.1~1 μm、表面粗糙度值 R_a 可达 0.2~0.25 μm。超精密砂轮磨削是利用经过精细修整的粒度为 W40~W50 的砂轮进行磨削，可以获得加工精度为 0.1 μm，表面粗糙度 R_a 为 0.025~0.008 μm 的加工表面。

(1) 磨料及其选择。在精密和超精密磨削中，磨料除使用刚玉系和碳化物系外，还大量使用超硬磨料。超硬磨料在当前是指金刚石、立方氮化硼及以它们为主要成分的复合材料。两种材料均属于立方晶系。金刚石又分为天然和人工两大类。天然金刚石有透明、半透明和不透明三种，以透明的为最贵重。颜色上有无色、浅绿、淡黄、褐色等，以褐色硬度最高，无色次之。人造金刚石分单晶体和聚晶烧结体两种，前者多用来做磨料磨具，后者多用来做刀具。金刚石是自然界中硬度最高的物质，有较高的耐磨性而且有很高的弹性模量。可以减小加工时工件的内应力、内部裂隙及其他缺陷。金刚石有较大的热容量和良好的热导性，线膨胀系数小、熔点高。但在 700℃ 以上易与铁族金属产生化学作用而形成炭化物，造成化学磨损，故一般不适宜磨削钢铁材料。立方氮化硼的硬度略低于金刚石，但耐热性比金刚石高,有良好的化学稳定性,与碳在2000℃时才起反应,故运用于磨削钢铁材料。由于它在高温下易与水产生反应,因此一般多用于干磨。

超硬磨料砂轮磨削的特点是:

① 可用来加工各种高硬度、高脆性金属和非金属材料;

② 磨削能力强、耐磨性好、耐用度高,可较长时间保持切削性,修整次数少,易于保持粒度;易于控制加工尺寸及实现加工自动化;

③ 磨削力小、磨削温度低;

④ 磨削效率高;

⑤ 加工综合成本低。

超硬磨料能加工各种高硬难加工材料是其突出的优越性,用超硬材料磨削陶瓷、光学玻璃、宝石、硬质合金以及高硬度合金钢、耐热钢、不锈钢等材料已十分普遍。

(2) 磨料粒度及其选择。粒度的选择应根据加工要求、被加工材料、磨料材料等来决定。其中影响很大的是被加工工件的表面粗糙度值、被加工材料和生产率。一般多选用 $180^{\#} \sim 240^{\#}$ 的普通磨料、(170/200)~(325/400)超硬磨料的磨粒和各种粒度的微粒。粒度号越大加工表面粗糙度值越小,但生产率相对也越低。

(3) 结合剂及其选择。结合剂的作用是将磨料黏合在一起,形成一定的形状并有一定的强度。常用的结合剂有树脂结合剂、陶瓷结合剂和金属结合剂等。结合剂会影响砂轮的结合强度、自锐性、化学稳定性、修整方法等。

(4) 组织和浓度及其选择。普通磨具中磨料的含量用组织表示,它反映了磨料、结合剂和气孔三者之间体积的比例关系。超硬磨具中磨料的含量用质量浓度表示,它是指磨料层中每1cm^{3}体积中所含超硬磨料的重量。浓度越高,其含量越高。浓度值与磨料含量的关系见表3-2。

表3-2 超硬磨具浓度值与磨料含量的关系

浓度代号	质量分数/%	质量浓度/g·cm^{-3}	磨料在磨料层中所占体积/(%)
25	25	0.2233	6.25
50	50	0.4466	12.50
70	70	0.6699	18.75
100	100	0.8932	25.00
150	150	1.3398	37.50

浓度直接影响磨削质量、效率和加工成本。选择时应综合考虑磨料材料、粒度、结合剂、磨削方式、质量要求和生产率等因素。对于人造金刚石磨料、树脂结合剂磨具的常用质量分数为50%~75%,陶瓷结合剂磨具的质量分数为75%~100%,青铜结合剂磨具的质量分数为100%~150%,电镀的质量分数为150%~200%。对于立方氮化硼磨料,树脂结合剂磨具的常用质量分数为100%,陶瓷结合剂磨具的质量分数为100%~150%,一般都比人造金刚石磨具的质量分数高一些。总的来说,成形磨削、沟槽磨削、宽接触面平面磨削选用高质量分数,半精磨选用细粒度、小质量分数;高精度、小表面粗糙度值的精密磨削和超精密磨削选用细粒度、低质量分数。这主要考虑砂轮堵塞发热问题。

(5) 硬度及其选择。普通磨具的硬度是指磨粒在外力作用下,磨粒自表面脱落的难易程度。磨具硬度低表示磨粒容易脱落。

超硬磨具中，由于超硬磨料耐磨性高，又比较昂贵，硬度一般较高，在其标志中无硬度项。

(6) 磨具的强度。磨具的强度是指磨具在高速回转时，抵抗因离心力的作用而自身破碎的能力，对各类磨具都有最高工作线速度的规定。

(7) 磨具的形状和尺寸及其基体材料。根据机床规格和加工情况选择磨具的形状和尺寸。超硬磨具一般由磨料层、过渡层和基体三个部分组成。超硬磨具结构中，有些厂家把磨料层直接固定在基体上，取消了过渡层。超硬磨具结构如图 3.1 所示。基体的材料与结合剂有关，金属结合剂磨具大多采用铁或铜合金；树脂结合剂磨具采用铝、铝合金或电木；陶瓷结合剂磨具多采用陶瓷。

2. 涂覆磨具

涂覆磨具是将磨料用黏结剂均匀地涂覆在纸、布或其他复合材料基底上的磨具，又称涂敷磨具，结构示意图如图 3.2 所示。常用的涂覆磨具有砂纸、砂布、砂带、砂条和砂布套等。

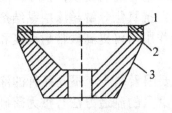

图 3.1 超硬磨具结构

1—磨料层；2—过滤层；3—基体

图 3.2 涂覆磨具结构示意图

1—基底；2—黏结膜；3—黏结剂(底胶)；4—黏结剂(覆胶)；5—磨料

(1) 涂覆磨具分类。根据涂覆磨具的形状、基底材料和工作条件与用途等，其分类见表 3-3。涂覆磨具产品有干磨砂布、干磨砂纸、耐水砂布、耐水砂纸、环状砂带(有接头、无接头)、卷状砂带等。

表 3-3 涂覆磨具分类

涂覆磨具											
形状						基底材料				工作条件	
页状 (Y)	卷状 (J)	环状	带状 (D)	盘状 (P)	纸状 (Z)	棉花 (B)	化纤布	塑料膜	复合	干磨 (G)	耐水 (N)

(2) 磨料及粒度。常用的涂覆磨料有棕刚玉、白刚玉、铬刚玉、黑色碳化硅、绿色碳化硅、人造金刚石等。

涂覆磨料的粒度与普通磨料粒度近似，但无论是磨粒还是微粉一律用冠以 P 字的粒度号表示，如涂覆磨料粒度号 P240 与普通磨料粒度号 240 一样，而 P320 相当于 W 50，P1000 相当于 W20，具体情况可查有关手册。

(3) 黏结剂。黏结剂又称为胶，其作用是将砂粒牢固地黏结在基底上。黏结剂是影响涂覆磨具的性能和质量的重要因素。根据涂覆磨具基底材料工作条件和用途等不同，黏结剂又可分为黏结膜、底胶和覆胶。当基底材料为聚酯、硫化纤维时，为了使底胶能与基底牢固黏结，要在聚酯膜、硫化纤维布上预先涂上一层黏结膜，而对于基底材料为纸、布等则不必预涂黏结膜。有些涂覆磨具采用底胶和覆胶的双层黏结剂结构，一般取黏结性能较好的底胶和耐热、耐湿、富有弹性的覆胶，使涂覆磨具性能更好。大多数涂覆磨具都是单层胶。黏结剂的种类如下。

① 动物胶。主要有皮胶、明胶、骨胶等。黏结性能好，价格便宜，但溶于水，易受潮，稳定性受环境影响。用于轻切削的干磨和油磨。

② 树脂。主要有醇酸树脂、胺基树脂、尿醛树脂、酚醛树脂等，树脂黏结性能好，耐热、耐水或耐湿，有弹性，有些树脂成本较高，且易溶于有机溶液，用于难磨削材料或复杂形面的磨削和抛光。

③ 高分子化合物。如聚醋酸乙烯脂等，黏结性能好，耐湿有弹性。用于精密磨削，但成本较高。

除上述一般黏结剂外，还有特殊性能的在覆胶层上再敷一层超涂层黏结剂，如抗静电超涂层黏结剂，可避免砂带背面与支撑物之间产生静电而附着切屑粉尘；抗堵塞超涂层黏结剂是一种以金属皂为主的树脂、可避免砂带表面堵塞；抗氧化分解超涂层黏结剂，由高分子材料和抗氧化分解活性材料所组成，加工中有冷却作用，可提高砂带耐用度和工件表面质量。

(4) 涂覆方法。涂覆方法是影响涂覆磨具质量的重要因素之一，不同品种的涂覆磨具可采用不同的涂覆方法，以满足使用要求。当前，涂覆磨具的制造方法有重力落砂法、涂敷法和静电植砂法等，如图 3.3 所示。

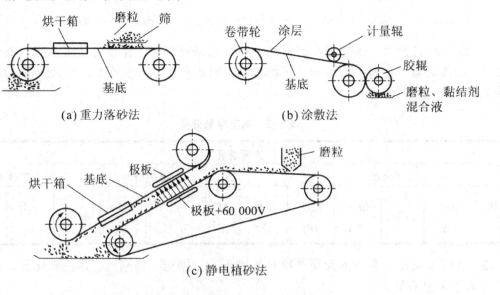

图 3.3 涂覆磨具涂覆方法示意图

① 重力落砂法。先将黏结剂均匀涂敷在基底上，再靠重力将砂粒均匀地喷洒在涂层上，经烘干去除浮面砂粒后即成卷状砂带，裁剪后可制成涂覆磨具产品，整个过程自动进行。一般的砂纸、砂布均用此法，制造成本较低。

② 涂敷法。先将砂粒和黏结剂进行充分均匀的混合，然后利用胶辊将砂粒和黏结剂混合物均匀地涂敷在基底上。黏结剂和砂粒的混合多用球磨机，而涂敷多用类似印刷机的涂敷机，可获得质量很好的砂带。一般塑料膜材料的基底砂带都用这种方法，简单的涂覆方法也可用喷头将砂粒和黏结剂的混合物均匀地喷洒在基底上，多用于小量生产纸质材料基底的砂带，当然质量上要差一些。精密和超精密加工中所用的涂覆磨具多用涂覆法制作。

③ 静电植砂法。其原理是利用静电作用将砂粒吸附在已涂胶的基底上，这种方法由于静电作用，使砂粒尖端朝上，因此砂带切削性强，等高性好，加工质量好而受到广泛采用。

3.2 磨削加工机理

精密磨削是指加工精度为 $1\sim0.1\,\mu m$、表面粗糙度 R_a 值达到 $0.2\sim0.025\,\mu m$，又称低粗糙度值磨削。它是用微小的多刃刀具削除细微切屑的一种加工方法。一般是通过氧化铝和胶化硅砂轮来实现的。

3.2.1 磨削过程及磨削力

1. 磨削过程

砂轮中的磨料磨粒是不规则的菱形多面体，顶锥角在 $80°\sim145°$ 范围内，但大多数为 $90°\sim120°$，如图 3.4 所示。

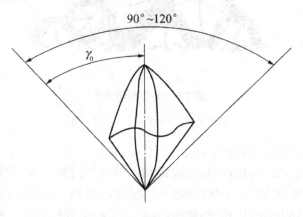

图 3.4 磨粒形状

磨削时磨粒基本上都以很大的负前角进行切削。一般磨粒切削刃都有一定大小的圆弧，其刃口圆弧半径 r_n 在几微米到几十微米之间。磨粒磨损后负前角和圆弧半径 r_n 都将增大。

磨粒在砂轮表面的分布是随机的。一般磨削时只有 10%的磨粒参加切削，切削深度分布在某一范围内，使各个磨粒承受的压力不同，磨粒表现出四种切削形态，如图 3.5 所示。一带而过的摩擦，工作表面仅留下一条痕迹；发生塑性变形，擦出一条两边隆起的沟纹；或者犁出一条沟，两边翻边；或者切下切屑，其形状随磨粒切削刃形状、工件材料、切削深度、切削速度而变化。

钝化的磨粒受力增大，超过自身强度则被挤碎，裸露出新的锋利刃口，高磨粒掉落使低磨粒得以参加切削。

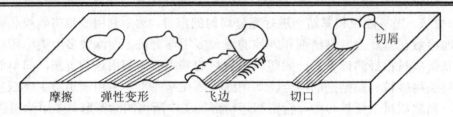

图 3.5 磨粒的切削形态

2. 精密磨削机理

1) 磨粒的微刃性

在精密磨削中,通过较小的修整导程和修整深度来精细地修整砂轮,使磨粒具有较好的微刃性(即磨粒产生微细的破碎,而且形成细而多的切削刃)。这种砂轮磨削时,同时参加切削的刃口增多,深度减小,微刃的微切削作用形成了小粗糙度值的表面。

2) 磨粒的等高性

微刃是由砂轮的精细修整形成的,分布在砂轮表层的同一深度上的微刃数量多,等高性好(即细而多的切削刃具有平坦的表面),如图 3.6 所示。由于加工表面的残留高度极小,因而形成了小的表面粗糙度值。

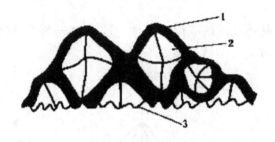

图 3.6 磨粒的等高性

1—黏结剂;2—磨料;3—砂轮表面

3) 微刃的滑擦、挤压、抛光作用

砂轮修整后出现的微刃切削开始比较锐利,切削作用强,随着磨削时间的增加微刃逐渐钝化、同时等高性得到改善。这时切削作用减弱,滑擦、挤压、抛光作用增强。磨削区的高温使金属软化,钝化微刃的滑擦和挤压将工件表面凸峰碾平,降低了表面粗糙度值。在同样的磨削压力下,单个微刃受的挤压小,刻划深度小。

4) 弹性变形的作用

在磨削加工中,砂轮的切削深度虽只有 1~20μm,但由于单位磨削力比较大,所以总磨削力是很大的。与通常的切削加工不同的是,由于法向分力是切向分力的 2 倍以上,由此而产生的弹性变形所引起的砂轮的切削深度的变化量,对于原有的微小的切削深度来说是不能忽视的。采用无火花磨削所磨削的就是该弹性变形的恢复部分,如图 3.7 所示。

在磨削过程中,必须把磨床和工件当做一个弹性系统来分析。在第一次磨削加工中,由于砂轮轴、砂轮、机床主轴、尾架中心、工件等都将产生不同的弹性位移,这样工件和砂轮就会产生相对位置变化。由于受切削力的影响,如果增多行程次数使砂轮架不再进给,砂轮与砂轮架的切削深度就会趋于一致,如图 3.7 所示。

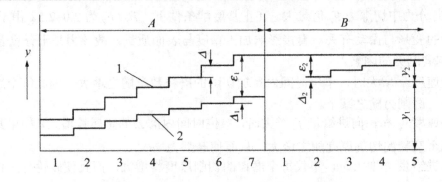

图 3.7 砂轮架移动量与工件半径减少的关系

A—砂轮架每行程均有进给期间；B—无火花磨削期间；1—砂轮架移动量；2—工件半径的减小量
Δ—切削深度；ε—位移量；y—工件半径的减小量

又由于加工中存在着误差复映规律，说明除非反复地进行无火花磨削，否则砂轮架具有正确的进给深度也不能加工出所期望的工件尺寸。因此反复地进行无火花磨削是极为重要的，当进行无火花磨削，且磨粒切削深度又很微小时，在切削刃磨削点上由于受工件材料的弹性变形而磨削。

磨粒的黏结剂的弹性变形的影响会产生磨粒切削刃在加工面上滑移的现象，并在弹塑性的接触状态下与加工面发生摩擦作用，其切削量是极微小的，这将有利于镜面的形成。

3. 磨削力

单个磨粒切除的材料虽然很少，但一个砂轮表面层有大量磨粒同时工作，而且磨粒的工作角度很不合理，绝大多数为负前角切削，因此总的磨削力相当大。总磨削力可分解为三个分力：F_Z——主磨削力(切向磨削力)，F_Y——切深力(径向磨削力)；F_X——进给力(轴向磨削力)。几种不同类型磨削加工的三向分力如图 3.8 所示。

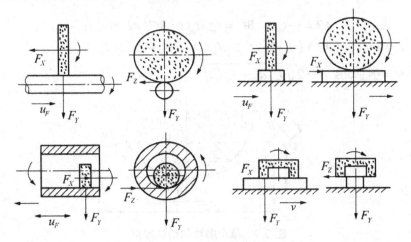

图 3.8 三向磨削应力

1) 磨削力的主要特征

(1) 单位磨削力很大。由于磨粒几何形状的随机性和参数不合理，磨削时的单位切削力 P 值很大，可达 70 000N/mm² 以上。

(2) 三向分力中切深力 F_Y 值最大。在正常磨削条件下，F_Y/F_Z 为 2.0~2.5。由于 F_Y 对砂轮轴、工件的变形与振动有关，直接影响加工精度与表面质量，故该力是十分重要的。

2) 影响磨削力的因素

当砂轮速度 v 增大时，单位时间内参加切削的磨粒数量随之增大。因此每个磨粒的切削厚度减小，磨削力随之减小。

当工件速度 v_w 和轴向进给量 f_n 增大时，单位时间内磨去的金属量增大，如果其他条件不变，则每个磨粒的切削厚度随之增大，从而使磨削力增大。

当径向进给量 f_r 增大时，不仅每个磨粒的切削厚度将增大，而且使砂轮与工件的磨削接触弧长增大，同时参加磨削的磨粒数增多，因而使磨削力增大。

砂轮的磨损会使磨削力增大。因此磨削力的大小在一定程度上可以反映砂轮上磨粒的磨损程度。如果磨粒的磨损用磨削时工作台的行程次数（反映了砂轮工作时间的长短）间接地表示，则随着行程次数的增大，径向磨削力 F_Y 和切向磨削力 F_Z 都将增大，但 F_Y 增大的速率远比 F_Z 为快。

4. 单个磨粒的切削厚度

为便于分析，可以将砂轮看成是一把多齿铣刀，现以平面磨削为例说明磨削中单个磨粒的切削厚度。图 3.9 所示为平面磨削中垂直于砂轮轴线的横剖面。当砂轮上 A 点转到 B 点时，工件上 C 点就移动到 B 点，这时 ABC 这层材料就被磨掉了，此时磨去的最大厚度为 BD，则单个磨粒的最大切削厚度为 $a_{cg\,max} = BD/\left(\overline{AB} \cdot m\right)$ 将 BCD 近似看成一直角三角形。

则 $BD = BC \sin\theta$

砂轮以 v 运动，当从 A 点转到 B 点时所需时间为 t_m，在同样时间内工件以 v_w 移动了 BC。

则
$$\overline{AB} = v \cdot t_m \; ; \quad BC = v_w \cdot t_m \; ; \quad BC/\overline{AB} = v_w/v$$

而 $\cos\theta = OE/OB = (d_0/2 - f_r)/(d_0/2) = (d_0 - 2f_r)/d_0$

所以 $\sin\theta = \sqrt{1 - \cos^2\theta} = 2\sqrt{f_r/d_0 - f_r^2/d_0^2}$

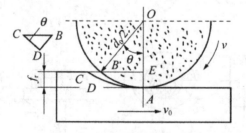

图 3.9 单个磨粒的切削厚度

通常忽略 f_r^2/d_0^2，则得

$$\sin\theta = 2\sqrt{f_r/d_0} \tag{3-1}$$

于是 $a_{cg\,max} = \dfrac{2v_w}{v \cdot m}\sqrt{f_r/d_0}$

式中，$a_{cg\,max}$ 为单个磨粒最大切削厚度(mm)；

v, v_w 为砂轮、工件的速度(m/s)；

m 为砂轮每毫米圆周上的磨粒数(mm^{-1})；

f_r 为径向进给量(mm)；

d_0 为砂轮直径(mm)。

如果考虑砂轮宽度 B 和轴向进给量 f_a 的影响，由于有 f_a 运动，使投入磨削的金属量增加，故 f_a 与 $a_{cg\,max}$ 成正比。B 大时，同时参加工作的磨粒数增加，故 B 与 $a_{cg\,max}$ 成反比。将式(3-1)可改写为 $a_{cg\,max} = \dfrac{2v_w \cdot f_a}{v \cdot m \cdot B}\sqrt{f_r/d_0}$

同理，外圆磨削时单粒最大切削厚度为

$$a_{cg\,max} = \frac{2v_w \cdot f_a}{v \cdot w \cdot B}\sqrt{(f_r/d_0) + (f_r/d_w)} \tag{3-2}$$

式中，f_a 为轴向进给量(mm/r)；

d_w 为工件直径(mm)。

上述公式是在假定磨粒均匀分布的前提下得到的。然而磨粒在砂轮表面上的分布极不规则，每个磨粒的切削厚度相差很大。但从式(3-2)可以定性地分析各因素对磨粒切削厚度的影响。

磨粒切削厚度加大时，作用在磨粒上的切削力也增大，同时将影响砂轮磨损、磨削温度及表面质量等。

3.2.2 磨削温度与磨削液

1. 磨削温度

1) 磨削温度的基本概念

磨削时由于磨削速度很高，而且切除单位体积金属所消耗的能量也高(约为车削时的10~20倍)。因此磨削温度很高。为了明确"磨削温度"的含义，把磨削温度区分为：砂轮磨削区温度 θ_A 和磨粒磨削点温度 θ_{dot}，如图 3.10 所示。两者是不能混淆的。如磨粒磨削点温度 θ_{dot} 瞬时可达 800~1200℃，而砂轮磨削区温度 θ_A 只有几百摄氏度。至于因为切削热传入工件，工件温度上升却不到几十摄氏度。但工件的温升将影响工件的尺寸、形状精度。磨粒磨削点温度 θ_{dot} 不但影响加工表面质量，而且与磨粒的磨损等关系密切。磨削区温度 θ_A 与磨削表面烧伤和裂纹的出现密切有关。

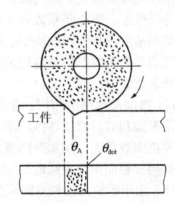

图 3.10 砂轮磨削区温度和磨粒磨削点温度

2) 影响磨削温度的主要因素

(1) 砂轮速度 v。砂轮速度增大，单位时间内的工作磨粒数将增多，单个磨粒的切削厚度变小，挤压和摩擦作用加剧，滑擦显著增多。此外还会使磨粒在工件表面的滑擦次数增多，所有这些都将促使磨削温度升高。

(2) 工件速度 v_w。工件速度增大就是热源移动速度增大，工件表面温度可能有所降低，但不明显。这是由于工件速度增大后,增大了金属切除量,从而增加了发热量。因此,为了更好地降低磨削温度,应该在提高工件速度的同时,适当地降低径向进给量,使单位时间内的金属切除量保持为常值或略有增加。

(3) 径向进给量 f_r。径向进给量的增大,将导致磨削过程中磨削变形力和摩擦力的增大量的增多和磨削温度的升高。

(4) 工件材料。金属的导热性越差,则磨削区的温度越高。对钢来说,含碳量高则导热性差。铬、镍、铝、硅、锰等元素的加入会使导热性显著变差。合金的金相组织不同,导热性也不同,按奥氏体、淬火和回火马氏体、珠光体的顺序变化。磨削冲击韧度和强度高的材料,磨削区温度也比较高。

(5) 砂轮硬度与粒度。用软砂轮磨削时的磨削温度低;反之则磨削温度高。由于软砂轮的自锐性强,砂轮工作表面上的磨粒经常处于锐利状态,减少了由于摩擦和弹性、塑性变形而消耗的能量,所以磨削温度较低。砂轮的粒度粗时磨削温度低,其原因在于砂轮粒度粗则砂轮工作表面上单位面积的磨料数少,在其他条件均相同的情况下与细粒度的砂轮相比,和工件接触面的有效面积较小,并且单位时间内与工件加工表面摩擦的磨粒数较少,有助于磨削温度的降低。

2. 磨削液

在磨削过程中,合理使用磨削液可降低磨削温度并减少磨削力,减少工件的热变形,减小已加工表面的粗糙度值,改善磨削表面质量,提高磨削效率和砂轮寿命。

1) 磨削液的作用机理

磨削液的基本性能有润滑性能、冷却性能和清洗性能,根据不同情况的要求还有渗透性、防锈性、防腐性、消泡性、防火性、切削性和挤压性等。挤压性是指磨削液与金属表面起作用形成一层牢固的润滑膜,在磨削区域的高压下有良好的润滑和抗黏着性能。

(1) 磨削液的冷却作用。磨削液的冷却作用主要靠热传导带走大量的切削热,从而降低磨削温度提高砂轮的耐用度,减少工件的热变形,提高加工精度。在磨削速度高、工件材料导热性差、热膨胀系数较大的情况下,磨削热的冷却作用尤显重要。

磨削液的冷却性能取决于它的导热系数、比热容、汽化热、汽化速度、流量、流速等。水溶液的导热系数、比热容比油类的大得多,故水溶液的冷却性能要比油类好。乳化液介于这两者之间。

(2) 磨削液的润滑作用。金属切削时切屑、工件与砂轮界面的摩擦可分为干摩擦、流体润滑摩擦和边界润滑摩擦三类。如果不用磨削液,则形成工件与砂轮接触的干摩擦,此时的摩擦因数较大,当加磨削液后,切屑、工件、砂轮之间形成完全的润滑油膜,砂轮与工件直接接触面积很小或近于零,则成为流体润滑。流体润滑时摩擦因数很小,但在很多情况下,由于砂轮与工件界面承受压力很高的载荷,温度也较高,流体油膜大部分被破坏,造成部分金属直接接触(见图 3.11);由于润滑液的渗透和吸附作用,润滑液的吸附膜起到降低摩擦因数的作用,这种状态为边界润滑摩擦。边界润滑时的摩擦因数大于流体润滑,但小于干磨削。金属切削中的润滑大部属于边界润滑状态。

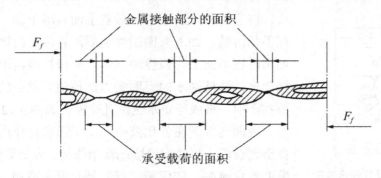

图 3.11　金属间边界润滑摩擦(F_f—摩擦力)

磨削液的润滑性能与其渗透性以及形成吸附膜的牢固程度有关。在磨削液中添加含硫、氯等元素的挤压添加剂后会在金属表面起化学反应生成化学膜，它可以在高温下(400~800℃)使边界润滑层保持较好的润滑性能。

(3) 磨削液的清洗作用。磨削液具有冲刷磨削中产生的磨粉的作用。清洗性能的好坏与切削液的渗透性、流动性和使用的压力有关。磨削液的清洗作用对于磨削精密加工和自动线加工十分重要，而深孔加工时，要利用高压磨削液来进行排屑。

磨削液应具有一定的防锈作用，以减少工件、机床的腐蚀。防腐作用的好坏，取决于切削液本身的性能和加入的防锈添加剂的性质。

2) 磨削液的添加剂

为了改善磨削液性能所加入的化学物质称为添加剂。主要有油性添加剂、挤压添加剂、表面活性剂等。

(1) 油性添加剂。油性添加剂含有极性分子，能与金属表面形成牢固的吸附膜，主要起润滑作用。但这种吸附膜只能在较低温度下起较好的润滑作用，故多用于低速精加工的情况。油性添加剂有动植物油(如豆油、菜子油、猪油等)、脂肪酸、胶类、醇类和脂类。

(2) 挤压添加剂。常见的挤压添加剂是含硫、磷、氯、碘等的有机化合物，这些化合物在高温下与金属表面起化学反应，形成化学润滑膜。它的物理吸附膜能耐较高的温度。

用硫可直接配制成硫化磨削油，或在矿物油中加入含硫的添加剂，如硫化动植物油、硫化烯烃等配制成含硫的挤压磨削油。这种含硫挤压磨削油使用时与金属表面化合，形成的硫化铁膜在高温下不易被破坏；加工钢类零件时在 1 000℃左右仍能保持其润滑性能，但其摩擦因数比氯化铁的大。

含氯挤压添加剂有氯化石蜡(含量为 40%~50%)、氯化脂肪酸等。它们与金属表面起化学反应生成氯化亚铁、氯化铁和氯化铁薄膜。这些化合物的剪切强度和摩擦因数小，但在 300~400℃时易被破坏，遇水易分解成氢氧化铁和盐酸，失去润滑作用，同时对金属有腐蚀作用，必须与防锈添加剂一起使用。

含磷挤压添加剂与金属表面作用生成磷酸铁膜，它的摩擦因数小。为了得到良好的磨削液，按实际需要常在一种磨削液中加入几种挤压添加剂。

(3) 表面活性剂。乳化剂是一种表面活性剂。它是使矿物油和水乳化，形成稳定乳化液的添加剂。表面活性剂是一种有机化合物，它的分子由极性基团和非极性基团两部分组

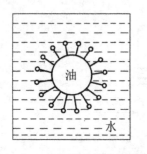

图 3.12 水包油乳化液示意图

成。前者亲水可溶于水，后者亲油且溶于油。油与水本来是互不相溶的，加入表面活性剂后，它能定向地排列并吸附在油水两极界面上，极性端向水，非极性端向油，把油和水连接起来，降低油水的界面张力，使油以微小的颗粒稳定地分散在水中，形成稳定水包油乳化液，如图 3.12 所示。

表面活性剂在乳化液中，除了起乳化作用外，还能吸附在金属表面上形成润滑膜起润滑作用，表面活性剂种类很多。配制乳化液时，应用最广泛的是阴离子型和非离子型。前者如石油磺酸钠、油酸钠皂等，其乳化性能好，并有一定的清洗和润滑性能。后者如聚氯乙烯、脂肪、醇、醚等，它不怕硬水，也不受 pH 值的限制。性能良好的乳化液往往使用几种表面活性剂，有时还加入适量的乳化稳定剂，如乙醇、正丁醇等。

此外还有防锈添加剂(如亚硝酸钠、石油磺酸钠等)、抗泡沫添加剂(如二甲基硅油)和防霉添加剂(如苯酚等)。根据实际需要，综合使用几种添加剂，可制备效果良好的磨削液。

3) 磨削液的分类与使用

(1) 磨削液的分类。最常用的磨削液，一般分为非水溶性磨削液和水溶性磨削液两大类。

非水溶性磨削液主要是磨削油，其中有各种矿物油(如机械油、轻柴油、煤油等)、动植物油(如豆油、猪油等)和加入油性、挤压添加剂的混合油，主要起润滑作用。

水溶性磨削液主要有水溶液和乳化液。水溶液的主要成分为水并加入防锈剂，也可以加入一定量的表面活性剂和油性添加剂。乳化液是由矿物油、乳化及其他添加剂配制的乳化油和 95%~98% 的水稀释而成的乳白色磨削液。水溶性磨削液有良好的冷却作用和清洗作用。

离子型磨削液是水溶性磨削液中的一种新型磨削液，其母液是由阴离子型、非离子型表面活性剂和无机盐配制而成的。它在水溶液中能离解成各种强度的离子。磨削时，由强烈摩擦所产生的静电荷可由这些离子反应迅速消除，降低磨削温度，提高加工精度，改善表面质量。

(2) 磨削液的选用。磨削的特点是温度高，工件易烧伤，同时产生大量的细屑，砂末会划伤已加工表面。因而磨削时使用的磨削液应具有良好的冷却清洗作用，并有一定的润滑性能和防锈作用。故一般常用乳化液和离子型磨削液。

难加工材料在磨削加工时均处于高温高压边界摩擦状态。因此，宜选用挤压磨削油或挤压乳化液。

(3) 磨削液的使用方法。普通使用的方法是浇注法，但流速慢，压力低，难于直接渗透入最高温度区，影响磨削液效果。

喷雾冷却法是以 0.3~0.6MPa 的压缩空气，通过图 3.13 所示的喷雾装置使磨削液雾化。从直径 1.5~3mm 的喷嘴高速喷射到磨削区。高速气流带着雾化成微小液滴的磨削液渗透到磨削区，在高温下迅速汽化吸收大量的热，从而获得良好的冷却效果。

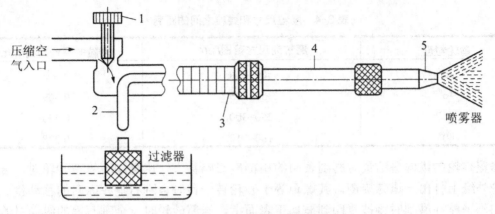

图 3.13 喷雾冷却装置原理图

1—调节螺钉；2—虹吸管；3—软管；4—调节杆；5—喷嘴

3.2.3 磨削质量和裂纹控制

为了获得在尺寸精度、形状精度及表面质量等方面都十分满意的机械零件，从毛坯开始起就进行一系列复杂的机械加工过程。磨削加工一般安排在最后的终加工阶段。如前所述，磨削加工可使金属零件获得 $R_a \leqslant 1.25\ \mu m$ 的表面粗糙度值和 $\leqslant$IT5 级的尺寸精度。

磨削质量可从以下几方面来讨论：

① 加工表面的几何特征，如表面粗糙度、加工表面缺陷；

② 加工表面层材料的性能，如反映表面层的塑性变形与加工硬化、表面层的残余应力及表面层的金相组织变化等方面的力学性能及一些特殊性能。

1. 磨削加工后的表面粗糙度

1) 几何因素的影响

磨削表面是由砂轮上大量的磨粒刻划出的大量极细的沟槽形成的。单纯从几何因素考虑，可以认为在单位面积上刻痕越多，即通过单位面积的磨粒数越多，刻痕的等高性越好，则磨削表面的粗糙度值越小。

(1) 磨削用量对表面粗糙度的影响。砂轮的速度越高，单位时间内通过被磨表面的磨粒数就越多，因而工件表面的粗糙度值就越小；工件速度对表面粗糙度的影响恰好与砂轮速度的影响相反，增大工件速度时，单位时间内通过被磨表面的磨粒数减少，表面粗糙度值将增加；砂轮的纵向进给减小，工件表面的每个部位被砂轮重复磨削的次数增加，被磨削表面的粗糙度值将减小。

(2) 砂轮粒度和砂轮修整对表面粗糙度的影响。砂轮的粒度不仅表示磨粒的大小，而且还表示磨粒之间的距离，见表3-4。磨削金属时，参与磨削的每一颗磨粒都会在加工表面上刻出与它的大小和形状相同的一道小沟。在相同的磨削条件下，砂轮的粒度号数越大，参加磨削的磨粒越多、表面粗糙度值就越小。

表 3-4 磨粒尺寸和磨粒之间的距离

砂轮粒度	磨粒的尺寸范围/μm	磨粒的平均距离/mm
36#	500~600	0.475
46#	355~425	0.369
60#	250~300	0.255
80#	180~212	0.228

修整砂轮的纵向进给量对磨削表面的粗糙度影响甚大。用金刚石修整砂轮时，金刚石在砂轮外缘上打出一道螺旋槽，其螺距等于砂轮转一转时金刚石笔在纵向的移动量。砂轮表面的不平整在磨削时将被复印到被加工表面上。修整砂轮时、金刚石笔的纵向进给量越小，砂轮表面磨粒的等高性越好，被磨工件的表面粗糙度值就越小。小表面粗糙度值磨削的实践表明，修整砂轮时，砂轮转一转金刚石笔的纵向进给量如能减少到 0.01mm，磨削表面粗糙度值 R_a 就可达 0.11~0.2 μm。

2) 物理因素的影响——表面层金属的塑性变形

砂轮的磨削速度远比一般切削加工的速度高得多，且磨粒大多为负前角、磨削比压大，磨削区温度很高，工件表层温度有时可达 900℃，工件表层金属容易产生相变而烧伤。因此，磨削过程的塑性变形要比一般切削过程大得多。

由于塑性变形的缘故，被磨表面的几何形状与单纯根据几何因素所得到的原始形状大小相同。在力因素和热因素的综合作用下，被磨工件表层金属的晶粒在横向上被拉长了，有时还产生细微的裂口和局部的金属堆积现象。影响磨削表层金属塑性变形的因素，往往是影响表面粗糙度值的决定因素。

(1) 磨削用量。砂轮速度越高，就有可能使表层金属塑性变形的传播速度大于切削速度，工件材料来不及变形，致使表层金属的塑性变形减小，磨削表面的粗糙度值将明显减小；工件速度增加，塑性变形增加，表面粗糙度值将增大；磨削深度对表层金属塑性变形的影响很大。增大磨削深度，塑性变形将随之增大，被磨的表面粗糙度值会增大。

(2) 砂轮的选择。砂轮的粒度、硬度、组织和材料的选择不同，都会对被磨工件表层金属的塑性变形产生影响，进而影响表面粗糙度。

单纯从几何因素考虑，砂轮粒度越细，磨削的表面粗糙度值越小。但磨粒太细时，不仅砂轮易被磨削堵塞，若导热情况不好，反而会在加工表面产生烧伤等现象，使表面粗糙度值增大。因此，砂轮粒度常取 46#~60#。

砂轮的硬度是指磨粒在磨削力作用下从砂轮上脱落的难易程度。砂轮选太硬的，磨粒不易脱落，磨钝了的磨粒不能及时被新磨粒所替代，从而使表面粗糙度值增大；砂轮选得太软磨粒容易脱落，磨削作用减弱，但会使表面粗糙度值增大。通常选中软砂轮。

砂轮的组织是指磨粒结合剂和气孔的比例关系。紧密组织中的磨粒比气孔小，在成形磨削和精密磨削时，能获得高精度和较小的表面粗糙度值。疏松组织的砂轮不易堵塞，适于磨削软金属、非金属软材料和热敏材料(磁钢、不锈钢、耐热钢等)，可获得较小的表面粗糙度值。一般情况下，应选用中等组织的砂轮。

砂轮材料的选择也很重要。砂轮材料选择适当，可获得满意的表面粗糙度值。氧化物(刚玉)砂轮适用于磨削钢类零件；炭化物(炭化硅、炭化硼)砂轮适于磨削铸铁、硬质合金等材料;用高硬磨料(人造金刚石、立方氮化硼等)砂轮磨削可获得极小的表面粗糙度值,但加工成本很高。

此外,磨削液的作用十分重要。对于磨削加工来说,由于磨削温度很高,热因素的影响往往占主导地位。因此,必须采取切实可行的措施,将磨削液送入磨削区。

2. 磨削加工后的表面层金属力学物理性能

由于受到磨削力和磨削热的作用,表面金属层的力学物理性能会产生很大变化,最主要的变化是表层金属显微硬度的变化,金相组织的变化和在表层金属中产生残余应力。

1) 加工表面层的冷作硬化

机械加工过程中产生的塑性变形,使晶格扭曲、畸变,晶粒间产生滑移,晶粒被拉长,这些都会使表面层金属的硬度增加,统称为冷作硬化或强化。表层金属冷作硬化的结果会增大金属变形的阻力,减小金属的塑性,金属的物理性质(如密度、导电性、导热性等)也有所变化。

金属冷作硬化的结果,使金属处于高能位不稳定状态,只要一有条件,金属的冷硬结构本能地向比较稳定的结构转化,这些现象统称为弱化。机械加工过程中产生的切削热将使金属在塑性变形中产生的冷硬现象得到恢复。由于金属在机械加工过程中同时受到力因素和热因素的作用,机械加工后表面层金属的最后性质取决于强化和弱化两个过程的综合。

评定冷作硬化的指标有下列三项。

① 表层金属的显微硬度 HV。
② 硬化层深度 $h(\mu m)$。
③ 硬化程度 N:

$$N = (HV - HV_0)/HV_0 \times 100\%$$

式中,HV_0 为工件内部金属原来的硬度。

影响磨削加工表面冷作硬化的因素有下列几项。

(1) 工件材料性能的影响。分析工件材料对磨削表面冷作硬化的影响,可以从材料的塑性和导热性两个方面着手进行。磨削高碳工具钢 T8,加工表面冷硬程度平均可达 60%~65%,个别可达 100%;而磨削纯铁时,加工表面冷硬程度可达 75%~80%,有时可达 140%~150%。其原因是纯铁的塑性好,磨削时的塑性变形大,强化倾向大;此外,纯铁的导热性比高碳工具钢高,热不容易集中于表面,热化倾向小。

(2) 磨削用量的选择。加大磨削深度,磨削力随之增大,磨削过程的塑性变形加剧,表面冷硬倾向增大。

加大纵向送给速度,每颗磨粒的切屑厚度随之增大,磨削力加大,冷硬增大,但提高纵向进给速度,有时又会使磨削区产生较大的热量而使冷硬减弱。加工表面的冷硬状况要综合考虑上述两种因素的作用。

提高工件转速,会缩短砂轮对工件热作用的时间,使软化倾向减弱,因而表面层的冷硬程度增大。

提高磨削速度,每颗磨粒切除的切削厚度变小,减弱了塑性变形程度;磨削区的温度增高,弱化倾向增大。所以,高速磨削时加工表面的冷硬程度总比普通磨削时低。

(3) 砂轮粒度的影响。砂轮的粒度越大,每颗磨粒的载荷越小,冷硬程度也越小。

冷作硬化的测量主要是指表面层的显微硬度 HV 和硬化层深度 h 的测量,硬化程度 N 可由表面层的显微硬度 HV 和工件内部金属原来的显微硬度 HV_0 通过公式计算求得。表面层显微硬度 HV 的常用测定方法是用显微硬度计来测量,它的测量原理与维氏硬度计相同,都是采用顶角为 136°的金刚石压头在试件表面上打印痕,根据印痕的大小决定硬度值。所不同的只是显微硬度计所用的载荷很小,一般都只在 2N 以内(维氏硬度计的载荷为 50~1 200N),印痕极小。加工表面冷硬层很薄时,可在斜截面上测量显微硬度。对于平面试件可按图 3.14(a)所示磨出斜截面,然后逐点测量其显微硬度,并将测量结果绘制如图 3.14(b)所示图形。斜切角 α 常取为 0°30′~2°30′。采用斜截面测量法,不仅可测量显微硬度,还能较准确地测量出硬化层深度 h。由图 3.14(a)可知

$$h = l \cdot \sin\alpha + R_z$$

2) 表层金属的金相组织变化

机械加工过程中,在工件的加工区及其邻近的区域,温度会急剧升高,当温度升高到超过工件材料金相组织变化的临界点时,就会发生金相组织变化。在磨削加工中,不仅磨削比特别大且磨削速度特别高,切除金属的功率也很大。加工中所消耗能量的绝大部分要转化为热量,这些热量中的大部分(约 80%)将传给被加工表面,使工件表面具有很高的温度。对于已淬火的钢件,很高的磨削温度往往会使表面层金属的金相组织产生变化,使表层金属硬度下降,使工件表面呈现氧化膜颜色,这种现象称为磨削烧伤。磨削加工是一种典型的容易产生加工表面金相组织变化的加工方法,在磨削加工中若出现磨削烧伤现象,将会严重影响零件的使用性能。

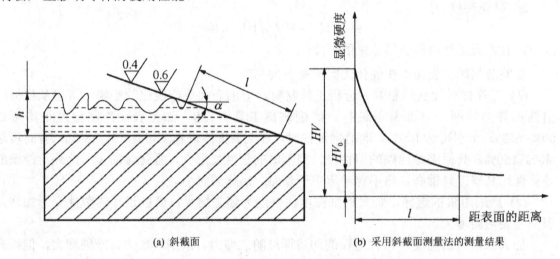

(a) 斜截面　　　　　　　　　　　(b) 采用斜截面测量法的测量结果

图 3.14　在斜截面上测量显微硬度

磨削淬火钢时,在工件表面层形成的瞬时高温将使表层金属产生以下三种金相组织变化。

(1) 如果磨削区的温度未超过淬火钢的相变温度(碳钢的相变温度为 720℃)。但已超过马氏体的转变温度(中碳钢为 300℃),工件表层金属的马氏体将转化为硬度较低的回火组织(索氏体或马氏体),称为回火烧伤。

(2) 如果磨削区温度超过了相变温度,再加上冷却液的急冷作用,表层金属会出现二

次淬火马氏体组织。硬度比原来的回火马氏体高；在它的下层因冷却较慢出现了硬度比原来的回火马氏体低的回火组织(索氏体或马氏体)，这称为淬火烧伤。

(3) 如果磨削区温度超过了相变温度而磨削过程又没有冷却液，表层金属将产生退火组织，表层金属的硬度将急剧下降，这称为退火烧伤。

改善磨削烧伤的工艺途径有以下三种。

① 正确选择砂轮。磨削导热性差的材料容易产生烧伤现象。应特别注意合理选择砂轮的硬度、结合剂和组织。硬度太高的砂轮，砂轮钝化后不易脱落，容易产生烧伤。为避免产生烧伤，应选择较软的砂轮。选择具有一定弹性的结合剂(如橡胶、树脂结合剂)也有助于避免烧伤现象的产生。此外，为了减少砂轮与工件之间的摩擦热，在砂轮的孔隙内浸入石蜡之类的润滑物质，对降低磨削区的温度，防止工件烧伤也有一定效果。

② 合理选择磨削用量。现以平磨为例来分析磨削用量对烧伤的影响。磨削深度 a_p 对磨削温度影响极大，从减轻烧伤的角度考虑，a_p 不宜过大。加大横向进给 f_t 对减轻烧伤有好处，为了减轻烧伤，宜选用较大的 f_t。加大工件的回转速度 v_w，磨削表面的温度升高，但其增长速度与磨削深度 a_p 的影响相比小得多；且 v_w 越大，热量越不容易传入工件内层，具有减小烧伤层深度的作用。但增大工件速度 v_w 会使表面粗糙度值增大，为了弥补这一缺陷，可以相应提高砂轮速度 v。实践证明，同时提高砂轮速度 v 和工件速度 v_w 可以避免烧伤。

从减轻烧伤同时又尽可能保持较高的生产率方面考虑，在选择磨削用量时，应选用较大的工件速度 v 和较小的磨削深度 v_w。

③ 改善冷却条件。磨削时磨削液若能直接进入磨削区对磨削区进行充分冷却，将有效地防止烧伤现象的产生。因为水的比热容和汽化热都很高，在室温条件下 1mL 水变成 100℃以上的水蒸气至少能带走 2 512J 的热量；而磨削区热源每秒的发热量在一般磨削用量下都在 4 187J 以下。据此可推测，只要设法保证在每秒内确有 2mL 的冷却水进入磨削区，将大量的热量带走，就可以避免产生烧伤。

3) 表面金属的残余应力

机械加工时，在加工表面的金属层内有塑性变形产生，使表层金属的比热容增大，不同的金相组织具有不同的密度，也就会具有不同的比热容。在磨削淬火钢时，因磨削热有可能使表层金属产生回火烧伤，工件表层金属组织将由马氏体转变为接近珠光体的托氏体或索氏体，表层金属密度增大。比热容减小，表面层金属由于相变而产生的收缩受到基体金属的阻碍，因而在表层金属产生拉伸残余应力，里层金属则产生与之相平衡的压缩残余应力。如果磨削时表层金属的温度超过相变温度且冷却又很充分，表层金属将因急冷形成淬火马氏体，密度减小比热容增大，因此使表面金属产生压缩残余应力，而里层金属则产生拉伸残余应力。

磨削加工中，塑性变形严重且热量大，工件表面温度高，热因素和塑性变形对磨削表面残余应力的影响都很大。在一般磨削过程中，若热因素起主导作用，工件表面将产生拉伸残余应力，若塑性变形起主导作用，工件表面将产生压缩残余应力；当工件表面温度超过相变温度且又冷却充分时，工件表面出现淬火烧伤，此时金相组织变化因素起主要作用，工件表面将产生压缩残余应力。在精细磨削时，塑性变形起主导作用，工件表层金属产生压缩残余应力。影响磨削残余应力的工艺因素有如下几点。

(1) 磨削用量的影响。磨削深度 a_p 对表面层残余应力的性质、数值有很大影响。图 3.15 所示是磨削工业纯铁时磨削深度对残余应力的影响。当磨削深度很小时，塑性变形起主要作用，因此磨削表面形成压缩残余应力。继续增大磨削深度，塑性变形加剧，磨削热随之增大，热因素的作用逐渐占主导地位，在表面层产生拉伸残余应力；随着磨削深度的增大，拉伸残余应力的数值将逐渐增大。当 $a_p > 0.025$ mm 时，尽管磨削温度很高，但因工业纯铁的含碳量极低，不可能出现淬火现象。此时塑性变形因素逐渐起主导作用，表层金属的拉伸残余应力数值逐渐减小；当 a_p 取值很大时，表层金属呈现压缩残余应力状态。

提高砂轮速度，磨削区温度增高，而每颗磨粒所切除的金属厚度减小，此时热因素的作用增大，塑性变形因素的影响减小，因此提高砂轮速度将使表面金属产生拉伸残余应力的倾向增大。在图 3.15 中给出了高速磨削和普通磨削的试验结果对比。

加大工件的回转速度和进给速度，将使砂轮与工件热作用的时间缩短，热因素的影响将逐渐减小，塑性变形因素的影响逐渐加大。这样，表层金属中产生拉伸残余应力的趋势逐渐减小而产生压缩残余应力的趋势逐渐增大。

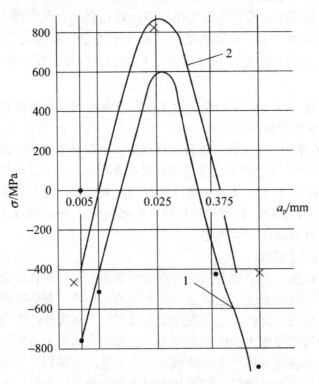

图 3.15 磨削深度对残余应力的影响

1—普通磨削；2—高速磨削

(2) 工件材料的影响。一般来说，工件材料的强度越高，导热性越差，塑性越低，在磨削时表面金属产生拉伸残余应力的倾向就越大。碳素工具钢 T8 比工业纯铁强度高，材料的变形阻力大，磨削时发热量也大，且 T8 的导热性比工业纯铁差，磨削热容易集中在表面金属层，再加上 T8 的塑性低于工业纯铁，因此磨削碳素工具钢 T8 时，热因素的作用比磨削工业纯铁明显，表层金属产生拉伸残余应力的倾向比磨削工业纯铁大。

3.3 精密磨削加工的机床及其应用

3.3.1 概述

精密机床是实现精密加工的首要基础条件，随着加工精度要求的提高和精密加工技术的发展，机床的精度不断提高，精密机床和超精密机床也在迅速地发展。

精密磨削加工要在相应的精密磨床上进行，可采用 MG 系列的磨床或将普通磨床进行改造，所用磨床应满足以下要求。

1. 高几何精度

精密磨床应有高的几何精度，主要有砂轮主轴的回转精度和导轨的直线度，以保证工件的几何形状精度。主轴轴承可采用液体静压轴承，短三块瓦或长三块瓦油膜轴承，整体多油楔式动压轴承及动静压组合轴承等。当前采用动压轴承和动静压组合轴承较多，这些轴承精度高，刚度好，转速也较高；而静压轴承精度高，转速高，但刚度差些，用于功率较大的磨床不太合适。主轴的径向圆跳动一般应小于 $1\mu m$，轴向圆跳动应限制在 $2\sim 3\mu m$ 以内。

2. 低速进给运动的稳定性

由于砂轮的修整导程要求 $10\sim 15mm/min$，因此工作台必须低速进给运动，要求无爬行和无冲击现象并能平稳工作。这就要求对机床工作台运动的液压系统进行特殊设计，采取排除空气，低流量节流阀，工作台导轨压力润滑等措施，以保证工作台的低速运动稳定性。

对于横向进给，也应保证运动的平稳性和准确性，应有高精度的横向进给机构，以保证工件的尺寸精度以及砂轮修整时的微刃性和等高性。有时在砂轮头架移动上配置了相应要求精度的微进给机构。

3. 减少振动

精密磨削时如果产生振动，会对加工质量产生严重不良影响。因此对于精密磨床，在结构上应考虑减少机床振动。主要措施有以下几方面。

(1) 电动机的转子应进行动平衡，电动机与砂轮架之间的安装要进行隔振，如垫以硬橡胶或木块。电动机最好与机床脱开，分离安装在地基上。

(2) 砂轮要进行动平衡，应当安装在主轴上之后进行动平衡，可采用便携式动平衡仪表，非常方便，有动平衡的条件，则应进行精细静平衡。

(3) 精密磨床最好能安装在防振地基上工作，可防止外界干扰。如果没有防振地基，应在机床和地面之间加上防振垫。

4. 减少热变形

精密磨削中热变形引起的加工误差会达到总误差的 50%，故机床和工艺系统的热变形已经成为实现精密磨削的主要障碍。

机床上热源有内部热源与外部热源。内部热源与机床热变形有关，外部热源与使用情况有关。精密磨削在(20 ± 0.5)℃恒温室内进行，对磨削区冲注大量冷却液排除外部热源的影响。

机床的热变形很复杂,其结果是破坏调整后工件与砂轮的相对位置。各种热源产生的热量,一部分向周围空间散失,一部分被冷却液带走。随着热量的积聚与散失趋向平衡,热变形亦逐渐稳定。磨床开启后经过 3~4h 趋向热平衡,精密磨削在机床热变形稳定后进行。

3.3.2 精密磨削机床的结构及特点

1. 精密主轴部件

精密主轴部件是精密机床保证加工精度的核心。要求主轴达到高的回转精度,转动平稳无振动,其关键在于所用的精密轴承。早期采用的是滚动轴承,现在大多使用液体静压轴承和空气静压轴承。

1) 液体静压轴承主轴

液体静压轴承有很高的回转精度(0.1 μm)和较高的刚度,转动平稳无振动,图 3.16 所示为其结构原理图。液体静压轴承常用的油压为 6~10 大气压。压力油通过节流孔进入轴承耦合表面之间的油腔,当轴受力偏歪时,耦合表面之间泄油的间隙改变,造成相对油腔中油压不等,油压的压力差将推动主轴回向原来的中心位置。液体静压轴承可达到较高的刚度。液体静压止推轴承,一般由两个相对的止推面装配在轴的同一端,如图 3.16 所示。这是因为液体静压轴承工作转动时产生较大的温升,如两个相对的止推面分别装配在轴的两端,当温度升高时轴的长度增加,造成止推轴承间隙的明显变化,使轴承的刚度和承载能力显著下降。

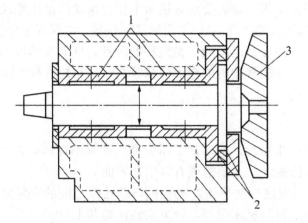

图 3.16 典型液体静压轴承主轴结构原理图

1—径向轴承;2—止推轴承;3—真空吸盘

2) 空气静压轴承主轴

空气静压轴承具有很高的回转精度,在高速转动时温升甚小,因此造成的热变形误差很小;空气轴承的主要问题是刚度低,只能承受较小的载荷,在超精密机床中得到广泛的应用。

空气静压轴承的工作原理和液体静压轴承类似,主轴由压力空气浮在轴套内,主轴的中心位置由相对面的静压空气压力差维持。

空气轴承主轴结构较多，主要有以下几种典型的结构：
① 圆柱径向轴承和端面止推空气静压轴承。
② 双半球空气轴承主轴。
③ 前部用球形后部用圆柱径向空气轴承的主轴。
④ 立式空气轴承。

机床主轴和轴承的材料应考虑下列因素：不易磨损；不易生锈腐蚀；热膨胀系数要小，材料的稳定性能好。由于轴承精度甚高，要避免制成后变形，常常需要进行稳定化处理。

3) 主轴的驱动方式

精密机床大部分采用电动机通过带传动驱动。采用这种驱动方式，电动机采用直流电动机或交流变频电动机，这种电动机可以实现无级调速，不用齿轮调速以减少振动。电动机要求经过精密动平衡并用单独地基以免振动影响精密机床。传动带用柔软的无接缝的丝质材料制成。带轮有自己的轴承支撑，经过精密动平衡，通过柔性联轴器(常用电磁联轴器)和机床主轴相连。采用上述措施主要是使主轴尽可能和振动源隔离。

在超精密磨床中还常常采用下列驱动方式。

(1) 电动机通过柔性联轴器驱动机床主轴。采用这种驱动方式时，电机和机床主轴在同一轴线上，通过电磁联轴器或其他柔性联轴器和超精密机床的主轴相联结，这时机床的主轴部件要比通过传动带驱动紧凑得多。采用这种主轴驱动方式时，电机采用直流电动机或交流变频电动机，可以很方便地实现无级调速。

(2) 采用内装式同轴电动机驱动机床主轴。采用这种驱动方式时，电动机是专制的内装式，电动机轴即为机床主轴。电动机的转子直接装在机床主轴上，电动机的定子装在主轴箱内，电动机自己没有轴承，而是依靠机床的高精度空气轴承支撑转子的转动。电机采用无刷直流电机，主轴转速可以方便地无级变速；同时电机还有电刷，不但可消除电刷引起的摩擦振动而且免除了电刷磨损对电机运转的影响。现在一般的直流电动机都是方波驱动(驱动转矩变化大致在 8%~10%)，若采用正弦波驱动，驱动转矩可控制在 5%以内。超精密机床的主轴电动机一般要求在某速度以下为恒转矩，某功率以上为恒功率，这样在低速时可满足必要的加工转矩。

2. 床身和精密导轨部件

对于床身导轨部件要求有很高的直线运动精度。并且能长期保持它的精度，要求直线运动时没有爬行现象。因此，在材料上改变过去的床身和导轨都用铸铁的情况，现在多数采用优质耐磨铸铁和花岗岩(包括人造花岗岩)。对机床导轨的耦合面，改变过去的摩擦接触而采用以下的方式：导轨表面用耐磨塑料层，导轨接触面强迫润滑，滚动导轨，液体静压导轨，气浮导轨，空气静压导轨。

1) 滚动导轨

滚动导轨在精密机床中应用多年，过去滚动导轨用的均为滚柱直线滚动轴承，现在增加了再循环滚柱滚动件组件和再循环滚珠滚动组件。直线运动的精度比过去大为提高，可以达到微米级精度，摩擦因数极低，仅为 0.002~0.003。

(1) 直线滚动轴承。这是过去长期使用的，滚柱带保持架在导轨的耦合面间作直线滚动，轴承长度根据工作行程长度决定。使用高精度滚柱和具有一定的预载应力时，可以得到较高的直线运动精度。

(2) 再循环滚柱滚动组件。直线滚动轴承的工作长度受到轴承长度的限制。再循环滚动组件由于滚柱的再循环，它的工作行程长度可以无限，没有任何限制。图 3.17(a)所示是单列滚柱的再循环滚动组件的外观图和这组件使用在矩形导轨时，再循环滚柱组件的安装情况。为保证导轨的两侧面导向准确，消除间隙，用调整螺钉侧面给再循环滚动组件加一定的预载应力，如图 3.17(b)所示。

 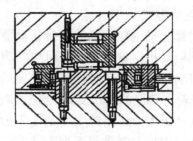

(a) 外观　　　　　　　　　　　　(b) 应用示例

图 3.17　单列滚柱再循环滚动组件及其应用

此外还另有一种双列滚柱的再循环滚动组件，这种滚动组件用于机床导轨可以得到良好的效果。滚柱再循环滚动组件有较大的承载能力，摩擦因数很小，能制成较高的精度，适合在一般的精密机床和精密加工中心的导轨使用。

另外还有再循环滚珠滚动组件，当精密级滚珠再循环滚动组件用于精密导轨时在 3~4N，摩擦因数为 0.002，直线运动精度可以达到 1μm。

2) 液体静压导轨

液体静压导轨有不同的结构，如图 3.18 所示。由于导轨运动速度不高，流体静压导轨的温度升高不严重，而液体静压导轨刚度高，能承受大的载重，直线运动精度高而且平稳，无爬行现象。图 3.18(a)是平面型液体静压导轨；图 3.18(b)是双圆柱形液体静压导轨。液体静压导轨中平面形结构用得较多。

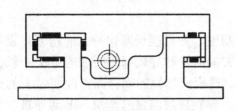 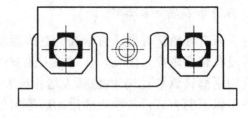

(a) 平面形液体静压导轨　　　　　　　　　(b) 双圆柱形液体静压导轨

图 3.18　不同结构的液体静压导轨

3) 气浮导轨和空气静压导轨

气浮导轨和空气静压导轨在精心制造时可得到很高的直线运动精度，运动平稳无爬行现象，摩擦因数接近于零，不发热。

(1) 气浮导轨。当导轨上的运动部件重量很重并且压缩空气压力非常稳定时，可用气浮导轨。气浮导轨常用平导轨，运动导轨的底平面和两侧导轨面有压缩空气，使运动部件浮起，如图3.19所示。从图3.19可以看出，工作台的浮起是气浮作用，但侧面是气体静压作用，属气体静压导轨。

(2) 空气静压导轨。空气静压导轨的运动件的导轨面，上下左右均在静压空气的约束下，因此和气浮导轨相比有较高的刚度和运动精度。图3.20所示是比较典型的空气静压导轨的结构，工作台的导轨面的上下、左右均在静压作用下，移动导轨浮在中间，基本没有摩擦力。空气静压导轨不发热，没有温升，因此两个侧导轨面装配在工作台的左右两端，没有因温升而造成的侧导轨面间隙的变化。空气静压导轨亦有不同形式，其中平面形导轨用得较多。

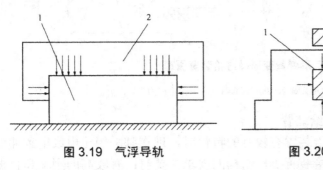

图3.19　气浮导轨

1—床身；2—运动件

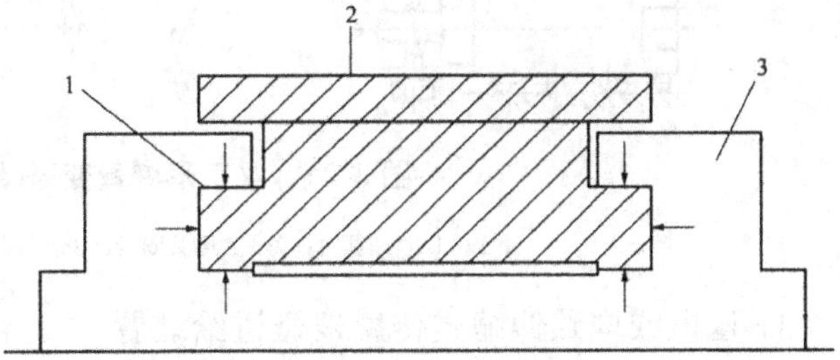

图3.20　平面形空气静压导轨(日立精工)

1—静压导轨；2—移动工作台，约2 000N；3—底座

3. 微量进给装置

在精密加工中，为使机床微位移的分辨率进一步提高，便于进行机床和加工误差的在线补偿，以提高加工的形状精度，都需要使用微量进给装置。现在高精度微量进给装置分辨率可达 $0.001 \sim 0.01\ \mu m$ 。

现在使用的微量进给装置有多种结构形式及多种工作原理，归纳起来有下面几种类型：机械传动或液压传动式，弹性变形式，热变形式，流体膜变形式，磁致伸缩式，电致伸缩式。根据精密进给装置的要求，仅有弹性变形式和电致伸缩式微量进给机构比较适用，比较成熟。

1) 对微量进给装置的要求

(1) 精微进给和粗进给应严格分开，以提高微位移的精度、分辨率和稳定性。

(2) 运动部分必须是低摩擦和高稳定度的，以便实现很高的重复精度。

(3) 末级传动元件必须有很高的刚度。

(4) 微量进给机构内部连接必须是可靠连接，尽量采用整体结构或刚性连接，否则微量进给机构很难实现很高的重复精度。

(5) 工艺性好，容易制造。

(6) 微量进给机构应具有良好的动态特性，即具有高的频率响应(简称频响)。

(7) 微量进给机构应能实现微进给的自动控制。

2) 机械结构弹性变形微量进给装置

机械结构弹性变形微量进给装置，工作稳定可靠，精度重复性好，在手动操作时这种微量进给装置是很适用的。图3.21介绍一种双T形弹性变形微量进给装置的工作原理。当驱动螺钉前进时，T形弹簧1变直伸长，因 B 端固定，C 端压向 T 形弹簧2。T 形弹簧2的 D 端固定，故推动 E 端可位移刀尖作微位移前进。该微量进给装置分辨率为 0.01μm。经实测重复精度 0.02μm，最大输出位移是 20μm，输出位移方向的静刚度为 70N/μm。

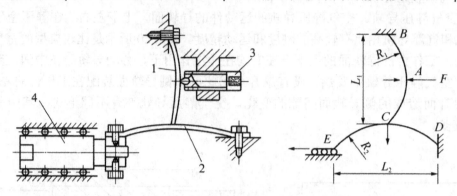

图 3.21 双 T 形弹簧变形微进给装置原理

1—T 形弹簧1；2—T 形弹簧2；3—驱动螺钉；4—微位移刀夹

3) 压电或电致伸缩式传感器微进给装置

要实现自动微进给和要求微量进给装置有较好的特性时，现在都采用压电或电致伸缩式微量进给装置。对电致伸缩微量进给装置机械结构的要求主要有：有较高的刚度和自振频率，自振频率应大于 300~500Hz，调整使用方便，应能很方便地调节电致伸缩式传感器的预载力；最好是整体结构，在实现微位移时无摩擦力，结构不要太复杂，便于加工制造。

图 3.22 所示为我国某单位设计的新结构微量进给装置。这种微量进给装置本体、弹性变形元件、位移进给部分是由整体材料制成，是一整体结构，这样可以避免装配接合面的接触刚度对微位移精度的影响。电致伸缩式传感器后端有调节螺钉，可以很方便地调整预载力。为避免电致伸缩式传感器两端受力不平行，后端用钢球加预载力，在预载力调整好后用锁紧螺母将调节螺钉锁死。电致伸缩式传感器在电压作用下伸长时，推动前面刀具的位移部分前进，实现微量进给。这种微量进给装置刚性和自振频率均较高(7.8kHz)，结构简单体积小，使用方便。在使用长 15mm 的 AVX 公司电致伸缩式传感器时，系统分辨率为 0.01μm，最大位移为 5.2μm，系统在 200Hz 下正常工作，微位移稳定可靠。

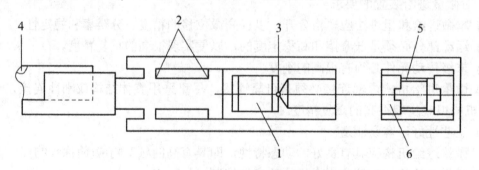

图 3.22 整体结构电致伸缩微量进给装置

1—电致伸缩传感器；2—支承弹性膜；3—钢球；4—金刚石刀具；5—预载螺钉；6—锁紧螺母

微量进给装置的应用可实现如下功能：实现微量进给，实现超薄加工，在线误差补偿，用于切削加工非轴对称特殊型面。

4. 机床的稳定性和减振隔振

1) 对机床的稳定性要求

对机床的稳定性要求有如下几方面:

(1) 对机床轴稳定性要求各部件的尺寸稳定性好。采用尺寸稳定性好的材料制造机床部件,如用陶瓷、花岗岩、尺寸稳定性好的钢材、合金铸铁等;各部件经过消除应力的处理,如时效、冰冷处理、铸件缓慢冷却等方法使部件有高度的尺寸稳定性。

(2) 结构刚性高、变形小。当机床运动部件位置改变工件装卸或负载变化,受力作用变化等,均将造成变形,要求结构刚度高、变形量极小,基本不影响加工精度,各接触面和连接面的接触良好,接触刚度高,变形极小。

2) 提高机床稳定性的措施

(1) 各运动部件都经过精密动平衡,消灭或减少机床内部的振源。

(2) 提高机床结构的抗振性。

(3) 在机床结构的易振动部分,人为地加入阻尼,减小振动。

(4) 使用振动衰减能力强的材料制造机床的结构件。

(5) 精密机床应尽量远离振源。

(6) 精密机床采用单独地基、隔振沟、隔振墙等。

(7) 使用空气隔振垫(也称空气弹簧)。

5. 减少热变形和恒温控制

1) 温度变化对精密机床加工误差的影响

据统计,精密加工中机床热变形和工件温升引起的加工误差占总误差的 40%~70%。在一般机械加工中,磨床润滑油和磨削液每日变化 10℃是常见的现象,如磨削 $\phi 100$ 的轴类零件,温度升高 10℃将产生 11 μm 的误差。精密加工铝合金零件长 100mm 时,温度变化 1℃,将产生 2.25 μm 的误差。若要求确保 0.1 μm 的加工精度,环境温度就需要控制在 ±0.05℃范围内。从以上结果可看到要提高机床的加工精度,必须严格控制温度变化。

2) 减小机床热变形的措施

(1) 尽量减少机床中的热源。如机床主轴采用空气轴承代替液体静压轴承以减少发热量;使用发热量小的电动机;将发热器件放在机床床身以外。

(2) 采用热膨胀系数小的材料制造机床部件。现在不少坐标测量机和超精密机床使用花岗岩、铟钢、陶瓷铟钢铸铁、低热膨胀系数的铸铁等做机床的关键部件。

(3) 机床结构合理化。使在同样温度变化条件下机床的热变形最小。

(4) 使机床长期处于热平衡状态,使热变形量成为恒定。

(5) 使用大量恒温液体喷淋,形成机床附近局部地区小环境的精密恒温状态。精密机床要保持恒温可用大量的恒温油(或恒温水)浇淋磨削区、关键部件或整个机床。如有的精密丝杠磨床的母丝杠做成带内孔的结构,工作时用恒温油通过丝杠内孔,使母丝杠保持恒温,从而提高了加工丝杠的螺距精度。采用恒温油对机床喷淋,可明显地减小温度的波动,提高加工精度。图 3.23 所示为实验室中恒温油的控制系统。很多现代的超精密机床都采用大量恒温油浇淋整个机床的措施。机床恒温在考虑恒温系统和恒温室外，对更高要求的恒温往往是在恒温室内再建小恒温室，对小恒温室可控制到更高精度。

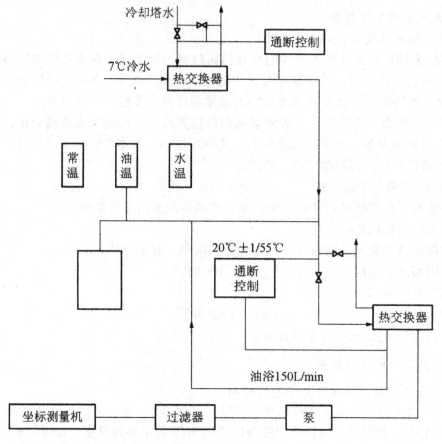

图 3.23 中恒温控制系统[保持油温变化不超过(20±0.005 5)℃(30s 的平均值)]

3.4 精密研磨与抛光

3.4.1 研磨加工机理

精密研磨属于游离磨粒切削加工，是在刚性研具(如铸铁、锡、铝等软金属或硬木、塑料等)上注入磨料，在一定压力下，通过研具与工件的相对运动，借助磨粒的微切削作用，除去微量的工件材料，以达到高级几何精度和优良表面粗糙度的加工方法。

1. 硬脆材料的研磨

硬脆材料研磨的加工模型如图 3.24 所示。磨粒作用在有凹凸和裂纹等处的表面上，随着研磨加工的进行，一部分磨粒在研磨压力的作用下压入研磨盘中，用露出的尖端刻划工件表面进行微切削加工；另一部分磨粒则在工件与研磨盘之间发生滚动，产生滚轧效果，使工件表面产生微裂纹，裂纹扩展后使工件表面产生脆性崩碎形成切屑。研磨磨粒为 1μm 的氧化铝和炭化硅等。

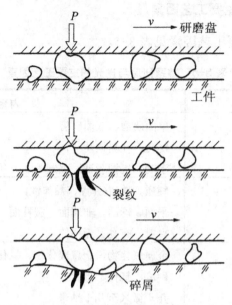

图 3.24 研磨加工模型

硬脆材料研磨时切屑生成和表面形成的基本过程为:在对磨粒加压时,拉伸应力最大部位产生呈圆锥状和八字状等形状的微裂纹;当压力解除时,最初产生的裂纹中的残余应变复原,结果新产生的拉伸应力大的部分将破裂而成碎片,即形成磨屑。这一过程的形成原因在于硬脆材料的抗拉强度比抗压强度小。

2. 金属材料的研磨

金属材料的研磨在加工机理上和硬脆材料的研磨有很大区别。研磨时,磨粒的研磨作用相当于普通切削和磨削的切削深度极小时的状态,没有裂纹的产生,但是,由于磨粒处于游离状态,所以难以形成连续的切削。通过转动和加压,磨粒和工件间仅是断续的研磨动作,从而形成磨屑。

3.4.2 抛光加工机理

抛光是指用低速旋转的软质弹性或黏弹性材料(塑料、沥青、石蜡、锡等)抛光盘或高速旋转的低弹性材料(棉布、毛毡、人造革等)抛光盘,加抛光剂,具有一定研磨性质地获得光滑表面的加工方法。抛光一般不能提高工件形状精度和尺寸精度。抛光使用的磨粒是 1 μm 以下的微细磨粒。

微小的磨粒被抛光器弹性地夹持研磨工件,因而磨粒对工件的作用力很小,即使抛光脆性材料也不会发生裂纹。

抛光加工以磨粒的微小塑性切削生成切屑为主体,磨粒和抛光器与工件的流动摩擦使工件表面的凹凸变平,同时加工液对工件有化学性溶析作用,而工件和磨粒之间受局部高温高压作用有直接的化学反应,有助于抛光的进行。

不同的工件、磨粒、抛光器和加工液组合,抛光效果也是不相同的。例如,以化学活性溶液为加工液的机械-化学抛光,是提高加工质量的一种有效的抛光方法。

3.4.3 精密研磨与抛光的主要工艺因素

精密研磨与抛光的主要工艺因素见表3-5。

表3-5 精密研磨与抛光的主要工艺因素

项目		内容
研磨法	加工方式	单面研磨、双面研磨
	加工运动	旋转、往复摆动
	驱动方式	手动、机械驱动、强制驱动、从动
研具	材料	硬质、软质(弹性、黏弹性)
	形状	平面、球面、非球面、圆柱面
	表面状态	有槽、有孔、无槽
磨粒	种类	金属氧化物、金属炭化物、氮化物、硼化物
	材质、形状	硬度、韧性、形状
	粒径	几十微米至几十纳米
加工液	水质	酸性-碱性、界面活性剂
	油质	界面活性剂
加工参数	研磨速度	1~100m/min
	研磨压力	0.01~30N/cm²
	研磨时间	1~10h
环境	温度	室温变化±0.1℃
	尘埃	利用洁净室、净化工作台

在一定的范围内,增加研磨压力可以提高研磨效率。但是,当压力达到一定值时,研磨效率提高并不明显。这是因为随着磨粒破碎及研磨接触面积增加,实际接触点的接触压力并不成正比增加。研磨压力 P_0 可按下式粗略计算:

$$P_0 = \frac{P}{NA}$$

式中,P 为工件研磨表面所承受的总压力;

N 为被研磨工件总数;

A 为每个工件的实际接触面积。

此外,超精密研磨对研磨运动轨迹有以下基本要求。

(1) 工件相对研磨盘作平面平行运动,使工件上各点具有相同或相近的研磨行程。

(2) 工件上任一点不出现运动轨迹的周期性重复。

(3) 避免曲率过大的运动转角,保证研磨运动平稳。

(4) 保证工件走遍整个研磨盘表面,以使研磨盘磨损均匀,进而保证工件表面的平面度。

(5) 及时变换工件的运动方向,以减小表面粗糙度值并保证表面均匀一致。

总之,超精密研磨对研磨运动轨迹的基本要求是保证工件加工表面和研具表面上各点均有相同或相近的被切削条件和切削条件。超精密研磨常用的运动轨迹有次摆线、外摆线和内摆线轨迹等。

3.4.4 研磨盘与抛光盘

1. 研磨盘

研磨盘是涂敷或嵌入磨料的载体，以发挥磨粒切削作用，同时又是研磨表面的成形工具。研磨过程中研磨盘与工件是相互修整的，研磨盘本身的几何精度按一定程度"复制"到工件上，因此对研磨盘加工面的几何精度要求很高。

研磨盘材料硬度要低于工件材料硬度，且组织均匀致密、无杂质、无异物、无裂纹和无缺陷，并有一定的磨料嵌入性和浸含性。常用的研磨盘材料有铸铁、黄铜、玻璃等。

研磨盘的结构要合理，即具有良好的刚性、精度保持性、耐磨性、排屑性和散热性。为了获得良好的研磨表面，常在研磨盘面上开槽。槽的形状有放射状、网格状、同心圆状和螺旋状等。槽的形状、宽度、深度和间距等要根据工件材料质量、形状及研磨面的加工精度而选择。

在研具表面开槽的目的如下：

(1) 在槽内存储多余的磨粒，以防止磨料堆积而损伤工件表面。

(2) 加工过程中作为向工件供给磨粒的通道。

(3) 作为及时排屑的通道，以防止研磨表面被划伤。

固着磨料研磨盘是一种适用于陶瓷、硅片、水晶等脆性材料精密研磨的研具，具有表面精度保持性好、研磨效率高的优点。它是将金刚石或立方氮化硼磨料与铸铁粉末混合后，烧结成小薄块，或用电铸法将磨粒固着在金属薄片上，再用环氧树脂将这些小薄块粘贴在研磨盘而制成的。

2. 抛光盘

抛光盘平面精度及其精度保持性是实现高精度平面抛光的关键。因此，抛光小面积的高精度平面工件时要使用弹性变形小，并始终能保持平面度的抛光盘。较为理想的是采用特种玻璃或者在平面金属盘上涂一层弹性材料或软金属材料作为抛光盘。

为获得无损伤的平滑表面，当工件材料较软时(如加工光学玻璃)，可使用半软质抛光盘(如锡盘、铅盘)和软质抛光盘(如沥青盘、石蜡盘)。使用软质抛光盘的优点是抛光表面加工变质层和表面粗糙度值都很小；缺点是不易保持平面度，因而影响工件的平面度。

3.4.5 研磨剂与抛光剂

磨料按硬度可分为硬磨料和软磨料两类。对于研磨用磨粒有以下基本要求：

(1) 磨粒形状、尺寸均匀一致。

(2) 磨粒能适当地破碎，以使切削刃锋利。

(3) 磨粒熔点高于工件熔点。

(4) 磨粒在研磨液中容易分散。对于抛光粉用磨粒，除上述要求外，还要考虑与工件材料作用的化学活性。

研磨抛光加工液主要作用是冷却、润滑、均匀分布研磨盘表面磨粒及排屑。对研磨抛光液有以下要求：

(1) 有效地散热，以防止研磨盘和工件热变形。
(2) 黏性低，以保证磨料的流动性。
(3) 不污染工件。
(4) 物理及化学性能稳定，不分解变质。
(5) 能较好地分散磨粒。

玻璃、水晶、半导体等硬脆材料一般用纯水来配制研磨液。添加剂在研磨抛光过程中能起防止磨料沉淀和凝聚以及对工件的化学作用，以提高研磨效率和质量。

3.4.6 非接触抛光

非接触抛光是一种研磨抛光新技术，是指在抛光中工件与抛光盘互不接触，依靠抛光剂冲击工件表面，以获得加工表面完美结晶性和精确形状的抛光方法，其去除量仅为几个到几十个原子级。非接触抛光主要用于功能晶体材料抛光(注重结晶完整性和物理性能)和光学零件的抛光(注重表面粗糙度及形状精度)。

1. 弹性发射加工

弹性发射加工(Elastic Emission Machining，EEM)是非接触抛光技术的理论基础。所谓弹性发射加工，是指加工时研具与工件互不接触，通过微粒子冲击工件表面，对物质的原子结合产生弹性破坏，以原子级的加工单位去除工件材料，从而获得无损伤的加工表面。

弹性发射加工原理是利用水流加速微细磨粒，以尽可能小的入射角(近似水平)冲击工件表面，在接触点处产生瞬时高温高压而发生固相反应，造成工件表层原子晶格的空位及工件原子和磨粒原子互相扩散，形成与工件表层其他原子结合力较弱的杂质点缺陷。当这些缺陷再次受到磨粒撞击时，杂质点原子与相邻的几个原子被一并移去，同时工件表层凸出的原子也因受到很大的剪切力作用而被切除。

弹性发射加工的的磨粒运动如图 3.25 所示。加工头为一聚氨脂球，在微粒子悬浮液中，加工头在回转中向工件表面接近，使悬浮液中的微粒子在工件表面的微小面积($\phi 1 \sim \phi 2mm$)内产生作用(进行加工)。

对加工头和工作台实施数控，可实现曲面加工。EEM 的数控加工装置如图 3.26 所示。该装置为一个三坐标数控系统，聚氨酯球装在数控主轴上，由变速电动机驱动其旋转，载荷为 2N。由于加工头的旋转，微粒悬浮液流体抬起球体，形成一定的浮起间隙液膜。该流体运动系统为满足黏性流体运动方程式的二维流动，可由弹性流体润滑理论来计算流体膜厚。

当球径为 $\phi 28mm$、单位长度压力为 3N/mm、线速度为 3m/s 时，最小膜厚 $0.7 \mu m$。因通过间隙的流量是一定的，故单位时间作用的磨粒数也是一定的。加工硅片表面时，用含直径为 $0.1 \mu m$ 的 ZrO_2 微粉的流体以 100m/s 的速度和与水平面成 20°的入射角，向工件表面发射，可以获得加工精度为 $\pm 0.1 \mu m$、表面粗糙度 R_a 为 $0.5 \mu m$ 以下的加工表面。EEM 加工时工件表层无塑性变形，不产生晶格转位等缺陷，对加工功能晶体材料极为有效。

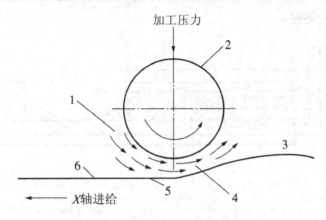

图 3.25 弹性发射加工的磨粒运动

1—悬浮液中微粒子(0.01~0.1μm); 2—聚氨脂球; 3—待加工面; 4—非接触状态; 5—工件; 6—加工面

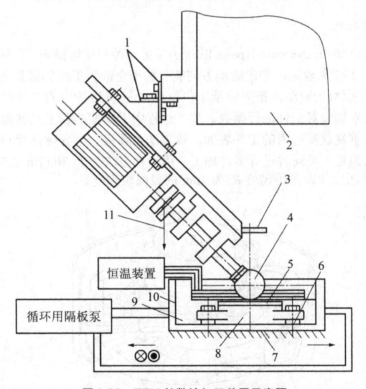

图 3.26 EEM 的数控加工装置示意图

1—十字弹簧; 2—数控主轴箱; 3—载荷支撑杆; 4—聚氨酯球; 5—工件; 6—橡胶垫; 7—数控工作台; 8—工作台; 9—悬浮液; 10—容器; 11—重心

2. 浮动抛光

浮动抛光(float polishing)是一种平面度极高的非接触超精密抛光方法。浮动抛光装置如图 3.27 所示。高回转精度的抛光机采用高平面度平面并带有同心圆或螺旋沟槽的锡抛光盘,抛光液覆盖在整个抛光盘表面上,抛光盘及工件高速回转时,在两者之间的抛光液呈动压流体状态,并形成一层液膜,从而使工件在浮起状态下进行抛光。超精密抛光盘的制作是实现浮动抛光加工的关键。

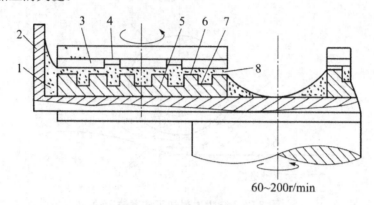

图 3.27 浮动抛光装置示意图

1—抛光液；2—抛光液槽；3—工件；4—工件夹具；5—抛光盘；6—金刚石刀具的切削面；7—沟槽；8—液膜

3. 动压浮离抛光

动压浮离抛光(hydrodynamic-type polishing)是另一种非接触抛光。平面非接触抛光装置如图 3.28 所示。工作原理是：当沿圆周方向制有若干个倾斜平面的圆盘在液体中转动时，通过液体楔产生液体动压(动压推力轴承工作原理)，使保持环中的工件浮离圆盘表面，由浮动间隙中的粉末颗粒对工件进行抛光。加工过程中无摩擦热和工具磨损，标准平面不会变化，因此，可重复获得精密的工件表面。该方法主要用于半导体基片和各种功能陶瓷材料及光学玻璃的抛光，可同时进行多片加工。用这种方法加工 3in(1in=2.54cm)直径硅片可获得 0.3μm 的平面度和表面粗糙度 R_a 为 1nm 的表面粗糙度。

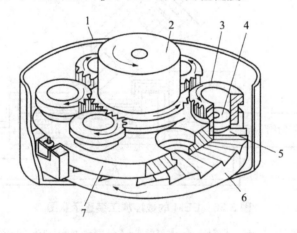

图 3.28 动压浮力抛光

1—抛光液容器；2—驱动齿轮；3—保持环；4—工件夹具；5—工件；6—抛光盘；7—载环盘

4. 非接触化学抛光

普通的盘式化学抛光方法，是通过向抛光盘面供给化学抛光液，使其与被加工面作相对滑动，用抛光盘面来去除被加工件面上产生的化学反应生成物。这种以化学腐蚀作用为主，机械作用为辅的加工，又称为化学机械抛光。水面滑行抛光(hydroplan polishing)是一种工件与抛光盘互不接触，不使用磨料的新型化学抛光方法。它借助于流体压力使工件基片从抛光盘面上浮起，利用具有腐蚀作用的液体作加工液完成抛光。水面滑行抛光法是为抛光 GaAs 和 InP 等化合物半导体基片而开发的，抛光装置如图 3.29 所示。将被加工的半导体基片吸附在作为工件夹具的直径为 100mm 的水晶光学平板的底面。水晶平板的边缘呈锥状，并通过带轮与抛光装置相连。基片高度可利用调节螺母进行调节。将腐蚀液注到抛光盘中心附近，当抛光盘以 1200r/min 的转速回转时，通过液体摩擦力，使水晶平板以 1800r/min 转速回转，同时动压力使水晶平板上浮，完成抛光盘对工件表面的非接触化学抛光。水面滑行抛光的加工液为甲醇、甘醇和溴的混合液。甲醇和溴对 GaAs 和 InP 是有效的腐蚀液，甘醇具有调整液体黏度的作用。

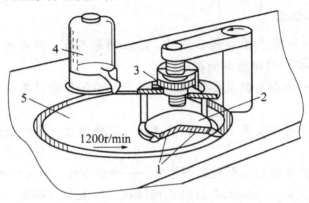

图 3.29　水面滑行化学抛光装置

1—GaAs 工件；2—水晶平板；3—调节螺母；4—腐蚀液；5—抛光盘

5. 切断、开槽及端面抛光

采用非接触端面抛光可以实现对沟槽的壁面、垂直柱状轴断面进行镜面加工，这是传统抛光方法难以做到的。端面非接触镜面抛光装置示意图如图 3.30 所示。工具与工件互不接触，高速旋转的工具驱动微粒冲击工件形成沟槽或切断，然后再用同一种工具，对同一位置进行数次抛光，即可实现断面的镜面抛光。其加工表面粗糙度 R_a 值低于 3nm，而且没有热氧的层叠缺陷。该方法可用于直径为 0.1mm 左右的光导纤维线路零件的端面镜面抛光以及精密元件的切断。

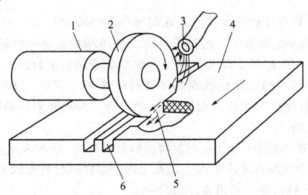

图 3.30　沟槽侧面的非接触抛光

1—空气主轴；2—工具；3—工作液；4—工件；5—微粒子；6—抛光出的镜面

小　结

1. 磨削加工特点及其分类

(1) 磨削加工的特点。磨削加工对象广、磨削加工的精度高、表面粗糙度值小、磨削温度高、砂轮有自锐作用、磨削在切削加工中的比重日益增大。

(2) 磨削加工分类见表3-1。

2. 精密磨削加工机理

(1) 从磨削作用——包括磨粒的微刃性、磨粒的等高性、微刃的滑擦、挤压、抛光作用以及弹性变形等来分析精密磨削的机理。

(2) 从磨削力——磨削力的主要特征、影响磨削力的因素、单个磨粒的切削厚度等来分析精密磨削的机理。

(3) 影响磨削温度的主要因素——砂轮速度、工件速度、径向进给量、工件材料、砂轮硬度与粒度。

(4) 冷却液在精密磨削加工中的三个作用——冷却作用、润滑作用、清洗作用。

(5) 磨削质量的控制——加工表面的几何特征，如表面粗糙度、加工表面缺陷；加工表面层材料的性能，如反映表面层的塑性变形与加工硬化、表面层的残余应力及表面层的金相组织变化等方面的物理化学性能及一些特殊性能。

3. 精密磨削加工的机床及应用

(1) 精密主轴部件，包括液体静压轴承主轴、空气静压轴承主轴等。

(2) 床身和精密导轨部件，包括精密磨削机床床身和导轨的材料、导轨的类型。

(3) 进给驱动系统，包括滚珠丝杠副驱动、液体静压和空气静压丝杠副驱动、摩擦驱动和微量进给装置等。

4. 超精研磨与抛光

1) 概念

精密研磨属于游离磨粒切削加工，是在刚性研具(如铸铁、锡、铝等软金属或硬木、塑料等)上注入磨料，在一定压力下，通过研具与工件的相对运动，借助磨粒的微切削作用，除去微量的工件材料，以达到高级几何精度和优良表面粗糙度的加工方法。

抛光是指用低速旋转的软质弹性或黏弹性材料(塑料、沥青、石蜡、锡等)抛光盘或高速旋转的低弹性材料(棉布、毛毡、人造革等)抛光盘，加抛光剂，具有一定研磨性质地获得光滑表面的加工方法。

研磨盘是涂敷或嵌入磨料的载体，以发挥磨粒切削作用，同时又是研磨表面的成形工具。抛光盘是采用特种玻璃或者在平面金属盘上涂一层弹性材料或软金属材料作为抛光盘。

2) 精密研磨抛光的主要工艺因素(见表3-5)

3) 非接触抛光

包括弹性发射加工、浮动抛光、动压浮离抛光、非接触化学抛光切断、开槽及端面抛光等。

思 考 题

1. 精密和超精密磨料加工分为哪两大类？各有何特点。
2. 试述精密磨削机理。
3. 分析超硬磨料砂轮修正方法的机理和特点。
4. 超硬磨料砂轮磨削有哪些特点？
5. 试述超精密磨削的磨削机理。
6. 试述精密研磨与抛光的机理。
7. 影响精密研磨与抛光的主要工艺因素有哪些？
8. 试述各种非接触抛光的加工原理。

第4章 电火花加工

教学提示：电火花加工是一种电、热能加工方法。本章研究电火花加工的机理及其基本工艺规律，并介绍了电火花加工的应用。

教学要求：本章对学生的要求是：熟悉电火花加工的原理和基本工艺规律，能够借助工艺手册正确选用各种参数；熟悉电火花加工机床的类型及工艺范围，能对不同的加工要求，选择合适的加工机床。

4.1 概　　述

4.1.1 电火花加工的概念

电火花加工又称放电加工(EDM)，其加工过程与传统的机械加工完全不同。电火花加工是一种电、热能加工方法。加工时，工件与加工所用的工具为极性不同的电极对，电极对之间多充满工作液，主要起恢复电极间的绝缘状态及带走放电时产生的热量的作用，以维持电火花加工的持续放电。在正常电火花加工过程中，电极与工件并不接触，而是保持一定的距离(称为间隙)，在工件与电极间施加一定的脉冲电压，当电极向工件进给至某一距离时，两极间的工作液介质被击穿，局部产生火花放电，放电产生的瞬时高温将电极对的表面材料熔化甚至汽化，使材料表面形成电腐蚀的坑穴。如果能适当控制这一过程，就能准确地加工出所需的工件形状。在放电过程中常伴有火花，故称为电火花加工。日本、美国、英国等国家通常称做放电加工。

4.1.2 电火花加工的特点

在电火花加工过程中，工件的加工性能主要取决于其材料的导电性及热学特性(如熔点、沸点、比热容及电阻率等)，而与工件材料的力学特性(硬度、强度等)几乎无关。另外加工时的宏观力，远小于传统切削加工时的切削力，所以在加工相同规格的尺寸时，电火花机床的刚度和主轴驱动功率要求比机械切削机床低得多。

由于电火花加工时工件材料是靠一个个火花放电予以蚀除的，加工速度相对切削加工而言是很低的，所以，从提高生产率、降低成本方面考虑，一般情况下凡能采用切削加工工艺时，就尽可能不要采用电火花加工工艺。

归纳起来，电火花加工有如下特点。

(1) 适用于无法采用刀具切削或切削加工十分困难的场合，如航天、航空领域的众多发动机零件、蜂窝密封结构件、深窄槽及狭缝等加工，特别适宜于加工弱刚度、薄壁工件的复杂外形，异型孔以及形状复杂的型腔模具，弯曲孔等。

(2) 加工时，工具电极与工件并不直接接触，两者之间宏观作用力极小，工具电极不必比工件材料硬，因此工具电极制造容易。

(3) 直接利用电能进行加工,因此易于实现加工过程的自动控制及实现无人化操作;并可减少机械加工工序,加工周期短,劳动强度低,使用维护方便。

(4) 由于火花放电时工件与电极均会被蚀除,因此电极的损耗对加工形状及尺寸精度的影响比切削加工时刀具的影响要大。电火花成形加工时电极损耗的影响又比线切割加工时大,这点在选择加工方式时应予以充分考虑。

4.1.3 发展概况

20 世纪 40 年代后期,苏联科学家鲍·拉扎连科针对插头或电器开关在闭合与断开时经常发生电火花烧蚀这一现象,经过反复的试验研究,他终于发明了电火花加工技术,把对人类有害的电火花烧蚀转化为对人类有益的一种全新工艺方法。20 世纪 50 年代初研制出电火花加工装置,采用双继电器作控制元件,控制主轴头电动机的正、反转,达到调节电极与工件间隙的目的。这台装置只能加工出简单形状的工件,自动化程度很低。我国是国际上开展电火花加工技术研究较早的国家之一,由中国科学院电工研究所牵头,到 20 世纪 50 年代后期先后研制了电火花穿孔机床和线切割机床。一些先进工业国,如瑞士、日本也加入电火花加工技术研究行列,使电火花加工工艺在世界范围取得巨大的发展,应用范围日益广泛。

我国电火花成形机床经历了双机差动式主轴头,电液压主轴头,力矩电动机或步进电动机主轴头,直流伺服电动机主轴头,交流伺服电动机主轴头,到直线电动机主轴头的发展历程;控制系统也由单轴简易数控逐步发展到对双轴、三轴联动乃至更多轴的联动控制;脉冲电源也以最初的 RC 张弛式电源,及脉冲发电机,逐步推出电子管电源,闸流管电源,晶体管电源、晶闸管电源及 RC、RLC 电源复合的脉冲电源。成形机床的机械部分也以滑动导轨、滑动丝杠副逐步发展为滑动贴塑导轨、滚珠导轨、直线滚动导轨及滚珠丝杠副,机床的机械精度达到了微米级,最佳加工表面粗糙度 R_a 值已由最初的 32μm 提高到目前的 0.02μm,从而使电火花成形加工步入镜面、精密加工技术领域,与国际先进水平的差距逐步缩小。

电火花成形加工的应用范围从单纯的穿孔加工冷冲模具、取出折断的丝锥与钻头,逐步扩展到加工汽车、拖拉机零件的锻模、压铸模及注塑模具,近几年又大踏步跨进精密微细加工技术领域,为航空、航天及电子、交通、无线电通信等领域解决了切削加工无法胜任的一大批零部件的加工难题,如心血管的支架、陀螺仪中的平衡支架、精密传感器探头、微型机器人用的直径仅 1mm 的电动机转子等的加工,充分展示了电火花加工工艺作为常规机械加工"配角"的重要作用。

4.1.4 应用前景

伴随现代制造技术的快速发展,传统切削加工工艺也有了长足的进步,四轴、五轴甚至更多轴的数控加工中心先后面世,其主轴最高转速已高达$(7\sim8)\times10^5$r/min。机床的精度与刚度也大大提高,再配上精密超硬材料刀具,切削加工的加工范围,加工速度与精度均有了大幅度提高。

面对现代制造业的快速发展,电火花加工技术在"一特二精"方面具有独特的优势。"一特"即特殊材料加工(如硬质合金、聚晶金刚石以及其他新研制的难切削材料),在这一领域，切削加工难以完成，但这一领域也是电加工的最佳研究开发领域。"二精"是精密模具及精密微细加工。如整体硬质合金凹模或其他凸模的精细补充加工，可获得较高的经济效益。微精加工是切削加工的一大难题，而电火花加工由于作用力小，对加工微细零件非常有利。

随着计算机技术的快速发展，将以往的成功工艺经验进行归纳总结，建立数据库，开发出专家系统，使电火花成形加工及线切割加工的控制水平及自动化、智能化程度大大提高。新型脉冲电源的不断研究开发，使电极损耗大幅度降低，再辅以低能耗新型电极材料的研究开发，有望将电火花成形加工的成形精度及线切割加工的尺寸精度再提高一个数量级，达到亚微米级，则电火花加工技术在精密微细加工领域可进一步扩大其应用范围。

4.2 电火花加工的基本原理及机理

4.2.1 电火花加工的基本原理

电火花加工的原理是基于工具和工件(正、负电极)之间脉冲性火花放电时的电腐蚀现象来蚀除多余的金属，以达到对零件的尺寸、形状及表面质量预定的加工要求。研究结果表明，电火花腐蚀的主要原因是：电火花放电时火花通道中瞬时产生大量的热，达到很高的温度，足以使任何金属材料局部熔化、汽化而被蚀除掉，形成放电凹坑。要利用电腐蚀现象对金属材料进行尺寸加工应具备以下条件。

(1) 必须使工具电极和工件被加工表面之间经常保持一定的放电间隙，这一间隙由加工条件而定，通常约为几微米至几百微米。如果间隙过大，极间电压不能击穿极间介质，因而不会产生火花放电；如果间隙过小，很容易形成短路接触，同样也不能产生火花放电。为此，在电火花加工过程中必须具有工具电极的自动进给和调节装置，使其和工件保持某一放电间隙。

(2) 两极之间应充入有一定绝缘性能的介质。对导电材料进行加工时，两极间为液体介质；进行材料表面强化时，两极间为气体介质。

液体介质又称工作液，它们必须具有较高的绝缘强度(10^3~$10^7\Omega \cdot cm$)，如煤油、皂化液或去离子水等，以有利于产生脉冲性的火花放电。同时，液体介质还能把电火花加工过程中产生的金属小屑、炭黑等电蚀产物从放电间隙中悬浮排除出去，并且对电极和工件表面有较好的冷却作用。

(3) 火花放电必须是瞬时的脉冲性放电，放电延续一段时间后(1~1000 μs)，需停歇一段时间(50~100 μs)。这样才能使放电所产生的热量来不及传导扩散到其余部分，把每一次的放电蚀除点分别局限在很小的范围内；否则，会形成电弧放电，使工件表面烧伤而无法用作尺寸加工。为此，电火花加工必须采用脉冲电源。图 4.1 所示为脉冲电源的空载电压波形。

以上这些问题的综合解决，是通过图 4.2 所示的电火花加工系统来实现的。工件 1 与工具 4 分别与脉冲电源 2 的两输出端相连接。自动进给调节装置 3(此处为电动机及丝杆螺母机构)使工具和工件间经常保持一个很小的放电间隙，当脉冲电压加到两极之间，便在当时条件下相对某一间隙最小处或绝缘强度最低处击穿介质，在该局部产生火花放电，瞬时高温使工具和工件表面都蚀除掉一小部分金属,各自形成一个小凹坑,如图 4.3 所示。其中左图表示单个脉冲放电后的电蚀坑,右图表示多次脉冲放电后的电极表面。脉冲放电结束后,经过一段间隔时间(即脉冲间隔 t_o),使工作液恢复绝缘后,第二个脉冲电压又加到两极上,又会在当时极间距离相对最近或绝缘强度最弱处击穿放电,又电蚀出一个小凹坑。就这样以相当高的频率,连续不断地重复放电,工具电极不断地向工件进给,就可将工具的形状复制在工件上,加工出所需要的零件,整个加工表面将由无数个小凹坑组成。

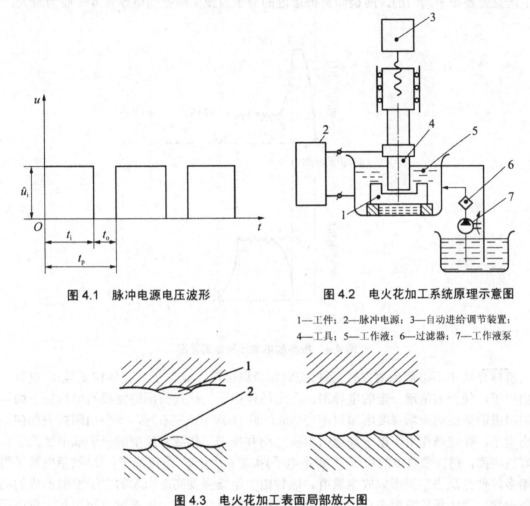

图 4.1 脉冲电源电压波形

图 4.2 电火花加工系统原理示意图

1—工件;2—脉冲电源;3—自动进给调节装置;
4—工具;5—工作液;6—过滤器;7—工作液泵

图 4.3 电火花加工表面局部放大图

1—凹坑;2—凸边

4.2.2 电火花加工的机理

火花放电时,电极表面的金属材料究竟是怎样被蚀除下来的,这一微观的物理过程即所谓的电火花加工机理,也就是电火花加工的物理本质。了解这一微观过程,有助于掌握电火花加工的基本规律,才能对脉冲电源、进给装置、机床设备等提出合理的要求。每次电火花腐蚀的微观过程是电场力、磁力、热力、流体动力、电化学和胶体化学等综合作用的过程。这一过程大致可分为以下四个连续的阶段:极间介质的电离、击穿,形成放电通道;介质热分解、电极材料熔化、汽化热膨胀;蚀除产物的抛出;极间介质的消电离。

1. 极间介质的电离、击穿，形成放电通道

图 4.4 所示为矩形波脉冲放电时的电压和电流波形。当约 80V 的脉冲电压施加于工具电极与工件之间时(见图 4.4 中 0~1 段和 1~2 段)，两极之间立即形成一个电场。电场强度与电压成正比，与距离成反比，即随着极间电压的升高或是极间距离的减小，极间电场强度也将随着增大。由于工具电极和工件的微观表面是凹凸不平的，极间距离又很小，因而极间电场强度是很不均匀的，两极间离得最近的突出点或尖端处的电场强度一般为最大。

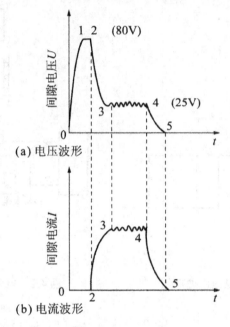

图 4.4 极间放电电压和电流波形

液体介质中不可避免地含有某种杂质(如金属微粒、碳粒子、胶体粒子等)，也有一些自由电子，使介质呈现一定的电导率。在电场作用下，这些杂质将使极间电场更不均匀。当阴极表面某处的电场强度增加到 10^5V/mm 即 100V/μm 左右时，就会由阴极表面向阳极逸出电子。在电场作用下电子高速向阳极运动并撞击工作液介质中的分子或中性原子，产生碰撞电离，形成带负电的粒子(主要是电子)和带正电的粒子(正离子)，导致带电粒子雪崩式增多，使介质击穿而形成放电通道。这种由于电场强度高而引起的电子发射形成的间隙介质击穿，称为场致发射击穿。同时由于负极表面温度升高，局部过热而引起大量电子发射形成的间隙介质击穿，称为热击穿。

从雪崩电离开始，到建立放电通道的过程非常迅速，一般小于 0.1 μs，间隙电阻从绝缘状况迅速降低到几分之一欧，间隙电流迅速上升到最大值(几安到几百安)。由于通道直径很小，所以通道中的电流密度可高达 10^3~10^4A/mm^2。间隙电压则由击穿电压迅速下降到火花维持电压(一般约为 25V)，电流则由 0 上升到某一峰值电流[见图 4.4(b)中 2~3 段]。

放电通道是由数量大体相等的带正电(正离子)粒子和带负电粒子(电子)以及中性粒子(原子或分子)组成的等离子体。带电粒子高速运动相互碰撞，产生大量的热，使通道温度相当高，通道中心温度可高达 10 000℃以上。由于电子流动形成电流而产生磁场，磁场又反过来对电子流产生向心的磁压缩效应和周围介质惯性动力压缩效应的作用，通道瞬间扩

展受到很大阻力,故放电开始阶段通道截面很小,电流密度高达 10^5~10^7A/cm²,而通道内由瞬时高温热膨胀形成的初始压力可达数十兆帕。高压高温的放电通道以及随后瞬时汽化形成的气体(以后发展成气泡)急速扩展,并产生一个强烈的冲击波向四周传播。在放电过程中,同时还伴随着一系列派生现象,其中有热效应、电磁效应、光效应、声效应及频率范围很宽的电磁波辐射和局部爆炸冲击波等。

2. 能量的转换——介质热分解、电极材料熔化、汽化热膨胀

极间介质一旦被击穿、电离、形成放电通道后,脉冲电源使通道间的电子高速奔向正极,正离子奔向负极。电能变成动能,动能通过碰撞又转变为热能。于是在通道内,正极和负极表面分别成为瞬时热源,温度急剧升高。放电通道在高温的作用下,首先把工作液介质汽化,进而热裂分解汽化(如煤油等碳氢化合物工作液),高温后裂解为 H_2(约占 40%)、C_2H_2(约占 30%)、CH_4(约占 15%)、C_2H_4(约占 10%)和游离碳等,水基工作液则热分解为 H_2、O_2 的分子甚至原子等。正负极表面的高温除使工作液汽化、热分解汽化外,也使金属材料熔化、直至沸腾汽化。这些汽化后的工作液和金属蒸气,瞬时间体积猛增,迅速热膨胀,就像火药、爆竹点燃后那样具有爆炸的特性。观察电火花加工过程,可以见到放电间隙间冒出很多小气泡,工作液逐渐变黑,听到轻微而清脆的爆炸声。

主要靠此热膨胀和局部微爆炸,使熔化、汽化了的电极材料抛出而形成蚀除,相当于图 4.4 中 3~4 段,此时 80V 的空载电压降为 25V 左右的火花维持电压,由于它含有高频成分而呈锯齿状,电流则上升为锯齿状的放电峰值电流。

3. 蚀除产物的抛出

通道和正负极表面放电点瞬时高温使工作液汽化和金属材料熔化、汽化,热膨胀产生很高的瞬时压力。通道中心的压力最高,使汽化了的气体体积不断向外膨胀,形成一个扩张的"气泡"。气泡上下、内外的瞬时压力并不相等,压力高处的熔融金属液体和蒸气,就被排挤、抛出而进入工作液中。由于表面张力和内聚力的作用,使抛出的材料具有最小的表面积,冷凝时凝聚成细小的圆球颗粒(直径为 0.1~300 μm,随脉冲能量而异)。图 4.5(a)、(b)、(c)、(d)为放电过程中 4 个阶段放电间隙状态的示意图。

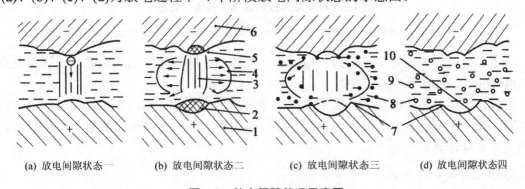

(a) 放电间隙状态一　(b) 放电间隙状态二　(c) 放电间隙状态三　(d) 放电间隙状态四

图 4.5　放电间隙状况示意图

1—正极;2—从正极上熔化并抛出金属的区域;3—放电通道;4—气泡;5—在负极上熔化并抛出金属的区域;
6—负极;7—翻边凸起;8—在工作液中凝固的微粒;9—工作液;10—放电形成的凹坑

实际上熔化和汽化了的金属在抛离电极表面时，向四处飞溅，除绝大部分抛入工作液中收缩成小颗粒外，有一小部分飞溅、镀覆、吸附在对面的电极表面上。这种互相飞溅、镀覆以及吸附的现象，在某些条件下可以用来减少或补偿工具电极在加工过程中的损耗。

半裸在空气中电火花加工时，可以见到橘红色甚至蓝白色的火花四溅，它们就是被抛出的金属高温熔滴、小屑。

观察铜加工钢电火花加工后的电极表面，可以看到钢上粘有铜，铜上粘有钢的痕迹。如果进一步分析电加工后的产物，在显微镜下可以看到除了游离碳粒以及大小不等的铜和钢的球状颗粒之外，还有一些钢包铜、铜包钢、互相飞溅包容的颗粒，此外还有少数由气态金属冷凝成的中心带有空泡的空心球状颗粒产物。

当放电结束后，气泡温度不再升高，但由于液体介质惯性作用使气泡继续扩展，致使气泡内压力急剧降低，甚至降到大气压以下，形成局部真空，再加上材料本身在低压下再沸腾的特性，使在高压下溶解在熔化和过热材料中的气体析出。由于压力的骤降，使熔融金属材料及其蒸气从小坑中再次爆沸飞溅而被抛出。

熔融材料抛出后，在电极表面形成单个脉冲的放电痕，其剖面放大示意图如图 4.6 所示。熔化区未被抛出的材料冷凝后残留在电极表面，形成熔化凝固层，在四周形成稍凸起的翻边。熔化凝固层下面是热影响层，再往下才是无变化的材料基体。

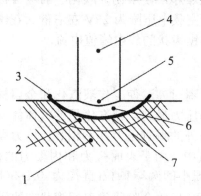

图 4.6 单个脉冲放电痕剖面放大示意图

1—无变化区；2—热影响层；3—翻边凸起；4—放电通道；5—汽化区；6—熔化区；7—熔化凝固层

总之，材料的抛出是热爆炸力、电动力、流体动力等综合作用的结果，对这一复杂的抛出机理的认识还在不断深化中。

正极、负极分别受电子、正离子撞击的能量、热量不同；不同电极材料的熔点、汽化点不同；脉冲宽度、脉冲电流大小不同，正、负电极上被抛出材料的数量也不会相同，目前还无法定量计算。

4. 极间介质的消电离

随着脉冲电压的下降，脉冲电流也迅速降为零，图 4.4 中 4~5 段，标志着一次脉冲放电结束。但此后仍应有一段间隔时间，使间隙介质消电离，即放电通道中的带电粒子复合为中性粒子，恢复本次放电通道处间隙介质的绝缘强度，以免下一次总是重复在同一处发生放电而导致电弧放电，这样可以保证在其他两极相对最近处或电阻率最小处形成下一击穿放电通道，这是电火花加工时所必需的放电点转移原则。

在加工过程中产生的电蚀产物(如金属微粒、碳粒子、气泡等)如果来不及排除、扩散出去，就会改变间隙介质的成分和降低绝缘强度。脉冲火花放电时产生的热量如不及时传出，带电粒子的自由能不易降低，将大大减少复合的概率，使消电离过程不充分，结果将使下一个脉冲放电通道不能顺利地转移到其他部位，而始终集中在某一部位，使该处介质局部过热而破坏消电离过程，脉冲火花放电将转变为有害的稳定电弧放电，同时工作液局部高温分解后可能积碳，在该处聚集成焦粒而在两极间搭桥，使加工无法进行下去，并烧伤电极对。

由此可见，为了保证电火花加工过程正常地进行，在两次脉冲放电之间一般都应有足够的脉冲间隔时间 t_0，其最小脉冲间隔时间的确定，不仅要考虑介质本身消电离所需的时间(与脉冲能量有关)，还要考虑电蚀产物排离出放电区域(与脉冲爆炸力大小、放电间隙大小、抬刀及加工面积有关)的时间。

到目前为止，人们对于电火花加工微观过程的了解还是很不够的，诸如工作液成分作用、间隙介质的击穿、放电间隙内的状况、正负电极间能量的转换与分配、材料的抛出、电火花加工过程中热场、流场、力场的变化以及通道结构及其振荡，等等，都还需要进一步研究。

4.3 电火花加工中的一些基本规律

4.3.1 影响材料放电腐蚀的主要因素

电火花加工过程中，材料被放电腐蚀的规律是十分复杂的综合性问题。研究影响材料放电腐蚀的因素，对于应用电火花加工方法，提高电火花加工的生产率，降低工具电极的损耗是极为重要的。这些因素主要有以下几个方面。

1. 极性效应

在电火花加工过程中，无论是正极还是负极，都会受到不同程度的电蚀。即使是相同材料(例如钢加工钢)，正、负电极的电蚀量也是不同的。这种单纯由于正、负极性不同而彼此电蚀量不一样的现象叫做极性效应。如果两电极材料不同，则极性效应更加复杂。在生产中，我国通常把工件接脉冲电源的正极(工具电极接负极)时，称"正极性"加工；反之，工件接脉冲电源的负极(工具电极接正极)时，称"负极性"加工，又称"反极性"加工。在电火花加工中极性效应越显著越好，这样，可以把电蚀量小的一极作为工具电极，以减少工具电极的损耗。

产生极性效应的原因很复杂，对这一问题的笼统解释是：在火花放电过程中，正、负电极表面分别受到负电子和正离子的撞击和瞬时热源的作用，在两极表面所分配到的能量不一样，因而熔化、汽化抛出的电蚀量也不一样。这是因为电子的质量和惯性均小，容易获得很高的加速度和速度，在击穿放电的初始阶段就有大量的电子奔向正极，把能量传递给正极表面，使电极材料迅速熔化和汽化；而正离子则由于质量和惯性较大，启动和加速较慢，在击穿放电的初始阶段，大量的正离子来不及到达负极表面，而到达负极表面并传递能量的只有一小部分离子。所以在用窄脉冲(即放电持续时间较短)加工时，电子的撞击作用大于离子的撞击作用,正极的蚀除速度大于负极的蚀除速度,这时工件应接正极。当采用长脉冲(即放电持续时间较长)加工时,质量和惯性大的正离子将有足够的时间加速,到达并撞击负极表面的离子数将随放电时间的延长而增多;由于正离子的质量大,对负极表面的撞击破坏作用强,同时自由电子挣脱负极时要从负极获取逸出功,而正离子到达负极后与电子结合释放位能,故负极的蚀除速度将大于正极,这时工件应接负极。因此,当采用窄脉冲(例如纯铜电极加工钢时,$t_i < 10\,\mu s$)精加工时,应选用正极性加工;当采用长脉冲(例如纯铜加工钢时,$t_i > 80\,\mu s$)粗加工时,应采用负极性加工,可以得到较高的蚀除速度和较低的电极损耗。

能量在两极上的分配对两个电极电蚀量的影响是一个极为重要的因素,而电子和正离子对电极表面的撞击则是影响能量分布的主要因素,因此,电子撞击和离子撞击无疑是影响极性效应的重要因素。但是,近年来的生产实践和研究结果表明,正的电极表面能吸附工作液中分解游离出来的炭微粒,形成炭黑膜(覆盖层)减小电极损耗。例如,纯铜电极加工钢工件,当脉宽为 $8\,\mu s$ 时,通常的脉冲电源必须采用正极性加工,但在用分组脉冲进行加工时,虽然脉宽也为 $8\,\mu s$,却需采用负极性加工,这时在正极纯铜表面明显地存在着吸附的炭黑膜,保护了正极,因而使钢工件负极的蚀除速度大大超过了正极。在普通脉冲电源上的实验也证实了炭黑膜对极性效应的影响。当采用脉宽为 $12\,\mu s$,脉间为 $15\,\mu s$,往往正极的蚀除速度大于负极,应采用正极性加工。当脉宽不变,逐步把脉间减少,使有利于炭黑膜在正极上的形成,就会使负极的蚀除速度大于正极而可以改用负极性加工。实际上是极性效应和正极吸附炭黑之后对正极有保护作用的综合效果。但是,在电火花加工过程中,炭黑层不断形成又不断破坏。为了实现电极低损耗,加工精度高的目的,应使覆盖层的形成与破坏的程度达到动态平衡。

由此可见,极性效应是一个较为复杂的问题。除了脉宽、脉间的影响外,还有脉冲峰值电流、放电电压、工作液以及电极对的材料等都会影响到极性效应。

从提高加工生产率和减少工具损耗的角度来看,极性效应越显著越好,加工中必须充分利用极性效应,最大限度地降低工具电极的损耗,并合理选用工具电极的材料,根据电极对材料的物理性能、加工要求选用最佳的电规准,正确地选用加工极性,达到工件的蚀除速度最高,工具损耗尽可能小的目的。

当用交变的脉冲电流加工时,单个脉冲的极性效应便相互抵消,增加了工具的损耗。因此,电火花加工一般都采用单向脉冲电源。

2. 电参数

电参数主要是指电压脉冲宽度 t_i、电流脉冲宽度 t_e、脉冲间隔 t_o、脉冲频率 f、峰值电流 $\hat{i}_e$、峰值电压 $\hat{u}$ 和极性等。

在电火花加工过程中,无论正极或负极都存在单个脉冲的蚀除量与单个脉冲能量 在一定范围内成正比的关系。某一段时间内的总蚀除量约等于这段时间内各单个有效脉冲蚀除量的总和,所以正、负极的蚀除速度,与单个脉冲能量、脉冲频率成正比。用公式表示为

$$q = K W_M f \varphi t \tag{4-1}$$

$$v = \frac{q}{t} = K W_M f \varphi \tag{4-2}$$

式中，q 为在 t 时间内的总蚀除量(g 或 mm³)；

v 为蚀除速度(g/min 或 mm³/min)，即工件生产率或工具损耗速度；

W_M 为单个脉冲能量(J)；

f 为脉冲频率(Hz)；

t 为加工时间(s)；

K 为与电极材料、脉冲参数、工作液等有关的工艺系数；

φ 为有效脉冲利用率。

单个脉冲放电所释放的能量取决于极间放电电压、放电电流和放电持续时间，所以单个脉冲放电能量为

$$W_M = \int_0^{t_e} u(t) i(t) \mathrm{d}t \tag{4-3}$$

式中，t_e 为单个脉冲实际放电时间(s)；

$u(t)$ 为放电间隙中随时间而变化的电压(V)；

$i(t)$ 为放电间隙中随时间而变化的电流(A)；

W_M 为单个脉冲放电能量(J)。

由于火花放电间隙的电阻的非线性特性，击穿后间隙上的火花维持电压是一个与电极对材料及工作液种类有关的数值(如在煤油中用纯铜加工钢时约为 25V，用石墨加工钢时约为 30V)。火花维持电压与脉冲电压幅值、极间距离以及放电电流大小等的关系不大，因而正负极的电蚀量正比于平均放电电流的大小和电流脉宽；对于矩形波脉冲电流，实际上正比于放电电流的幅值。在通常的晶体管脉冲电源中，脉冲电流近似地为一矩形波，故当纯铜电极加工钢时的单个脉冲能量为

$$W_M = (20 \sim 25) \hat{i}_e t_e \tag{4-4}$$

式中，$\hat{i}_e$ 为脉冲电流幅值(A)；

t_e 为电流脉宽(μs)。

因此提高电蚀量和生产率的途径在于：提高脉冲频率，增加单个脉冲能量或者说增加平均放电电流(对矩形脉冲即为峰值电流)和脉冲宽度；减小脉冲间隔并提高有关的工艺参数。当然，实际生产时要考虑到这些因素之间的相互制约关系和对其他工艺指标的影响，例如脉冲间隔时间过短，将产生电弧放电；随着单个脉冲能量的增加，加工表面粗糙度值也随之增大；等等。

3. 金属材料热学常数

所谓热学常数，是指熔点、沸点(汽化点)、热导率、比热容、熔化热、汽化热等。常见材料的热学常数可查相应手册。

每次脉冲放电时，通道内及正、负电极放电点都瞬时获得大量热能。而正、负电极放电点所获得的热能，除一部分由于热传导散失到电极其他部分和工作液中外，其余部分将依次消耗在：

(1) 使局部金属材料温度升高直至达到熔点，而每克金属材料升高 1℃(或 1K)所需之热

量即为该金属材料的比热容;

(2) 每熔化 1g 材料所需之热量即为该金属的熔化热;

(3) 使熔化的金属液体继续升温至沸点,每克材料升高 1℃所需之热量即为该熔融金属的比热容;

(4) 使熔融金属汽化,每汽化 1g 材料所需的热量称为该金属的汽化热;

(5) 使金属蒸气继续加热成过热蒸气,每克金属蒸气升高 1℃所需的热量为该蒸气的比热容。

显然当脉冲放电能量相同时,金属的熔点、沸点、比热容、熔化热、汽化热越高,电蚀量将越少,越难加工;另一方面,热导率较大的金属,会将瞬时产生的热量传导散失到其他部位,因而降低了本身的蚀除量。而且当单个脉冲能量一定时,脉冲电流幅值越小,脉冲宽度越长,散失的热量也越多,从而使电蚀量减少;相反,若脉冲宽度越短,脉冲电流幅值越大,由于热量过于集中而来不及传导扩散,虽使散失的热量减少,但抛出的金属中汽化部分比例增大,多耗用了汽化热,电蚀量也会降低。因此,电极的蚀除量与电极材料的热导率以及其他热学常数、放电持续时间、单个脉冲能量等有密切关系。

由此可见,当脉冲能量一定时,对不同材料的工件都会各有一个使工件电蚀量最大的最佳脉宽。另外,获得最大电蚀量的最佳脉宽还与脉冲电流幅值有相互匹配的关系,它将随脉冲电流幅值的不同而变化。

图 4.7 示意地描绘了在相同放电电流情况下,铜和钢两种材料的电蚀量与脉宽的关系。图 4.7 表明,当采用不同的工具电极和工件材料时,选择脉冲宽度在 t_i 附近时,再加以正确选择极性,既可以获得较高的生产率,又可以获得较低的工具损耗,有利于实现"高效低损耗"加工。

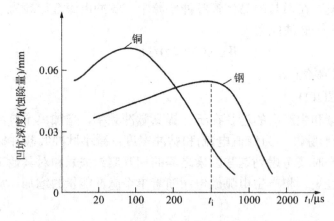

图 4.7 不同材料加工时电蚀量与脉宽的关系

4. 工作液

电火花加工,一般在液体介质中进行,介质面通常高出加工工件几十毫米。液体介质通常称为工作液,工作液的作用如下。

(1) 形成火花击穿放电通道,并在放电结束后迅速恢复间隙的绝缘状态。

(2) 对放电通道产生压缩作用。

(3) 帮助电蚀产物的抛出和排除。

(4) 对工具和工件具有冷却作用。

工作液性能对加工质量的影响很大。介电性能好、密度和黏度大的工作液有利于压缩放电通道，提高放电的能量密度，强化电蚀产物的抛出效应，但黏度过大不利于电蚀产物的排出，影响正常放电。目前工作液有 3 种，第一种工作液是油类有机化合物，第二种工作液是乳化液，乳化液的优点是成本低，配置简便，也有补偿工具电极损耗的作用，且不腐蚀机床和零件。目前，乳化液多用于电火花线切割加工。第三种工作液是水，水的优点是流动性好、散热性好，不易起弧、不燃、无味价格低廉。

电火花成形加工主要采用油类工作液。粗加工时采用的脉冲能量大、加工间隙也较大、爆炸排屑抛出能力强，往往选用介电性能、黏度较大的全损耗系统用油(即机油)，且全损耗系统用油的燃点较高，大能量加工时着火燃烧的可能性小；而在中、精加工时放电间隙比较小，排屑比较困难，故一般均选用黏度小、流动性好、渗透性好的煤油作为工作液。

由于油类工作液有味、容易燃烧，尤其在大能量粗加工时工作液高温分解产生的烟气很大，故寻找一种像水那样的流动性好、不产生炭黑、不燃烧、无色无味、价廉的工作液介质一直是努力的目标。水的绝缘性能和黏度较低，在同样加工条件下，和煤油相比，水的放电间隙较大、对通道的压缩作用差、蚀除量较少、且易锈蚀机床，但经过采用各种添加剂，可以改善其性能，且最新的研究成果表明，水基工作液在粗加工时的加工速度可大大高于煤油，但在大面积精加工中取代煤油还有一段距离。在电火花高速加工小孔、深孔的机床上，已广泛使用蒸馏水或自来水工作液。

5. 其他因素

影响电蚀量的还有其他一些因素。首先是加工过程的稳定性。加工过程不稳定将干扰以致破坏正常的火花放电，使有效脉冲利用率降低。随着加工深度、加工面积的增加，或加工型面复杂程度的增加，都将不利于电蚀产物的排出，影响加工稳定性和降低加工速度，严重时将造成结炭拉弧，使加工难以进行。为了改善排屑条件，提高加工速度和防止拉弧，常采用强迫冲油和工具电极定时抬刀等措施。

如果加工面积较小，而采用的加工电流较大，也会使局部电蚀产物浓度过高，放电点不能分散转移，放电后的余热来不及传播扩散而积累起来，造成过热，形成电弧，破坏加工的稳定性。

电极材料对加工稳定性也有影响。用钢电极加工钢时不易稳定，用纯铜、黄铜电极加工钢时则比较稳定。脉冲电源的波形及其前后沿陡度影响着输入能量的集中或分散程度，对电蚀量也有很大影响。

电火花加工过程中电极材料瞬时熔化或汽化而抛出，如果抛出速度很高，就会冲击另一电极表面而使其蚀除量增大；如果抛出速度较低，则当喷射到另一电极表面时，会反粘和涂覆在电极表面，减少其蚀除量。此外，正极上炭黑膜的形成将起"保护"作用，大大降低正电极的蚀除量(损耗量)。

4.3.2 电火花加工的加工速度和工具的损耗速度

电火花加工时，工具和工件同时遭到不同程度的电蚀，单位时间内工件的电蚀量称之为加工速度，即生产率；单位时间内工具的电蚀量称之为损耗速度，它们是一个问题的两个方面。

1. 影响加工速度的主要因素

加工速度一般采用体积加工速度 v_w 来表示，

$$v_w = V/t \quad mm^3/min \tag{4-5}$$

有时为了测量方便，也采用质量加工速度 v_m (g/min)来表示。

根据前面对电蚀量的讨论，提高加工速度的途径在于提高脉冲频率 f；增加单个脉冲能量 W_M；设法提高工艺系数 K。同时还应考虑这些因素间的相互制约关系和对其他工艺指标的影响。

提高脉冲频率，可通过减小脉冲停歇时间实现，但脉冲停歇时间过短，会使加工区工作液来不及消电离和排除电蚀产物及气泡，阻碍恢复其介电性能，以致形成破坏性的稳定电弧放电，使电火花加工过程不能正常进行。

增加单个脉冲能量主要靠加大脉冲电流和增加脉冲宽度。单个脉冲能量的增加可以提高加工速度，但同时会使表面粗糙度变坏和降低加工精度，因此一般只用于粗加工和半精加工的场合。

提高工艺系数 K 的途径很多。例如合理选用电极材料、电参数和工作液，改善工作液的循环过滤方式等，从而提高有效脉冲利用率 φ，达到提高工艺系数 K 的目的。

电火花成形加工的加工速度，粗加工(加工表面粗糙度 R_a 为 10~20 μm)时可达 200~1000mm³/min，半精加工(R_a 为 2.5~10 μm)时降低到 20~100mm³/min，精加工(R_a 为 0.32~2.5 μm)时一般都在 10mm³/min 以下。随着表面粗糙度值的减小，加工速度显著下降。

2. 工具相对损耗

加工中的工具相对损耗是产生加工误差的主要原因之一。在生产实际中用来衡量工具电极是否耐损耗，不只是看工具损耗速度 v_E，还要看同时能达到的加工速度 v_w，因此，采用相对损耗或称损耗比 θ 作为衡量工具电极耐损耗的指标。即

$$\theta = v_E / v_w \times 100\% \tag{4-6}$$

式(4-6)中的加工速度和损耗速度均以 mm³/min 为单位计算时，则 θ 为体积相对损耗；如以 g/min 为单位计算时，则 θ 为质量相对损耗。若为等截面的穿孔加工，则 θ 也可理解为长度损耗比。

在电火花加工过程中，降低工具电极的损耗一直是人们努力追求的目标。为了降低工具电极的相对损耗，要正确处理好电火花加工过程中的各种效应，这些效应主要包括：极性效应，吸附效应，传热效应等。

1) 极性效应(正确选择极性和脉宽)

电火花加工时，由于传递和分配到正、负电极上的能量不同，使一个极的蚀除量比另一极的蚀除量多，这种现象称为极性效应。一般在短脉冲精加工时采用正极性加工(即工件接电源正极)，长脉冲粗加工时则采用负极性加工。

在下列试验条件下：工具电极为 ϕ6mm 的纯铜，加工工件为钢，工作液为煤油，矩形波脉冲电源，加工电流峰值为 10A，得出了如图 4.8 所示的试验曲线。由图 4.8 可见，当峰值电流一定时，无论是正极性加工还是负极性加工，随着脉冲宽度的增加电极相对损耗都在下降。负极性加工时，纯铜电极的相对损耗随脉冲宽度的增加而减少，当脉冲宽度大于

120μs后,电极相对损耗将小于1%,可以实现低损耗加工。如果采用正极性加工,不论采用哪一挡脉冲宽度,电极的相对损耗都难低于10%。然而在脉宽小于15μs的窄脉宽范围内,正极性加工的工具电极相对损耗比负极性加工小。但当电极材料不同,情况也不同。如钢打钢时,无论脉宽大小,均需采用负极性加工,电极损耗才能小。

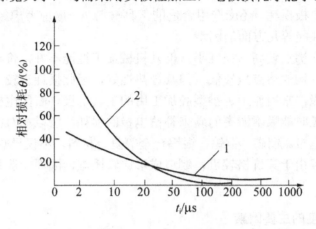

图4.8 脉冲宽度和极性与电极相对损耗的关系

1—正极性加工;2—负极性加工

2) 吸附效应

当采用煤油等碳氢化合物作为工作液时,在放电过程中将发生热分解而产生大量的碳,碳可和金属结合形成金属炭化物的微粒——胶团。中性的胶团在电场作用下可能与其可动层(胶团的外层)脱离,而成为带电荷的炭胶粒。电火花加工中的炭胶粒一般带负电荷,因此,在电场作用下会向正极移动,并吸附在正极表面。如果电极表面瞬时温度为400℃左右,且能保持一定时间,即能形成一定强度和厚度的化学吸附炭层,通常称之为炭黑膜,由于炭的熔点和汽化点很高,可对电极起到保护和补偿作用,从而实现"低损耗"加工。

由于炭黑膜只能在正极表面形成,因此,要利用炭黑膜的补偿作用来实现电极的低损耗,必须采用负极性加工。为了保持合适的温度场和吸附炭黑有足够的时间,增加脉冲宽度是有利的。实验表明,当峰值电流、脉冲间隔一定时,炭黑膜厚度随脉宽的增加而增厚;而当峰值电流和脉冲宽度一定时,炭黑膜厚度随脉冲间隔的增大而减薄。这是由于脉冲间隔加大,电极为正的时间相对变短,引起放电间隙中介质消电离作用增强,放电通道分散,电极表面温度降低,使"吸附效应"减少。反之,随着脉冲间隔的减小,电极损耗随之降低。但过小的脉冲间隔将使放电间隙来不及消电离和使电蚀产物扩散,因而造成拉弧烧伤。

影响"吸附效应"的除上述电参数外,还有冲、抽油的影响。采用强迫冲、抽油,有利于间隙内电蚀产物的排除,使加工过程稳定;但强迫冲、抽油使吸附、镀覆效应减弱,因而增加了电极的损耗。因此,在加工过程中采用冲、抽油时其压力、流速不宜过大。

3) 传热效应

对电极表面温度场分布的研究表明,电极表面放电点的瞬时温度不仅与瞬时放电的总热量(与放电能量成正比)有关,而且与放电通道的截面面积有关,还与电极材料的导热性能有关。因此,在放电初期限制脉冲电流的增长率,可使电流密度的增速不致太高,也就使电极表面温度不致过高,这将有利于降低电极损耗。脉冲电流增长率过高时,对在热冲击波作用下易脆裂的工具电极(如石墨)的损耗,影响尤为显著。因此一般采用导热性能比工件好的工具电极,配合使用较大的脉冲宽度和较小的脉冲电流进行加工,使工具电极表面温度较低而损耗小,工件表面温度较高而蚀除快。

4) 材料的选择

为了减少工具电极损耗,还应选用合适的工具材料,一般应考虑经济成本、加工性能、耐腐蚀性能、导电性能等几方面的因素。

钨、钼的熔点和沸点较高,损耗小,但其机械加工性能不好,价格又贵,所以除线切割加工外很少采用。铜的熔点虽较低,但其导热性好,因此损耗也较少,又比较容易制成各种精密、复杂电极,常用作中、小型腔加工用的工具电极。石墨电极不仅热学性能好,而且在长脉冲粗加工时能吸附游离的碳来补偿电极的损耗,所以相对损耗很低,目前已广泛用作型腔加工的电极。铜碳、铜钨、银钨合金等复合材料,不仅导热性好,而且熔点高,因而电极损耗小,但由于其价格较贵,制造成形比较困难,因而一般只在精密电火花加工时采用。

4.3.3 影响加工精度的主要因素

与通常的机械加工一样,机床本身的各种误差,工件和工具电极的定位、安装误差都会影响到加工精度,本节主要讨论与电火花加工工艺有关的因素。

影响加工精度的主要因素有:放电间隙的大小及其一致性、工具电极的损耗及其稳定性。电火花加工时,工具电极与工件之间存在着一定的放电间隙,因此工件的尺寸、形状与工具并不一致。如果加工过程中放电间隙能保持不变,则可以通过修正工具电极的尺寸对放电间隙引起的误差进行补偿,以获得较高的加工精度。然而,放电间隙的大小实际上是变化的,从而影响了加工精度。

除了间隙能否保持一致性外,间隙大小对加工精度也有影响,尤其是对复杂形状的加工表面,棱角部位电场强度分布不均,间隙越大,仿形的逼真度越差,影响越严重。因此,为了减少尺寸加工误差,应该采用较小的加工规准,缩小放电间隙,这样不但能提高仿形精度,而且放电间隙越小,可能产生的间隙变化量也越小;另外,还必须尽可能使加工过程稳定。精加工的放电间隙一般为0.01mm(单面),而在粗加工时可达0.5mm以上。

工具电极的损耗对尺寸精度和形状精度都有影响。电火花穿孔加工时,电极可以贯穿型孔而补偿电极的损耗,型腔加工时则无法采用这一方法,精密型腔加工时可采用更换电极的方法。

影响电火花加工形状精度的因素还有"二次放电"。"二次放电"是指已加工表面上由于电蚀产物等的介入而再次进行的非正常放电,集中反映在加工深度方向的侧面产生斜度和加工棱角或棱边的变钝。产生加工斜度的情况如图4.9所示,由于工具电极下端部加工时间长,绝对损耗大,而电极入口处的放电间隙则由于电蚀产物

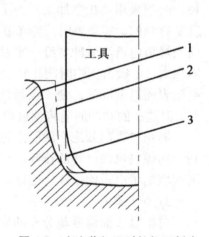

图4.9 电火花加工时的加工斜度

1—工件实际轮廓线;2—工件理论轮廓线;
3—电极无损耗时的轮廓线

的存在，随"二次放电"的概率增大而逐渐扩大，因而产生了加工斜度。

另外，工具的尖角或凹角很难精确地复制在工件上，这是因为当工具为尖角时，一则由于放电间隙的等距性，工件上只能加工出以尖角顶点为圆心，放电间隙 S 为半径的圆弧；二则工具上的尖角本身因尖端放电蚀除的概率大而损耗成圆角，如图 4.10(a)所示。当工具为凹角时，工件上对应的尖角处放电蚀除的概率大，容易遭受腐蚀而成为圆角，如图 4.10(b)所示。采用高频窄脉宽精加工，放电间隙小，圆角半径可以明显减小，因而提高了仿形精度，可以获得圆角半径小于 0.01mm 的尖棱。目前，电火花加工的精度可达 0.01~0.05mm。

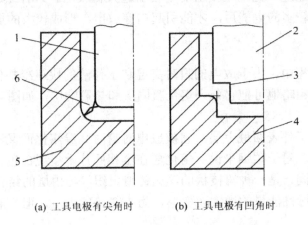

(a) 工具电极有尖角时　　(b) 工具电极有凹角时

图 4.10　电火花成形加工时圆角的形成

1，2—工具电极；3—凹角；4，5—工件电极；6—尖角

4.3.4 电火花加工的表面质量

电火花加工的表面质量主要包括表面粗糙度、表面变质层和表面力学性能三部分。

1. 表面粗糙度

电火花加工表面粗糙度的形成与切削加工不同，它是由无方向性的无数电蚀小凹坑所组成，特别有利于保存润滑油；而机械加工表面则存在着切削或磨削刀痕，具有方向性。两者相比，在相同的表面粗糙度和有润滑油的情况下，表面的润滑性能和耐磨损性能均比机械加工表面好。

对表面粗糙度影响最大的是单个脉冲能量，因为脉冲能量大，每次脉冲放电的蚀除量也大，放电凹坑既大又深，从而使表面粗糙度恶化。表面粗糙度和脉冲能量之间的关系，可用如下实验公式来表示：

$$R_{\max} = K_R t_e^{0.3} \hat{i}_e^{0.4} \tag{4-7}$$

式中，$R_{\max}$ 为实测的表面粗糙度(μm)；

K_R 为常数，铜加工钢时常取 2.3；

t_e 为脉冲放电时间(μs)；

$\hat{i}_e$ 为峰值电流(A)。

工件材料对加工表面粗糙度也有影响，熔点高的材料(如硬质合金)，在相同能量下加工的表面粗糙度要比熔点低的材料(如钢)好。当然，加工速度会相应下降。

精加工时，工具电极的表面粗糙度也将影响到加工粗糙度。由于石墨电极很难加工到非常光滑的表面，因此用石墨电极的加工表面粗糙度较差。

从式(4-7)可见，影响表面粗糙度的因素主要是脉宽 t_e 与峰值电流 $\hat{i}_e$ 的乘积，亦即单个脉冲能量的大小。但实践中发现，即使单脉冲能量很小，但在电极面积较大时，R_{max} 很难低于 $2\mu m$（R_a 约为 $0.32\mu m$），而且加工面积越大，可达到的最佳表面粗糙度越差。这是因为在煤油工作液中的工具和工件相当于电容器的两个极，具有"潜布电容"(寄生电容)，相当于在放电间隙上并联了一个电容器，当小能量的单个脉冲到达工具和工件时，电能被此电容"吸收"，只能起"充电"作用而不会引起火花放电。只有经过多个脉冲充电达到较高的电压，积累了较多的电能后，才能引起击穿放电，形成较大的放电凹坑。

2. 表面变质层

在电火花加工过程中，由于放电的瞬时高温和工作液的快速冷却作用，材料的表面层发生了很大的变化，粗略地可把它分为熔化凝固层和热影响层，如图4.6所示。

1) 熔化凝固层

熔化凝固层位于工件表面最上层，它被放电时瞬时高温熔化而又滞留下来，受工作液快速冷却作用而凝固。对于碳钢来说，熔化层在金相照片上呈现白色，故又称之为白层，它与基体金属完全不同，是一种树枝状的淬火铸造组织，与内层的结合也不甚牢固。

熔化层的厚度随脉冲能量的增大而变厚，为1~2倍的 R_{max}，但一般不超过0.1mm。

2) 热影响层

热影响层介于熔化层和基体之间。在加工过程中其金属材料并没有熔化，只是受到高温的影响，使材料的金相组织发生了变化，它与基体材料并没有明显的界限。由于温度场分布和冷却速度的不同，对淬火钢，热影响层包括再淬火区、高温回火区和低温回火区；对未淬火钢，热影响层主要为淬火区。因此，淬火钢的热影响层厚度比未淬火钢大。

不同金属材料的热影响层金相组织结构是不同的，耐热合金的热影响层与基体组织差异不大。

3) 显微裂纹

电火花加工表面由于受到瞬时高温作用并迅速冷却而产生残余拉应力，往往出现显微裂纹。实验表明，一般裂纹仅在熔化层内出现，只有在脉冲能量很大情况下(粗加工时)才有可能扩展到热影响层。

脉冲能量对显微裂纹的影响是非常明显的，能量越大，显微裂纹越宽越深。脉冲能量很小时，加工表面粗糙度 R_a 小于 $1.25\mu m$ 时，一般不会出现显微裂纹。

工件材料不同对裂纹的敏感性也不同，硬质合金等硬脆材料容易产生裂纹。工件加工前的热处理状态对裂纹产生的影响也很明显，加工淬火材料要比加工淬火后回火或退火的材料容易产生裂纹，因为淬火材料脆硬，原始残余拉应力也较大。

3. 表面力学性能

1) 显微硬度及耐磨性

电火花加工后表面层的硬度一般比较高，但对某些淬火钢，也可能稍低于基体硬度。对未淬火钢，特别是原来含碳量低的钢，热影响层的硬度都比基体材料高；对淬火钢，热影响层中的再淬火区硬度稍高或接近于基体硬度，而回火区的硬度比基体低，高温回火区又比低温回火区的硬度低。因此，一般来说，电火花加工表面最外层的硬度比较高，耐磨性好。但对于滚动摩擦，由于是交变载荷，尤其是干摩擦，则因熔化凝固层和基体的结合不牢固，产生疲劳破坏，容易剥落而磨损。

2) 残余应力

由于电火花加工表面存在着瞬时先热后冷作用而形成的残余应力，而且大部分表现为拉应力。残余应力的大小和分布，主要和材料在加工前的热处理状态及加工时的脉冲能量有关。因此，对表面层要求质量较高的工件，应注意工件预备热处理的质量，并尽量避免使用较大的加工规准。

3) 耐疲劳性能

电火花加工后，表面存在着较大的拉应力，还可能存在显微裂纹，因此其耐疲劳性能比机械加工表面低许多倍。采用回火处理、喷丸处理等，有助于降低残余应力，或使残余拉应力转变为压应力，从而提高其耐疲劳性能。

实验表明，当表面粗糙度 R_a 在 $0.32\sim0.08\ \mu m$ 范围内时，电火花加工表面的耐疲劳性能将与机械加工表面相近，这是因为电火花精微加工表面所使用的加工规准很小，熔化凝固层和热影响层均非常薄，不会出现显微裂纹，而且表面残余拉应力也较小的原因。

4.4 电火花加工机床

4.4.1 机床型号、规格及分类

我国国家标准规定，电火花成形机床均用 D71 加上机床工作台面宽度的 1/10 表示。例如 D7132 中，D 表示电加工成形机床(若该机床为数控电加工机床，则在 D 后加 K，即 DK)；71 表示电火花成形机床；32 表示机床工作台的宽度为 320 mm。电火花加工工艺及机床设备的类型较多，但按工艺过程中工具与工件相对运动的特点和用途等来分，大致可以分为六大类，其中应用最广、数量较多的是电火花穿孔成形加工机床和电火花线切割机床。本章先介绍电火花穿孔成形加工机床，电火花线切割机床将在第 5 章介绍。

在中国内地以外地区和其他国家，电火花加工机床的型号没有采用统一标准，由各个生产企业自行确定，如日本沙迪克(Sodick)公司生产的 A3R、A10R，瑞士夏米尔(Charmilles)技术公司的 ROBOFORM20/30/35，中国台湾乔懋机电工业股份有限公司的 JM322/430，北京阿奇工业电子有限公司的 SF100 等。

电火花加工机床按其大小可分为小型(D7125 以下)、中型(D7125~D7163)和大型(D7163以上)；按数控程度分为非数控、单轴数控和三轴数控。随着科学技术的进步，已经能大批生产三坐标数控电火花机床，以及带有工具电极库、能按程序自动更换电极的电火花加工中心。

目前我国生产的数控电火花机床，有单轴数控(主轴 Z 向，为垂直方向)、三轴数控 (主轴 Z 向、水平轴 X、Y 方向)和四轴数控(主轴能数控回转及分度，称为 C 轴，加 Z、X、Y)，如果在工作台上加双轴数控回转台附件(绕 X 轴转动的称为 A 轴，绕 Y 轴转动的称为 B 轴)，这称为六轴数控机床。图 4.11 所示为苏州电加工机床研究所研制出的 8 轴(X、Y、C、A、Z、W、B、S、R)数控叶片小孔高速电火花加工专用设备的外形。

图4.11　8轴数控叶片小孔高速电火花加工专用设备的外形

电火花加工机床主要由机床主体、脉冲电源、自动进给调节系统、工作液过滤和循环系统、数控系统等部分组成，如图4.12所示。

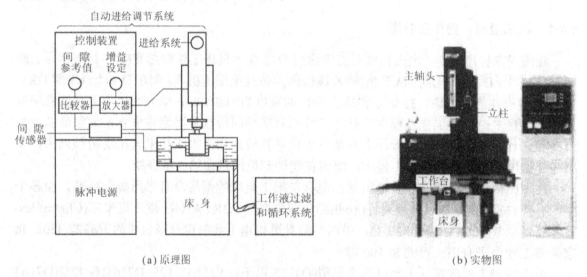

图4.12　电火花加工机床

4.4.2　机床主体部分

1. 结构形式

电火花成形机床结构有多种形式，根据不同的加工对象，通用机床的结构形式有如下几种：框形立柱式、龙门式、滑枕式、悬臂式、台式、便携式等，如图4.13所示。

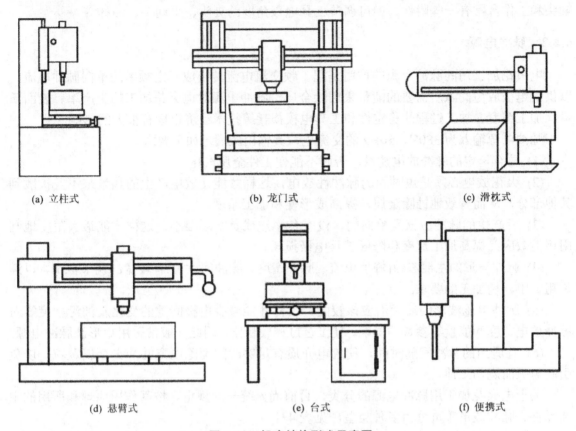

(a) 立柱式　　(b) 龙门式　　(c) 滑枕式

(d) 悬臂式　　(e) 台式　　(f) 便携式

图 4.13　机床结构形式示意图

机床主体主要由床身、立柱、主轴头及附件、工作台等部分组成，是用以实现工件和工具电极的装夹固定和运动的机械系统。床身、立柱、坐标工作台是电火花机床的骨架，起着支撑、定位和便于操作的作用。因为电火花加工宏观作用力极小，所以对机械系统的强度无严格要求，但为了避免变形和保证精度，要求具有必要的刚度。

坐标工作台安装在床身上，主轴头安装在立柱上，要求机床的工作面与立柱导轨面具有一定的垂直度，导轨应耐磨和充分消除内应力。

2. 机床主轴头

主轴头是电火花成形机床中最关键的部件，是自动调节系统中的执行机构，对加工工艺指标的影响极大。对主轴头的要求是：结构简单、传动链短、传动间隙小、热变形小、具有足够的精度和刚度，以适应自动调节系统的惯性小、灵敏度好、能承受一定负载的要求。主轴头主要由进给系统、上下移动导向和水平面内防扭机构、电极装夹及其调节环节组成。随着步进电动机、力矩电动机和数控直流、交流伺服电动机的出现和技术进步，电火花机床中已越来越多地采用电-机械式主轴头。

3. 工具电极夹具

工具电极的装夹及其调节装置的形式很多，其作用是调节工具电极和工作台的垂直度以及调节工具电极在水平面内微量的扭转角。常用的有十字铰链式和球面铰链式。机床主轴头和工作台常有一些附件，如可调节工具电极角度的夹头、平动头、油杯等。

4.4.3 脉冲电源

电火花加工用的脉冲电源的作用是把工频交流电流转换成一定频率的单向脉冲电流，以供给电极放电间隙所需要的能量来蚀除金属。脉冲电源对电火花加工的生产率、表面质量、加工精度、加工过程的稳定性和工具电极损耗等技术经济指标有很大的影响。

脉冲电源输入为380V、50Hz的交流电，其输出应满足如下要求。

(1) 要有一定的脉冲放电能量，否则不能使工件金属汽化。

(2) 火花放电必须是短时间的脉冲性放电，这样才能使放电产生的热量来不及扩散到其他部分，从而有效地蚀除金属，提高成形性和加工精度。

(3) 所产生的脉冲应该是单向的，没有负半波或负半波很小，这样才能最大限度地利用极性效应，提高加工速度和降低工具电极损耗。

(4) 脉冲波形的主要参数(峰值电流、脉冲宽度、脉冲间歇等)有较宽的调节范围，以满足粗、中、精加工的要求。

(5) 脉冲电压波形的前后沿应该较陡，这样才能减少电极间隙的变化及油污程度等对脉冲放电宽度和能量等参数的影响，使工艺过程较稳定。因此一般常采用矩形波脉冲电源。

(6) 有适当的脉冲间隔时间，使放电介质有足够时间消除电离并冲去金属颗粒，以免引起电弧而烧伤工件。

关于电火花加工用脉冲电源的分类，目前尚无统一的规定。按其作用原理和所用的主要元件、脉冲波形等可分为多种类型，见表4-1。

表4-1 电火花加工用脉冲电源分类

按主回路中主要元件种类	RC 线路弛张式，晶体管式，大功率集成器件式
按输出脉冲波形	矩形波，梳状波分组脉冲，阶梯波，高低压复合脉冲
按间隙状态对脉冲参数的影响	非独立式，独立式
按工作回路数目	单回路，多回路

1. 非独立式脉冲电源

这类脉冲电源的具体线路形式很多，但其工作原理都是利用电容器充电储存电能，而后瞬时放出，形成火花放电来蚀除金属。因为电容器时而充电，时而放电，一弛一张，故又称"弛张式"脉冲电源。

1) RC 线路脉冲电源

RC 线路是弛张式脉冲电源中最简单最基本的一种，图4.14是它的工作原理图。它由两个回路组成：一个是充电回路，由直流电源 E、充电电阻 R(可调节充电速度，同时限流以防电流过大及转变为电弧放电，故又称为限流电阻)和电容器 C(储能元件)所组成；另一个回路是放电回路，由电容器 C、工具电极和工件及其间的放电间隙所组成。

当直流电源接通后，电流经充电电阻 R 向电容 C 充电，电容 C 两端的电压按指数曲线上升，因为电容两端的电压就是工具电极和工件间隙两端的电压，因此当电容 C 两端的电压上升到等于工具电极和工件间隙的击穿电压 U_d 时，间隙就被击穿，此时电阻变得很小，电容器上储存的能量瞬时放出,形成较大的脉冲电流 i_e,如图 4.14 所示。电容上的能量释放后,电压下降到接近于零,间隙中的工作液又迅速恢复绝缘状态,完成一次循环。此后电容器再次充电,又重复前述过程。如果间隙过大,则电容器上的电压 u_c 按指数曲线上升到直流电源电压 U。

RC 线路充电、放电时间常数,充放电周期、频率,平均功率等的计算,可参考电工学。

RC 线路脉冲电源的优点如下。

(1) 结构简单,工作可靠,成本低。

(2) 在小功率时可以获得很窄的脉宽(小于 $0.1\,\mu s$)和很小的单个脉冲能量,可用作光整加工和精微加工。

RC 线路脉冲电源的缺点如下。

(1) 电能利用效率很低,最大不超过 36%,因大部分电能经过电阻 R 时转化为热能损失掉了,这在大功率加工时是很不经济的。

(2) 生产效率低,因为电容器的充电时间 t_c 比放电时间 t_e 长 50 倍以上(见图 4.15),脉冲间歇系数太大。

(3) 工艺参数不稳定,因为这类电源本身并不"独立"形成和发生脉冲,而是靠电极间隙中工作液的击穿和消电离使脉冲电流导通和切断,所以间隙大小、间隙中电蚀产物的污染程度及排出情况等都影响脉冲参数,因此脉冲频率、宽度、单个脉冲能量都不稳定,而且放电间隙经过充电电阻始终和直流电源直接联通,没有开关元件使之隔离开来,所以随时都有放电的可能,并容易转为电弧放电。

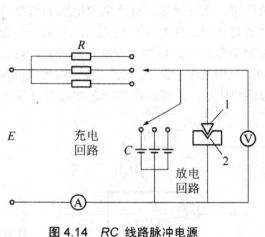

图 4.14 RC 线路脉冲电源

1—工具电极;2—工件电极

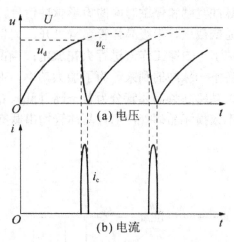

图 4.15 RC 线路脉冲电压电流波形图

RC 线路脉冲电源主要用于小功率的精微加工或简式电火花加工机床中。

2) RLC 线路脉冲电源

RLC 线路脉冲电源如图 4.16 所示。RLC 线路脉冲电源的原理是:在充电回路中接入电感 L,由于电感对直流的阻抗很小,而对交流或脉冲电流的阻抗大,所以电阻 R 可以减小,而由电感 L 分担限流作用,且不消耗电能。

因此 RLC 线路脉冲电源的电能利用率要比 RC 线路高。一般实际应用中将电感 L 做成固定值，靠调节 R 与 C 来实现规准的转换，扩大了 RC 线路的应用范围。

针对这些缺点，人们在实践中研制出了放电间隙和直流电源各自独立、互相隔离、能独立形成和发生脉冲的电源。它们可以大大减少电极间隙物理状态参数变化的影响。这类电源为区别于前述弛张式脉冲电源，称之为独立式脉冲电源，最常用的为晶体管式等脉冲电源。

2. 独立式脉冲电源

1) 晶闸管式脉冲电源

晶闸管式脉冲电源是利用晶闸管作为开关元件而获得单向脉冲的。由于晶闸管的功率较大，脉冲电源所采用的功率管数目可大大减少，因此，100~200A 以上的大功率粗加工脉冲电源，一般采用晶闸管。

2) 晶体管式脉冲电源

晶体管式脉冲电源是利用功率晶体管作为开关元件而获得单向脉冲的。它具有脉冲频率高、脉冲参数容易调节、脉冲波形较好、易于实现多回路加工和自适应控制等自动化要求的优点，所以应用非常广泛，特别在中、小型脉冲电源中，都采用晶体管式电源。

目前晶体管的功率都还较小，每管导通时的电流常选在 5A 左右，因此在晶体管脉冲电源中，都采用多管分组并联输出的方法来提高输出功率。

图 4.17 为自振式晶体管脉冲电源原理图，主振级 Z 为一不对称多谐振荡器，它发出一定脉冲宽度和停歇时间的矩形脉冲信号，以后经放大级 F 放大，最后推动末级功率晶体管导通或截止。末级晶体管起着"开、关"的作用。它导通时，直流电源电压 U 即加在加工间隙上，击穿工作液进行火花放电；当晶体管截止时，脉冲即行结束，工作液恢复绝缘，准备下一脉冲的到来。为了加大功率，并可调节粗、中、精加工规准，整个功率级由几十只大功率高频晶体管分为若干路并联，精加工只用其中一路或二路。为了在放电间隙短路时不致损坏晶体管，每只晶体管均串联有限流电阻 R，并可以在各管之间起均流作用。

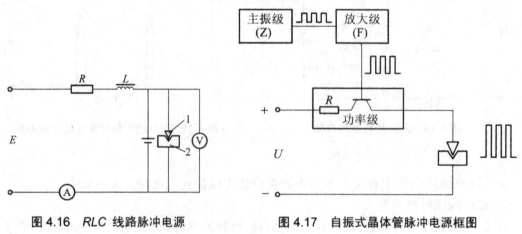

图 4.16　RLC 线路脉冲电源　　　　图 4.17　自振式晶体管脉冲电源框图

1—工具电极；2—工件

近年来随着电火花加工技术的发展，为进一步提高有效脉冲利用率，达到高速、低耗、稳定加工以及一些特殊需要，在晶闸管式或晶体管式脉冲电源的基础上，派生出高低压复合脉冲电源、多回路脉冲电源、等脉冲电源、自适应控制脉冲电源以及多功能电源等。

4.4.4 自动进给调节系统

1. 自动进给调节系统的作用、技术要求和分类

电火花加工与切削加工不同，属于"不接触加工"。正常电火花加工时，工具和工件间必须保持一定的放电间隙，间隙过大，脉冲电压击不穿间隙间的绝缘工作液，则不会产生火花放电，必须使电极工具向下进给，直到间隙 S 等于、小于某一值(一般 S=0.1~0.01mm，与加工规准有关)，才能击穿和火花放电。间隙过小时则会引起拉弧烧伤或短路。在正常的电火花加工时，工件不断被蚀除，电极也有一定的损耗，间隙将逐渐扩大，这就要求电极工具不但要随着工件材料的不断蚀除而进给，形成工件要求的尺寸和形状，而且还要不断地调节进给速度，有时甚至要停止进给或回退以调节到所需的放电间隙。这是正常电火花加工所必须解决的问题。

由于火花放电间隙 S 很小，且与加工规准、加工面积、工件蚀除速度等有关，因此很难靠人工进给，也不能像钻削那样采用"机动"等速进给，而必须采用自动进给调节系统。这种不等速的自动进给调节系统也称之为伺服进给系统。

自动进给调节系统的任务在于维持一定的平均放电间隙 S，保证电火花加工正常而稳定地进行，以获得较好的加工效果。具体可用间隙蚀除特性曲线和进给调节特性曲线来说明。

图 4.18 中，横坐标为放电间隙 S 值与纵坐标的蚀除速度 v_w 有密切的关系。当间隙太大时(例如在 A 点及 A 点之右，$S \geqslant 60 \mu m$ 时)，极间介质不易击穿，使火花放电率和蚀除速度 $v_w=0$，只有在 A 点之左，$S<60\mu m$ 后，火花放电概率和蚀除速度 v_w 才逐渐增大。当间隙太小时，又因电蚀产物难于及时排除，火花放电率减小、短路率增加，蚀除速度也将明显下降。当间隙短路，即 $S=0$ 时，火花放电率和蚀除速度都为零。因此，必有一最佳放电间隙 S_B 对应于最大蚀除速度 B 点，图 4.18 中上凸的曲线Ⅰ即间隙蚀除特性曲线。

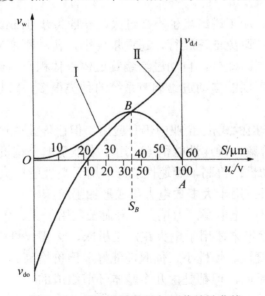

图 4.18 间隙蚀除特性与调节特性曲线

Ⅰ—蚀除特性曲线；Ⅱ—调节特性曲线

如果粗、精加工采用的规准不同，S 和 v_w 的对应值也不同。例如精加工规准时，放电间隙 S 变小，最佳放电间隙 S_B 移向左边，最高点 B 移向左下方，曲线变低，成为另外一条间隙蚀除特性曲线，但趋势是大体相同的。

自动进给调节系统的进给调节特性曲线见图 4.18 中倾斜曲线 II，纵坐标为电极进给(左下为回退)速度。当间隙过大时(例如大于、等于 $60\,\mu m$，为 A 点的开路电压)，电极工具将以较大的空载速度 v_{dA} 向工件进给。随着放电间隙减小和火花率的提高，向下进给速度 v_d 也逐渐减小，直至为零。当间隙短路时，工具将反向以 v_{do} 高速回退。理论上，希望调节特性曲线 II 相交于进给特性曲线 I 的最高点 B 处，如图 4.18 中所示，因为只有在此交点上，进给速度等于蚀除速度，才是稳定的工作点和稳定的放电间隙。因此只有自适应控制系统，才能自动使曲线 II 交曲线 I 于最高处 B 点，处于最佳放电状态。

理解上述间隙蚀除特性曲线和调节特性曲线的概念和工作状态，对合理选择加工规准、正确操作使用电火花机床和设计自动进给调节系统，都是非常必要的。

以上对调节特性的分析，没有考虑进给系统在运动时的惯性滞后和外界的各种干扰，因此只是静态的。实际进给系统的质量、电路中的电容、电感都具有惯性、滞后现象，往往产生"欠进给"和"过进给"，甚至出现振荡。

对自动进给调节系统的一般要求如下。

1) 有较广的速度调节跟踪范围

在电火花加工过程中，加工规准、加工面积等条件的变化，都会影响其进给速度，调节系统应有较宽的调节范围，以适应加工的需要。

2) 有足够的灵敏度和快速性

放电加工的频率很高，放电间隙的状态瞬息万变，要求进给调节系统根据间隙状态的微弱信号能相应快速调节。为此整个系统的不灵敏区、时间常数、可动部分的质量惯性要求要小，放大倍数应足够，过渡过程应短。

3) 有必要的稳定性

电蚀速度一般不高，加工进给量也不必过大，一般每步 $1\mu m$。所以应有很好的低速性能，均匀、稳定地进给，避免低速爬行，超调量要小，传动刚度应高，传动链中不得有明显间隙，抗干扰能力要强。此外，自动进给装置还要求体积小，结构简单可靠及维修操作方便等。目前电火花加工用的自动进给调节系统的种类很多，按执行元件，大致可分为以下几种。

(1) 电液压式(喷嘴-挡板式)：企业中仍有应用，但已停止生产。

(2) 步进电动机：价廉，调速性能稍差，用于中小型电火花机床及数控线切割机床。

(3) 宽调速力矩电动机：价高，调速性能好，用于高性能电火花机床。

(4) 直流伺服电动机：用于大多数电火花成形加工机床。

(5) 交流伺服电动机：无电刷，力矩大、寿命长，用于大、中型电火花成形加工机床。

(6) 直线电动机：近年来才用于电火花加工机床，无需丝杆螺母副，直接带动主轴或工作台作直线运动，速度快、惯性小、伺服性能好，但价格高。

虽然它们类型构造不同，但都是由几个基本环节组成的。

2. 自动进给调节系统的基本组成部分

电火花加工用的进给调节和其他任何一个完善的调节装置一样，也是由测量环节、比较环节、放大驱动环节、执行环节和调节对象等几个主要环节组成，图 4.19 所示是其基本组成部分方框图。实际上根据电火花加工机床的简、繁或不同的完善程度，基本组成部分可能有所不同。

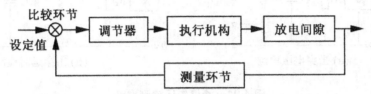

图 4.19 自动进给调节系统的基本组成方框图

1) 测量环节

直接测量电极间隙及其变化是很困难的，都是采用测量与放电间隙成比例关系的电参数来间接反映放电间隙的大小。因为当间隙较大、开路时，间隙电压最大或接近脉冲电源的峰值电压；当间隙为零、短路时，间隙电压为 0，虽不成正比，但有一定的相关性。

常用的信号检测方法有两种。

(1) 平均间隙电压测量法，如图 4.20(a)所示。

图中间隙电压经电阻 R_1 由电容器 C 充电滤波后，成为平均值，又经电位器 R_2 分压取其一部分，输出的 U 即为表征间隙平均电压的信号。图中充电时间常数 R_1C 应略大于放电时间常数 R_2C。图 4.20(b)是带整流桥的检测电路，其优点是工具、工件的极性变换不会影响输出信号 U 的极性。

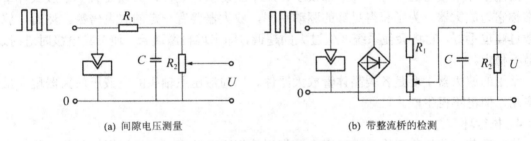

(a) 间隙电压测量　　(b) 带整流桥的检测

图 4.20 平均值检测电路

(2) 利用稳压管来测量脉冲电压的峰值信号，如图 4.21 所示。检测电路中的电容 C 为信号储存电容，它充电快，放电慢，记录峰值的大小，二极管 VD_1 的作用是阻止负半波以及防止电容 C 所记录的电压信号再向输入端倒流放掉，稳压管 VD_2 选用 30~40V 的稳压值它能阻止和滤除比其稳压值低的火花维持电压，只有当间隙上出现大于 30~40V 的空载峰值电压时，才能通过稳压管 VD_2 及二极管 VD_1 向电容 C 充电，滤波后经电阻 R 及电位器分压输出，从而突出空载峰值电压的控制作用，即只有出现多次空载波时才能输出进给信号。图 4.21(a)和图 4.21(b)所示两种检测电路的差别，是电容 C 的充电时间常数不同。图 4.21a 击穿电压检测电路中电容 C 的充电时间常数远小于图 4.21(b)所示的击穿延时检测电路中电容 C 的充电时间常数。因而，图 4.21(a)所示的电容 C 上的电压，可以快速达到间隙上的峰值电压，图 4.21(b)所示的电容 C 上的电压，随峰值电压的作用时间而变化，即可以反映击穿延时。常用于需加工稳定、尽量减少短路概率、宁可欠进给的场合。

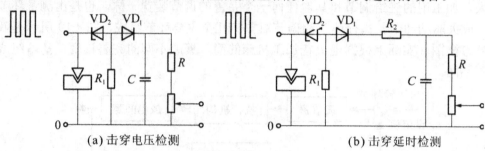

图 4.21 峰值电压检测电路

对于弛张式脉冲电源，一般常采用平均值检测法。对于独立式脉冲电源，则采用峰值检测法，因为在脉冲间歇期间，两极间电压总是为零，故平均电压很低，对极间距离变化的反映不及峰值电压灵敏。

更合理的是应检测间隙间的放电状态。通常放电状态有空载、火花、短路三种，更完善一些还应能检测、区分稳定电弧和不稳定电弧(电弧前兆)等共五种放电状态。

2) 比较环节

比较环节用以根据"设定值"(伺服参考电压)来调节进给速度，以适应粗、中、精不同的加工规准。实质上是把从测量环节得来的信号和"给定值"的信号进行比较，再按此差值来控制加工过程。大多数比较环节包含或合并在测量环节之中。

3) 放大驱动器

由测量环节获得的信号，一般都很小，难于驱动执行元件，必须要有一个放大环节，通常称它为放大器。为了获得足够的驱动功率，放大器要有一定的放大倍数。然而，放大倍数过高也不好，它将会使系统产生过大的超调，即出现自激现象，使工具电极时进时退，调节不稳定。

常用的放大器主要是各类晶体管放大器件。以前液压主轴头的电液压放大器现在虽仍有应用，但已不再生产。

4) 执行环节

执行环节也称执行机构，常采用不同类型的伺服电动机，它能根据控制信号的大小及时地调节工具电极的进给速度，以保持合适的放电间隙，从而保证电火花加工正常进行。由于它对自动调节系统有很大影响，通常要求它的机电时间常数尽可能小，以便能够快速地反映间隙状态变化；机械传动间隙和摩擦力应当尽量小，以减少系统的不灵敏区；具有较宽的调速范围，以适应各种加工规准和工艺条件的变化。

3. 电气-液压自动进给调节系统

在电液自动进给调节系统中，执行元件是液压缸与活塞，通常它已和机床主轴连成一体。由于传动链短及液体的不可压缩性，所以传动链中无间隙、刚度大、不灵敏区小；又因为加工时进给速度很低，所以正、反向惯性很小，反应迅速，特别适合于低速进给(电火花加工等)，故 20 世纪 80 年代前得到了广泛的应用，但目前已逐渐被电机械式的各种交直流伺服电动机所取代。

图 4.22 所示为 DYT-2 型液压主轴头的喷嘴-挡板式调节系统的工作原理图。液压泵电动机 4 驱动叶片液压泵 3 从油箱中压出压力油,由溢流阀 2 保持恒定压力 p_0,经过过滤器 6 分两路,一路进入下油腔,另一路经节流孔 7 进入上油腔。上油腔油液可从喷嘴 8 与挡板 12 的间隙中流回油箱,使上油腔的压力 p_1 随此间隙的大小而变化。电-机械转换器 9 主要由动圈(控制线圈)10 与静圈(励磁线圈)11 等组成。动圈处在励磁线圈的磁路中,与挡板 12 连成一体。改变输入动圈的电流,可使挡板随之移动,从而改变挡板与喷嘴间的间隙。当动圈两端电压为零时,此时动圈不受电磁力的作用,挡板处于最高位置 I,喷嘴与挡板间开口为最大,使油液流经喷嘴的流量为最大,上油腔的压力降亦为最大,压力 p_1 下降到最小值。设 A_2、A_1 分别为上、下油腔的工作面积,G 为活塞等执行机构移动部分的重量,这时 $p_0 A_1 > G + p_1 A_2$,活塞杆带动工具上升。当动圈电压为最大时,挡板下移处于最低位置 III,喷嘴的出油口全部关闭,上、下油腔压强相等,使 $p_0 A_1 < G + p_0 A_2$,活塞上的向下作用力大于向上作用力,活塞杆下降。当挡板处于平衡位置 II 时,$p_0 A = G + p_1 A_2$,活塞处于静止状态。由此可见,主轴的移动是由电-机械转换器中控制线圈电流的大小来实现的。控制线圈电流的大小则由加工间隙的电压或电流信号来控制,因而实现了进给的自动调节。

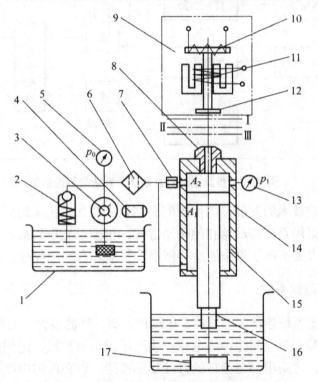

图 4.22 喷嘴-挡板式电液自动调节器工作原理

1—油箱;2—溢流阀;3—叶片液压泵;4—电动机;5、13—压力表;6—过滤器;7—节流孔;8—喷嘴;9—电-机械转换器;10—动圈;11—静圈;12—挡板;14—液压缸;15—活塞;16—工具电极;17—工件

4. 电-机械式自动调节系统

电-机械式自动调节系统自 20 世纪 80 年代以来,主要采用步进电动机和力矩电动机的自动调节系统。由于它们的低速性能好,可直接带动丝杠进退,因而传动链短、灵敏度高、

体积小、结构简单,而且惯性小,有利于实现加工过程的自动控制和数字程序控制,因而在中、小型电火花机床中得到越来越广泛的应用。

步进电动机自动进给调节装置的执行元件是步进电机,如图 4.23 所示为步进电动机自动调节系统的原理框图。检测电路对放电间隙进行检测并按比例衰减后,输出一个反映间隙大小的电压信号(短路为 0V,开路为 10V)。变频电路为一电压-频率(V-f)转换器,将该电压信号放大并转换成 0~1000Hz 不同频率的脉冲串,送至进给与门 1 准备为环形分配器提供进给触发脉冲。同时,多谐振荡器发出每秒 2000 步(2kHz)以上恒频率的回退触发脉冲,送至回退与门 2 准备为环形分配器提供回退触发脉冲。根据放电间隙平均电压的大小,两种触发脉冲由判别电路通过双稳电路选其一种送至环形分配器,决定进给或是回退。当极间放电状态正常时,判别电路通过双稳电路打开进给与门 1;当极间放电状态异常(短路或形成有害的电弧)时,则判别电路通过双稳电路打开回退与门 2,分别驱动环形分配器正向或反向的相序,使步进电动机正向或反向转动,使主轴进给或退回。

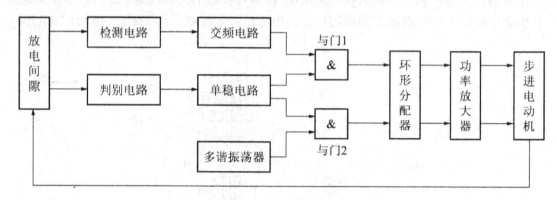

图 4.23 步进电动机自动调节系统的原理框图

近年来随着数控技术的发展,国内外的高档电火花加工机床均采用了高性能直流或交流伺服电动机,并采用直接拖动丝杠的传动方式,再配以光电码盘、光栅、磁尺等作为位置检测环节,因而大大提高了机床的进给精度、性能和自动化程度。

4.4.5 工作液循环过滤系统

工作液循环过滤系统包括工作液箱、电动机、泵、过滤装置、工作液槽、油杯、管道、阀门以及测量仪表等。放电间隙中的电蚀产物除了靠自然扩散、定期抬刀以及使工具电极附加振动等排除外,常采用强迫循环的办法加以排除,以免间隙中电蚀产物过多,引起已加工过的侧表面间"二次放电",影响加工精度,此外也可带走一部分热量。图 4.24 所示为工作液强迫循环的两种方式。图 4.24(a)、(b)为冲油式,较易实现,排屑冲刷能力强,一般常采用,由于电蚀产物仍通过已加工区,会影响加工精度;图 4.24(c)、(d)为抽油式,在加工过程中,分解出来的气体(H_2、C_2H_2 等)易积聚在抽油回路的死角处,遇电火花引燃会爆炸"放炮",因此一般用得较少,常用于要求小间隙、精加工的场合。

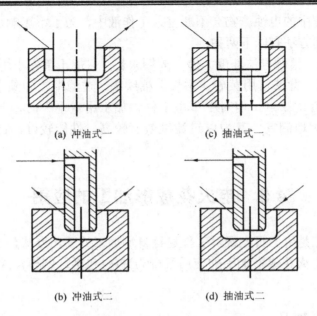

图 4.24 工作液强迫循环方式

目前生产上应用的循环系统形式很多，图 4.25 为常用的循环过滤系统的一种方式。它可以冲油，也可以抽油，由阀Ⅰ和阀Ⅱ来控制。冲油时，液压泵 1 把工作液打入过滤器 2，然后经管道(3)到阀Ⅰ，工作液分两路：一路经管道(5)到工作液槽 4 的侧面孔；另一路经管道(6)到阀Ⅱ再经管道(7)进入油杯 5。冲油时的流量和油压靠阀Ⅰ和阀Ⅱ来调节。抽油时，转动阀Ⅰ和阀Ⅱ，使进入过滤器的工作液分两路：一路经管道(3)、阀Ⅰ进入管道(5)至工作液槽 4 的侧面孔；另一路经管道(4)、阀Ⅰ进入管道(9)，经射流管 7 及管道(10)进入储油箱 8。由射流管的"射流"作用将工作液从工作台油杯 5 中抽出，经管道(7)、阀Ⅱ、管道(8)到射流管 7 进入储油箱 8。转动阀Ⅰ和阀Ⅱ还可以停油和放油。

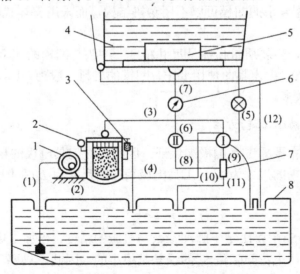

图 4.25 工作液循环过滤系统

1—液压泵；2—过滤器；3—溢流阀；4—工作液槽；5—油杯；6—压力表；7—射流管；8—储油箱

电火花加工过程中的电蚀产物会不断进入工作液中，为了不影响加工性能，必须加以净化、过滤。其具体方法有以下两种：

(1) 自然沉淀法。这种方法速度太慢，周期太长，只用于单件小用量或精微加工。

(2) 介质过滤法。此法常用黄砂、木屑、棉纱头、过滤纸、硅藻土、活性炭等为过滤介质。这些介质各有优缺点，但对中小型工件、加工用量不大时，一般都能满足过滤要求，可就地取材，因地制宜。其中以过滤纸效率较高，性能较好，已有专用纸过滤装置生产供应。

4.5 电火花成形加工的应用

电火花成形加工是用工具电极对工件进行复制加工的工艺方法，主要分为穿孔加工和型腔加工两大类。电火花成形加工的应用又分为冲模(包括凸凹模)、粉末冶金模、型孔零件、小孔和深孔等。

4.5.1 冲模的电火花加工

电火花加工的冲模是生产上应用较多的一种模具，由于形状复杂和尺寸精度要求高，所以它的制造已成为生产上关键技术之一。特别是凹模，应用一般的机械加工是困难的，在某些情况下甚至不可能，而靠钳工加工则劳动量大，质量不易保证，还常因淬火变形而报废，采用电火花加工或线切割加工能较好地解决这些问题。冲模采用电火花加工工艺比机械加工有如下优点。

(1) 可以在工件淬火后进行加工，避免了热处理变形的影响。

(2) 冲模的配合间隙均匀，刃口耐磨，提高了模具质量。

(3) 不受材料硬度的限制，可以加工硬质合金等冲模，扩大了模具材料的选用范围。

(4) 对于中、小型复杂的凹模可以不用镶拼结构，而采用整体式，简化了模具的结构，提高了模具强度。

对一副凹模来说，主要质量指标是尺寸精度，冲头与凹模的配合间隙 δ_p，刃口斜度 β 和落料角 α (见图 4.26)。据模具的使用要求，凹模的材料一般为 T10A、T8A、Cr12、GCr15 等，其中 Cr12 采用较多。

1. 冲模的电火花加工工艺方法

凹模的尺寸精度主要靠工具电极来保证，因此，对工具电极的精度和表面粗糙度都应有一定的要求。如凹模的尺寸为 L_2，工具电极相应的尺寸为 L_1(见图 4.27)，单面火花间隙值为 S_L，则

$$L_2 = L_1 + 2S_L \tag{4-8}$$

其中火花间隙值 S_L 主要决定于脉冲参数与机床的精度，当加工规准选择恰当，并能保证加工过程的稳定性，火花间隙值 S_L 的误差是很小的。因此，只要工具电极的尺寸精确，用它加工出的凹模也是比较精确的。

对冲模，配合间隙是一个很重要的质量指标，它的大小与均匀性都直接影响冲片的质量及模具的寿命，在加工中必须给予保证。达到配合间隙的方法有很多种，电火花穿孔加

工常用"钢打钢"的直接配合法和间接配合法。

1) 直接配合法

此法是直接用加长的钢凸模作为电极直接加工凹模,加工后把电极损耗部分切除。加工时将凹模刃口端朝下形成向上的"喇叭口",加工后将工件翻过来使"喇叭口"(此"喇叭口"有利于冲模落料)向下作为凹模。配合间隙靠调节脉冲参数、控制火花放电间隙来保证。这样,电火花加工后的凹模就可以不经任何修正而直接与凸模(冲头)配合。这种方法可以获得均匀的配合间隙,具有模具质量高、电极制造方便以及钳工工作量少的优点。

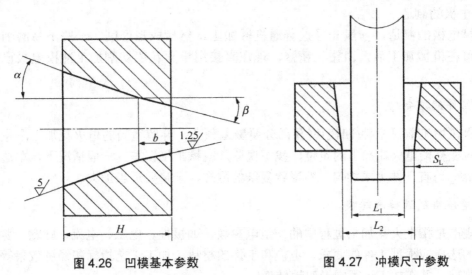

图 4.26 凹模基本参数　　图 4.27 冲模尺寸参数

当铸铁打钢或"钢打钢"时工具电极和工件都是磁性材料,在直流分量的作用下易产生磁性,电蚀下来的金属屑被吸附在电极放电间隙的磁场中而形成不稳定的二次放电,使加工过程很不稳定。近年来由于采用了具有附加 300V 高压击穿(高低压复合回路)的脉冲电源,情况有了很大改善。目前,电火花加工冲模时的单边间隙可小到 0.02mm,甚至达到 0.01mm,所以,对一般的冲模加工,采用控制电极尺寸和火花间隙的方法可以保证冲模配合间隙的要求,故直接配合法在生产中已得到广泛的应用。

2) 间接配合法

间接配合法是将冲头和电极黏结在一起,用成形磨削同时磨出。加工情况和使用情况与直接配合法相同,电极材料同样限制,只能采用铸铁或钢,而不能采用性能较好的非铁(有色)金属或石墨。

由于线切割加工机床性能不断提高和完善,可以很方便地加工出任何配合间隙的冲模,一次编程,可以加工出凹模、凸模、卸料板和固定板等,而且在有锥度切割功能的线切割机床上还可以切割出刃口斜度 β 和落料角 α。因此近年来绝大多数凸、凹冲模都已采用线切割加工。

2. 工具电极

1) 电极材料的选择

凸模一般选优质高碳钢 T8A、T10A 或铬钢 Cr12、GCr15,硬质合金等。应注意凸、凹模不要选用同一种钢材型号,否则电火花加工时更不易稳定。

2) 电极的设计

由于凹模的精度主要决定于工具电极的精度，因而对它有较为严格的要求，要求工具电极的尺寸精度和表面粗糙度比凹模高一级，一般精度不低于 IT7，表面粗糙度 R_a 小于 1.25μm，且直线度、平面度和平行度在 100mm 长度上不大于 0.01mm。

工具电极应有足够的长度。若加工硬质合金时，由于电极损耗较大，电极还应适当加长。工具电极的截面轮廓尺寸除考虑配合间隙外，还要比预定加工的型孔尺寸均匀地缩小一个加工时的火花放电间隙。

3) 电极的制造

冲模电极的制造，一般先经过普通机械加工，然后成形磨削。一些不易磨削加工的材料，可在机械加工后，由钳工精修。现在直接用电火花线切割加工冲模电极已获得广泛应用。

3. 工件的准备

电火花加工前，工件(凹模)型孔部分要加工预孔，并留适当的电火花加工余量。余量的大小应能补偿电火花加工的定位、找正误差及机械加工误差。一般情况下，单边余量为 0.3~1.5mm 为宜，并力求均匀。对形状复杂的型孔，余量要适当加大。

4. 电规准的选择及转换

电规准是指电火花加工过程中的一组电参数，如极性、电压、电流、脉宽、脉间等。电规准的选择应根据工件的要求、电极和工件的材料、加工工艺指标和经济效果等因素来确定电规准，并在加工过程中及时地转换。

冲模加工中，常选择粗、中、精三种规准，每一种又可分几档。粗规准用于粗加工，对粗规准的要求是：生产率高(不低于 50mm³/min)；工具电极的损耗小(θ<10%)。转换中规准之前的表面粗糙度 R_a 应小于 10μm，否则将增加中、精加工的加工余量与加工时间。所以，粗规准主要采用较大的电流，较长的脉冲宽度(t_1=50~500μs)，采用铜或石墨电极时电极相对损耗应低于 1%。

中规准用于过渡性加工，以减少精加工时的加工余量，提高加工速度，中规准采用的脉冲宽度一般为 10~100μs。

精规准用来最终保证模具所要求的配合间隙、表面粗糙度、刃口斜度等质量指标，并在此前提下尽可能地提高其生产率。故应采用小的电流，高的频率、短的脉冲宽度(一般为 2~6μs)。

粗规准和精规准的正确配合，可以适当的解决电火花加工时的质量和生产率之间的矛盾。正确选择粗、中、精加工规准，可参见电火花加工工艺参数曲线图表(可查阅相关资料)。

4.5.2 小孔电火花加工

小孔加工也是电火花穿孔成形加工的一种应用，尤其是对于硬质合金、耐热合金等特殊材料而言。小孔加工的特点是：

(1) 加工面积小，深度大，直径一般为 0.05~2mm，深径比达 20 以上。

(2) 小孔加工均为盲孔加工，排屑困难。

小孔加工由于工具电极截面积小，容易变形；不易散热，排屑又困难，因此电极损耗大。工具电极应选择刚性好、容易矫直、加工稳定性好和损耗小的材料，如铜钨合金丝、钨丝、钼丝、铜丝等。加工时为了避免电极弯曲变形，还需设置工具电极的导向装置。

为了改善小孔加工时的排屑条件，使加工过程稳定，常采用电磁振动头，使工具电极丝沿轴向振动，或采用超声波振动头，使工具电极端面有轴向高频振动，进行电火花超声波复合加工，可以大大提高生产率。如果所加工的小孔直径较大，允许采用空心电极(如空心不锈钢管或铜管)，则可以用较高的压力强迫冲油，加工速度将会显著提高。

电火花高速小孔加工工艺是近年来新发展起来的。其工作原理的要点有三个：

① 采用中空的管状电极。
② 管中通高压工作液冲走电蚀产物。
③ 加工时电极作回转运动，可使端面损耗均匀，不致受高压、高速工作液的反作用力而偏斜。

相反，高压流动的工作液在小孔孔壁按螺旋线轨迹流出孔外，像静压轴承那样，使工具电极管"悬浮"在孔心，不易产生短路，可加工出直线度和圆柱度很好的小深孔。

用一般空心管状电极加工小孔，容易在工件上留下毛刺料心，阻碍工作液的高速流通，且电极过长过细时会歪斜，以致引起短路。为此电火花高速加工小深孔时采用专业厂特殊冷拔的双孔管状电极，其截面上有两个半月形的孔，如图 4.28 中 A—A 放大断面图形所示，加工中电极转动时，工件孔中不会留下毛刺料芯。加工时工具电极作轴向进给运动，管电极中通入 1~5MPa 的高压工作液(自来水、去离子水、蒸馏水、乳化液或煤油)，如图 4.28 所示。由于高压工作液能迅速将电极产物排除，且能强化火花放电的蚀除作用，因此这一加工方法的最大特点是加工速度高，一般小孔加工速度可达 20~60mm/min，比普通钻削小孔的速度还要快。这种加工方法最适合加工直径为 0.3~3mm 的小孔，且深径比可达到 300。

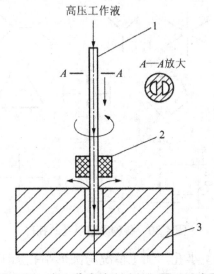

图 4.28 电火花高速小孔加工原理示意图

1—管电极；2—导向器；3—工件

图 4.29 所示是这类高速电火花小深孔加工机床的外形，现已被应用于加工线切割零件的预穿丝孔、喷嘴，以及耐热合金等难加工材料的小、深、斜孔加工中，并且会日益扩大其应用领域。

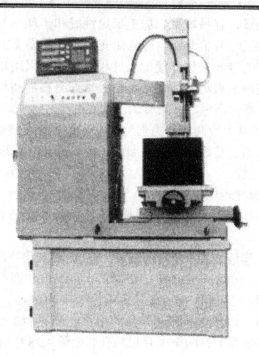

图 4.29　高速电火花加工小孔机床外形

4.5.3　异型小孔的电火花加工

电火花加工不但能加工圆形小孔，而且能加工多种异型小孔。图 4.30 所示为化纤喷丝板常用的 Y 形、十字形、米字形等各种异型小孔的孔形。

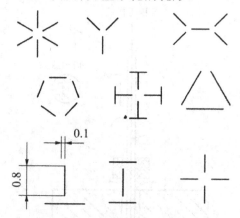

图 4.30　各种异型小孔的孔形

加工微细而又复杂的异型小孔，加工情况与圆形小孔加工基本一样，关键是异型电极的制造，其次是异型电极的装夹，另外要求机床自动控制系统更加灵敏。

制造异型小孔电极，主要有下面几种方法。

(1) 冷拔整体电极法。采用电火花线切割加工工艺并配合钳工修磨制成异型电极的硬质合金拉丝模，然后用该模具拉制成 Y 形、十字形等异型截面的电极。这种方法效率高，用于较大批量生产。

(2) 电火花线切割加工整体电极法。利用精密电火花线切割加工制成整体异型电极。这种方法的制造周期短、精度和刚度较好，适用于单件、小批量试制。

(3) 电火花反拷加工整体电极法。用这种方法制造的电极，定位、装夹均方便且误差小，但生产效率较低。图 4.31 所示为电火花反拷加工制造异型电极的示意图。

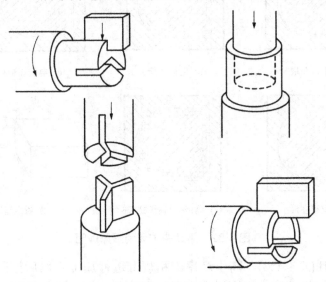

图 4.31　电火花反拷加工制造异型电极的示意图

4.5.4　型腔模的电火花加工

1. 型腔模电火花加工的工艺方法

型腔模包括锻模、压铸模、胶木膜、塑料模、挤压模等。它的加工比较困难，由于均是盲孔加工，工作液循环和电蚀产物排除条件差，工具电极损耗后无法靠主轴进给补偿精度，金属蚀除量大；其次是加工面积变化大，加工过程中电规准的变化范围也较大，又因型腔模形状复杂，电极损耗不均匀，对加工精度影响也很大。因此，对型腔模的电火花加工，既要求蚀除量大，加工速度高，又要求电极损耗低，并保证所要求的精度和表面粗糙度。

型腔模电火花加工主要有单电极平动法、多电极更换法和分解电极加工法等。

1) 单电极平动法

单电极平动法在型腔模电火花加工中应用最广泛。它是采用一个电极完成形腔的粗、中、精加工的。平动头的动作原理是：利用偏心机构将伺服电机的旋转运动通过平动轨迹保持机构转化成电极上每一个质点都能围绕其原始位置在水平面内作平面小圆周运动，许多小圆的外包络线就形成加工型腔，从而进行"仿形"加工。如图 4.32 所示，其中每个质点运动轨迹的半径就称为平动量，其大小可以由零逐渐调大，以补偿粗、中、精加工的电火花放电间隙之差，从而达到修光型腔的目的。

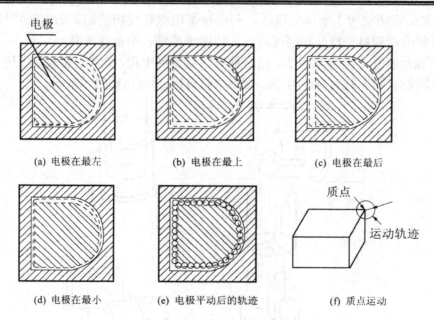

图 4.32 平动头扩大间隙原理图

首先采用低损耗($\theta < 1\%$)、高生产率的粗规准进行加工，然后按照粗、中、精的顺序逐级改变电规准。与此同时，依次加大电极的平动量，以补偿前后两个加工规准之间型腔侧面放电间隙差和表面微观平面度差，完成整个型腔模的加工。

单电极平动法的最大优点是只需一个电极、一次装夹定位，便可达到±0.05mm的加工精度，并利于排除电蚀产物。它的缺点是难以获得高精度的型腔模，特别是难以加工出清棱、清角的型腔。

采用数控电火花加工机床时，是利用工作台按一定轨迹做微量移动来修光侧面的，为区别于夹持在主轴头上的平动头的运动，通常将其称作摇动。由于摇动轨迹是靠数控系统产生的，所以具有更灵活多样的模式，除了小圆轨迹运动外，还有方形、十字形运动，因此更能适应复杂形状的侧面修光的需要，尤其可以做到尖角处的"清根"，这是平动头所无法做到的。图 4.33(a)所示为基本摇动模式，图 4.33(b)所示为工作台变半径圆形摇动。主轴上下数控联动，可以修光或加工出锥面、球面。由此可见，数控电火花加工机床更适合于单电极法加工。

另外，可以利用数控功能加工出以往普通机床难以或不能实现的零件。如利用简单电极配合侧向(X、Y向)移动、转动、分度等进行多轴控制，可加工复杂曲面、螺旋面、坐标孔、槽等，如图 4.33(c)所示。

近年来出现的用简单电极(例如杆状电极)展成法加工复杂表面技术，就是靠转动的电极工具(转动可以使电极损耗均匀和促进排屑)和工件间的数控运动及正确的编程来实现的，不必制造复杂的电极工具，就可以加工复杂的模具或零件，大大缩短了生产周期和展示出数控技术的"柔性"及适应能力。

2) 多电极更换法

多电极更换法是采用多个电极依次更换加工同一个型腔，每个电极加工时必须把上一规准的放电痕迹去掉。一般用两个电极进行粗、精加工就可满足要求；当型腔模的精度和表面质量要求很高时,才采用三个或更多个电极进行加工,但要求多个电极的一致性好、制造精度高;另外,更换电极时要求定位装夹精度高,因此一般只用于精密型腔的加工,例如盒式磁带、收录机、电视机等机壳的模具,都是用多个电极加工出来的。

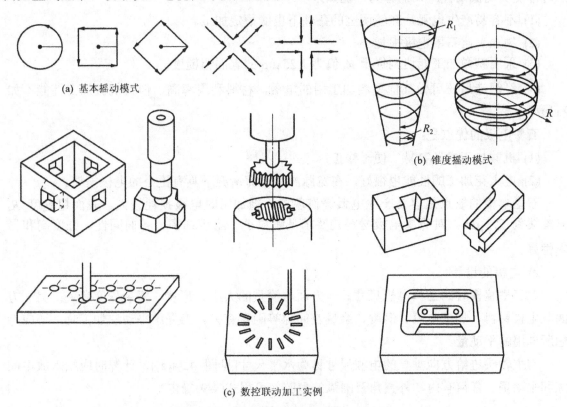

图 4.33 几种典型的摇动模式和加工实例

R_1—起始半径;R_2—终了半径;R—球面半径

3) 分解电极法

分解电极法是单电极平动加工法和多电极更换加工法的综合应用。它工艺灵活性强,仿形精度高,适用于尖角窄缝、沉孔、深槽多的复杂型腔模具加工。根据型腔的几何形状,把电极分解成主型腔和副型腔电极分别制造。先加工出主型腔,后用副型腔电极加工尖角、窄缝等部位的副型腔。此方法的优点是可以根据主、副型腔不同的加工条件,选择不同的加工规准,有利于提高加工速度和改善加工表面质量;同时还可以简化电极制造,便于修整电极。缺点是更换电极时主型腔和副型腔电极之间要求有精确的定位。

近年来国外已广泛采用像加工中心那样具有电极库的 3~5 坐标数控电火花机床,事先把复杂型腔分解为简单表面和相应的简单电极,编制好程序、加工过程中自动更换电极和转换规准,实现复杂型腔的加工。同时配合一套高精度辅助工具、夹具系统,可以大大提高电极的装夹定位精度,使采用分解电极法加工的模具精度大为提高。

2. 型腔模工具电极

1) 电极材料的选择

为了提高型腔模的加工精度,在电极方面,首先是寻找耐蚀性高的电极材料,如纯铜、铜钨合金、银钨合金以及石墨电极等。由于铜钨合金和银钨合金的成本高，电极成形加工比较困难，故采用的较少，常用的为纯铜和石墨，这两种材料的共同特点是在宽脉冲粗加工时都能实现低损耗。纯铜有如下优点：

(1) 不容易产生电弧，在较困难的条件下也能稳定加工。
(2) 精加工比石墨电极损耗小。
(3) 采用精微加工能达到优于 R_a 值为 1.25μm 的表面粗糙度。
(4) 经锻造后还可做其他型腔加工用的电极，材料利用率高，但其机械加工性能不如石墨好。

石墨电极的优点是：

(1) 机械加工成形容易，便于修正；
(2) 电火花加工的性能也很好，在宽脉冲大电流情况下具有更小的电极损耗。

石墨电极的缺点是容易产生电弧烧伤现象，精加工时电极损耗较大，表面粗糙度 R_a 只能达到 2.5μm。对石墨电极材料的要求是颗粒小、组织细密、各向同性、强度高和导电性好。

2) 电极的设计

加工型腔模时的工具电极尺寸，一方面与模具的大小、形状、复杂程度有关；另一方面与电极材料、加工电流、深度、余量及间隙等因素有关。当采用平动法加工时，还应考虑所选用的平动量。

与主轴头进给方向垂直的电极尺寸称为水平尺寸[见图 4.34(a)]，计算时应加入放电间隙和平动量。任何有内、外直角及圆弧的型腔，可用式(4-9)确定

$$a = A \pm Kb \tag{4-9}$$

式中，a 为电极水平方向尺寸；

A 为型腔图样上名义尺寸；

K 为与型腔尺寸注法有关的系数，直径方向(双边)$K=2$，半径方向(单边)$K=1$；

b 为电极单边缩放量(包括平动头偏心量，一般取 0.5~0.9mm)。

$$b = S_L + H_{max} + h_{max} \tag{4-10}$$

式中，S_L 为电火花加工时单面加工间隙；

H_{max} 为前一规准加工时表面微观平面度最大值；

h_{max} 为本规准加工时表面微观平面度最大值。

式(4-10)中的"±"号按缩、放原则确定，如图 4.34(a)中计算 a_1 时用 "-" 号，计算 a_2 时用 "+" 号。

电极总高度 H 的确定如图 4.34(b)所示，可按式(4-11)计算：

$$H = l + L \tag{4-11}$$

式中，H 为除装夹部分外的电极总高度；

l 为电极每加工一个型腔，在垂直方向的有效高度，包括型腔深度和电极端面损耗量，并扣除端面加工间隙值；

L 为考虑到加工结束时，电极夹具不和夹具模块或压板发生接触，以及同一电极需重复使用而增加的高度。

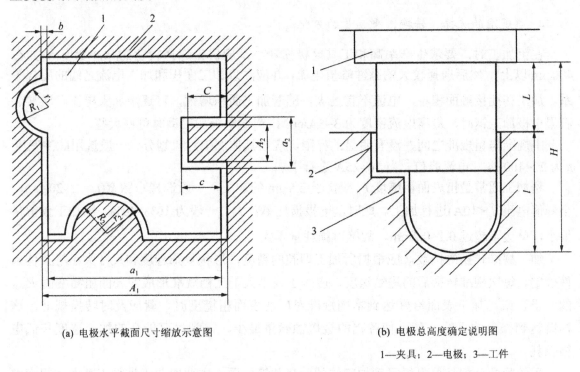

(a) 电极水平截面尺寸缩放示意图　　(b) 电极总高度确定说明图

1—夹具；2—电极；3—工件

图 4.34　型腔工具电极尺寸的确定

3) 排气孔和冲油孔设计

型腔加工一般均为盲孔加工，排气、排屑状况的恶化将直接影响加工速度、稳定性和表面质量。一般情况下，在不易排屑的拐角、窄缝处应开有冲油孔；而在蚀除面积较大以及电极端部有凹入的部位开排气孔。冲油孔和排气孔的直径应小于工具的平动量，一般为 $\phi 1 \sim \phi 2\text{mm}$。若孔径过大，则加工后残留物凸起太大，不易清除。孔的数目应以不产生蚀除物堆积为宜。孔距在 20~40mm 之间，孔要适当错开。

3. 工作液强迫循环的应用

在型腔加工中，当型腔较浅时采用排气孔，使电蚀产物及气体从孔中排出，尚可满足工艺要求；但当型腔小而较深时，光靠电极上的排气孔，不足以使电蚀产物、气体及时排出，往往需要采用强迫冲油。这时电极上应开有冲油孔。

采用的冲油压力一般为 20kPa 左右，可随深度的增加而有所增加。冲油对电极损耗有影响，随着冲油压力的增加，电极损耗也增加。这是因为冲油压力增加后，对电极表面的冲刷力也增加，因而使电蚀产物不易反粘到电极表面以补偿其损耗。同时由于游离碳浓度随冲油而降低，因而影响了炭黑膜的生成。如果因电极局部冲刷、流场和反粘不均，导致黑膜厚度不同，将会严重影响加工精度，因此冲油压力和流速不宜过高。

对要求很高的模具(如精锻齿轮的锻模)，为保证加工精度，往往不采用冲油而采用定时抬刀的方法来排除电蚀产物，以减少工具电极的损耗对加工精度的影响，但生产率有所降低。

4. 电规准的选择、转换，平动量的分配

在粗加工时，要求生产率高和工具电极损耗小，应优先选择较宽的脉冲宽度(例如在 400 μm 以上)，然后选择较大的脉冲峰值电流，并应注意加工面积和加工电流之间的配合关系。加工初期接触面积小，电流不宜过大，随着加工面积增大，可逐步加大电流。通常，石墨电极加工钢时，最高电流密度为 3~5A/cm²，纯铜电极加工钢时可稍大些。

中规准与粗规准之间并没有明显的界限，应按具体加工对象划分。一般选用脉冲宽度 t_i 为 20~400 μs、电流峰值 $\hat{i}_e$ 为 10~25A 进行中加工。

精加工通常是指表面粗糙度 R_a 应优于 2.5 μm 的加工，一般选择窄脉宽(t_i = 2~20 μs)、小峰值电流($\hat{i}_e$ <10A)进行加工。此时，电极损耗率较大，一般为 10%~20%，因加工预留量很小，单边不超过 0.1~0.2mm，故绝对损耗量不大。

加工规准转换的挡数，应根据所加工型腔的精度，形状复杂程度和尺寸大小等具体条件确定。每次规准转换后的进给深度，应等于或稍大于上档规准形成的表面粗糙度值 R_{max} 的一半，或当加工表面恰好达到本档规准对应的表面粗糙度时，就应及时转换规准，这样既达到修光的目的，又可使各档的金属蚀除量最少，得到尽可能高的加工速度和低电极损耗。

平动量的分配是单电极平动加工法的一个关键问题，主要取决于被加工表面由粗变细的修光量，此外还和电极损耗、平动头原始偏心量、主轴进给运动的精度等有关。一般，中规准加工平动量为总平动量的 75%~80%，中规准加工后，型腔基本成形，只留很少余量用于精规准修光。原则上每次平动或摇动的扩大量，应等于或稍小于上次加工后遗留下来的最大表面粗糙度值 R_{max}，至少应修去上次留下 R_{max} 值的 1/2。本次平动(摇动)修光后，又残留下一个新的表面粗糙度值 R_{max}，有待于下次平动(摇动)修去其 1/2~1/3。具体电规准、参数的选择，可参见电火花加工工艺参数曲线图表(可查阅相关资料)。

4.6 其他电火花加工技术

随着生产的发展，电火花加工领域不断扩大，根据电火花加工过程中工具电极与工件相对运动方式和主要加工用途的不同，电火花加工工艺大致可粗略分为：电火花成形加工，电火花线切割加工，电火花磨削，电火花高速小孔加工，电火花表面加工及电火花复合加工六大类(见图 4.35)。而应用十分普遍的是电火花成形加工及电火花线切割加工，约占电火花加工的 90%。表 4-2 为其他电火花加工方法的图示及说明。

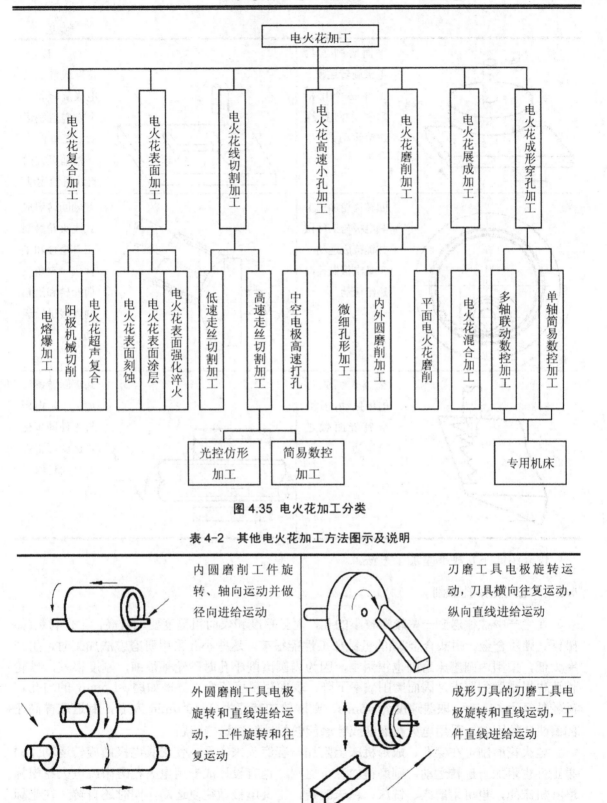

图 4.35 电火花加工分类

表 4-2 其他电火花加工方法图示及说明

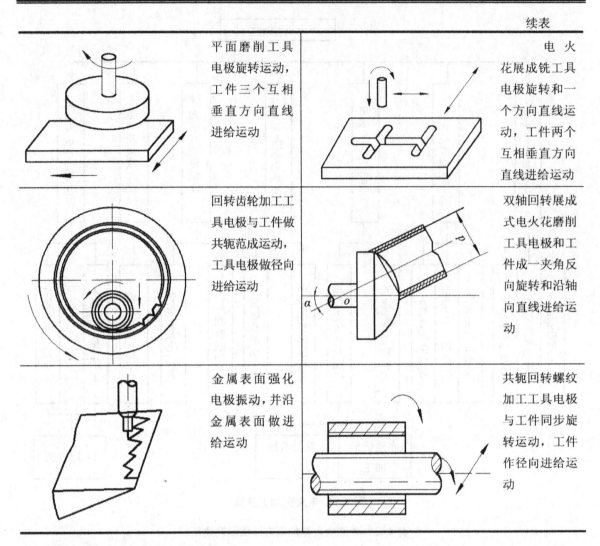

现介绍如下几种典型加工方法。

4.6.1 电火花小孔磨削

在生产中往往遇到一些较深较小的孔,而且精度和表面粗糙度要求较高,工件材料(如磁钢、硬质合金、耐热合金等)的机械加工性能很差。这些小孔采用研磨方法加工时,生产率太低,采用内圆磨床磨削也很困难,因为内圆磨削小孔时砂轮轴很细,刚度很差,砂轮转速也很难达到要求,因而磨削效率下降,表面粗糙度值变大。例如磨 $\phi 1.5mm$ 的内孔,砂轮外径为 $\phi 1mm$,取线速度为 15m/s,则砂轮的转速为 3×10^5 r/min 左右,制造这样高速的磨头比较困难。采用电火花磨削或镗磨能较好地解决这些问题。

电火花磨削可在穿孔、成形机床上附加一套磨头来实现,使工具电极做旋转运动。如果工件也附加一旋转运动,则磨得的孔可更圆。也有设计成专用电火花磨床或电火花坐标磨孔机床的,也可用磨床、铣床、钻床改装,工具电极做往复运动,同时还自转。在坐标磨孔机床中,工具还做公转,工件的孔距靠坐标系统来保证。这种办法操作比较方便,但机床结构复杂、制造精度要求高。

电火花镗磨与磨削不同之点是只有工件的旋转运动、电极的往复运动和进给运动，而电极工具没有转动运动。图 4.36 所示为加工示意图，工件 5 装夹在三爪自定心卡盘 6 上，由电动机带动旋转，电极丝 2 由螺钉 3 拉紧，并保证与孔的旋转中心线相平行，固定在弓形架上。为了保证被加工孔的直线度和表面粗糙度，工件(或电极丝)还做往复运动，这是由工作台 9 做往复运动来实现的。加工用的工作液由工作液管 1 供给。

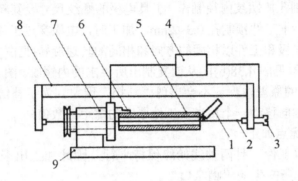

图 4.36　电火花镗磨示意图

1—工作液管；2—电极丝(工具电极)；3—螺钉；4—脉冲电源；5—工件；6—三爪自定心卡盘；7—电动机；8—弓形架；9—工作台

电火花镗磨虽然生产率较低，但比较容易实现，而且加工精度高，表面粗糙度数值小，小孔的圆度可达 0.003~0.005mm，表面粗糙度 R_a 值小于 0.32 μm，故生产中应用较多。

4.6.2　电火花对磨和跑合加工

对有些齿轮啮合传动，要求接触精度比较高的齿轮副加工，采用电火花跑合加工效果很好。将两齿轮轴彼此绝缘，利用齿轮副传动，使先接触区域进行火花放电，逐渐到整个齿面，从而提高接触精度。此种加工，齿面光滑，可提高齿轮传动平稳性，提高寿命，适用于重型设备低速重载齿轮和淬硬齿面齿轮的加工。

电火花对磨是指正负极互相电火花磨削的一种加工方法。像压辊加工，一对表面质量要求很高的压辊，同时两辊面间隙有很高的精度要求，可采用电火花两辊对磨加工，加工质量很好。

4.6.3　电火花共轭回转加工

电火花共轭回转加工是利用工件与工具的共轭转动(严格等转速或按一定比例)对复杂型面进行加工，目前有同步回转式、展成回转式、倍角速度回转式、差动比例回转式等不同方法。

过去在淬火钢或硬质合金上电火花加工内螺纹，是按图 4.37 所示的方法，利用导向螺母使工具电极在旋转的同时作轴向进给。这种方法生产效率极低，而且只

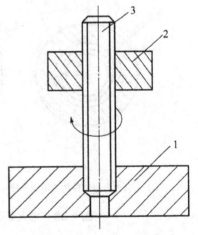

图 4.37　旧法电火花加工螺纹

1—工件；2—导向螺母；3—工具

能加工出带锥度的粗糙螺纹孔。南京江南光学仪器厂创造了新的螺纹加工方法，并研制了JN-2型、JN-8型内外螺纹加工机床等，已用于精密内外螺纹环规、内锥螺纹、内变模数齿轮等的制造。

电火花加工内螺纹的新方法综合了电火花加工和机械加工方面的经验，采用工件与电极"逐点对应"的同向同步旋转、工件作径向进给来实现(类似滚压法加工螺纹的方法)，如图4.38所示。工件预制孔按螺纹内径制作，工具电极的螺纹尺寸及其精度按工件图样的要求制作，但电极外径应小于工件预制孔0.3~2mm。加工时，电极穿过工件预制孔，保持两者轴线平行，然后使工具电极和工件以相同的方向和相同的转速旋转[见图4.38(a)]，同时工件向工具电极径向切入进给[见图4.38(b)]，从而复制出所要求的内螺纹。图4.38(c)为1、1′，2、2′，3、3′，4、4′逐点对应的原理，保证不会出现"乱扣"现象。为了补偿电极的损耗，在精加工规准转换前，电极轴向移动一个相当于工件厚度的螺距倍数值。

这种加工方法的优点如下。

(1) 由于电极贯穿工件，且两轴线始终保持平行，因此加工出来的内螺纹没有用电火花攻螺纹(如前述方法)所产生的"喇叭口"。

(2) 因为电极外径小于工件内径，而且放电加工一直只在局部区域进行，加上电极与工件同步旋转时对工作液的搅拌作用，非常有利于电蚀产物的排除，维持较高的加工稳定性，所以能得到好的几何精度和表面粗糙度。

(3) 可降低对电极设计和制造的要求。对电极中径和外径尺寸精度无严格要求。另外，由于电极外径小于工件内径，使得在同向同步回转中，电极与工件电蚀加工区域的线速度不等，存在微量差动，对电极螺纹表面局部的微量缺损有均匀化的作用，故减轻了对加工质量的影响，而且可以改善表面粗糙度。

用上述工艺方法设计和制造的电火花精密内螺纹机床，可加工M5~M55mm的多种牙形和不同螺距的精密内螺纹，螺纹中径误差小于0.004mm，也可精加工$\phi 4$~$\phi 55$mm的圆柱通孔，圆度小于0.002mm，其表面粗糙度R_a为0.063μm。

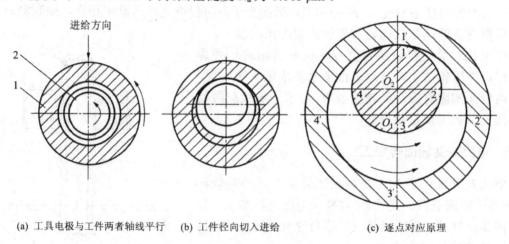

(a) 工具电极与工件两者轴线平行 (b) 工件径向切入进给 (c) 逐点对应原理

图4.38 电火花共轭同步回转加工内螺纹逐点对应原理的示意图

1—工件；2—工具电极

由于采用了同向同步旋转加工法，对螺纹的中径尺寸没有什么高的要求，但在整个工具电极有效长度内的螺距精度、中径圆度、锥度和牙形精度都应给予保证，工具电极螺纹表面粗糙度 R_a 小于 2.5μm，螺纹外径对两端中心孔的径向圆跳动不超过 0.005mm。一般电极外径比工件内径小 0.3~2mm。这个差值越小越好。差值小，齿形误差就小，电极的相对损耗也就小，但必须保证装夹后电极与工件不短路，而且在加工过程中作自动控制和调节时进给和退回有足够的活动余地。

工具电极材料使用纯铜或黄铜比较合适，纯铜电极比黄铜电极损耗小，但在相同电规准下，黄铜电极可得到较好的表面粗糙度和加工稳定性。

一般情况下，电规准的选择，应采用正极性加工，峰值电压 70~75V，脉冲宽度为 16~20μs。加工接近完成前改用精规准，此时可将脉冲宽度减小至 2~8μs，同时逐步降低电压，最后采用 RC 线路弛张式电源加工，以获得较好的表面粗糙度。

电火花共轭回转加工的应用范围日益扩大。目前主要应用于以下几方面：
(1) 各类螺纹环规及塞规，特别适于硬质合金材料及内螺纹的加工。
(2) 精密的内、外齿轮加工，特别适用于非标准内齿轮的加工。
(3) 精密的内外锥螺纹、内锥面油槽等的加工。
(4) 静压轴承油腔、回转泵体的高精度成形的加工等。
(5) 梳刀、精密斜齿条的加工等。

4.6.4 聚晶金刚石等高阻抗材料的电火花加工

许多复合工程陶瓷材料、聚晶金刚石等，其导电机理不同于金属。复合工程陶瓷材料金相结构中的导电相形成三维导电网格，网格间隙中是非导电的晶格组织，只要网格常数和电加工参数相适应，就可以用电火花进行加工。

聚晶金刚石被广泛用作拉丝模、刀具、磨轮等材料。它的硬度仅稍次于天然金刚石。金刚石虽是碳的同素异构体，但天然金刚石几乎不导电。聚晶金刚石是将人造金刚石微粉用铜、铁粉等导电材料作为黏结剂，搅拌、混合后加压烧结而成，因此就导电机理，与复合工程陶瓷材料相似，整体仍有一定的导电性能，可以用电火花加工。

电火花加工聚晶金刚石的要点是：
(1) 要采用 400~500V 较高的峰值电压，并要有较大的放电间隙，易于排屑。
(2) 要用较大的峰值电流，一般瞬时电流需在 50A 以上。为此可以采用 RC 线路脉冲电源，电容放电时可输出较大的峰值电流，增加爆炸抛出力。

电火花加工聚晶金刚石的原理是靠火花放电时的高温将导电的黏结剂熔化、汽化蚀除掉，同时电火花高温使金刚石微粉"炭化"成为可加工的石墨，也可能因黏结剂被蚀除掉后而整个金刚石微粒自行脱落下来。有些导电的工程陶瓷及立方氮化硼材料等也可用类似的原理进行电火花加工。

4.6.5 电火花表面强化和刻字

电火花表面强化及刻字的基本原理是基于工具电极振动，在空气介质中与工件表面进行电火花放电，使工具(电极)上熔化的材料扩散，覆盖在工件表面上，从而改变工件表面力学性能，达到表面强化和刻字的目的。

1. 电火花表面强化工艺

电火花表面强化也称电火花表面合金化。图 4.39 所示是金属电火花表面强化器的加工原理示意图。在工具电极和工件之间接上 RC 直流电源，由于振动器 L 的作用，使电极与工件之间的放电间隙频繁变化，工具电极与工件间不断产生火花放电，由于放电时电极表面熔化，部分电极材料可涂镀到工件表面，当采用硬质合金作为工具电极时，工件表面耐磨能力大幅提高，从而实现对金属表面的强化。

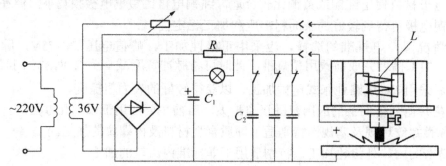

图 4.39 金属电火花表面强化器加工原理图

电火花表面强化过程如图 4.40 所示。当电极与工件之间距离较大时[见图 4.40(a)]，电源经过电阻 R 对电容器 C 充电，同时工具电极在振动器的带动下向工件运动。当间隙接近到某一距离时，间隙中的空气被击穿，产生火花放电[见图 4.40(b)]，使电极和工件材料局部熔化，甚至汽化。当电极继续接近工件并与工件接触时[见图 4.4(c)]，在接触点处流过短路电流，使该处继续加热，并以适当压力压向工件，使熔化了的材料相互黏结、扩散形成熔渗层。图 4.40(d)所示为电极在振动作用下离开工件，由于工件的热容量比电极大，使靠近工件的熔化层首先急剧冷凝，从而使工具电极的材料黏结、覆盖在工件上。

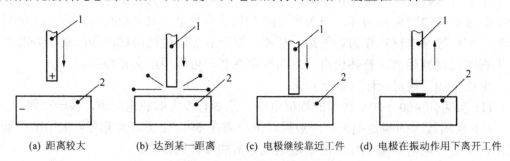

(a) 距离较大　　(b) 达到某一距离　　(c) 电极继续靠近工件　　(d) 电极在振动作用下离开工件

图 4.40 电火花表面强化过程原理示意图

1—工具电极；2—工件

电火花表面强化层具有如下特性：

(1) 当采用硬质合金作电极材料时，硬度可达 1100~1400HV(70HRC 以上)或更高。

(2) 当使用铬锰、钨铬钴合金、硬质合金作工具电极强化 45 钢时，其耐磨性比原表层提高 2~5 倍。

(3) 用石墨作电极材料强化 45 钢(用食盐水作腐蚀性试验)，其耐腐蚀性提高 90%。用 WC、CrMn 作电极强化不锈钢时，耐蚀性提高 3~5 倍。

(4) 耐热性大大提高，提高了工件使用寿命。

(5) 疲劳强度提高 2 倍左右。

(6) 硬化层厚度为 0.01~0.3 mm。

电火花表面强化工艺方法简单、经济、效果好，因此广泛应用于模具、刃具、量具、凸轮、导轨、水轮机和涡轮机叶片的表面涂覆强化。例如铝合金与铝合金不易钎焊，而采用铅或银作电极对上述两种金属表面进行涂覆后，就很容易将两者钎焊到一起；又如航空发动机某些高速旋转的轴，其滑动轴承工件部位温度很高，无法采用油脂类润滑，常采用在轴或轴承内表面电火花涂覆一层石墨来降低此处的摩擦。

2. 电火花刻字工艺及装置

电火花表面强化的原理也可用于在产品上刻字、打印记。过去有些产品上的规格、商标等印记都是靠涂蜡及仿形铣刻字，然后用硫酸等酸洗腐蚀，有的靠用钢印打字，工序多，生产率低，劳动条件差。国内外在刃具、量具、轴承等产品上用电火花刻字、打印记取得很好的效果。一般有两种办法，一种是把产品商标、图案、规格、型号、出厂年月日等用铜片或铁片做成字头图形，作为工具电极，工具一边振动，一边与工件间火花放电，电蚀产物镀覆在工件表面形成印记，每打一个印记为 0.5~1s；另一种不用现成字头而用钼丝或钨丝电极，按缩放尺或靠模仿形刻字，每件时间稍长，为 2~5s。如果不需字形美观整齐，可以不用缩放尺而成为手刻字的电笔。用钨丝接负极，工件接正极，可刻出黑色字迹；若工件是镀黑或表面发蓝处理过的，则可把工件接负极，钨丝接正极，可以刻出银白色的字迹。

4.6.6 曲线孔的电火花加工工艺

压铸模、注射模冷却水道的实际加工，一直难以与理论优化设计的结果相符合。因为不同的模具型腔所要求的均匀冷却水道为不同的空间曲线，而传统的机械加工方法无法加工曲线水道。曲线孔的电火花加工工艺，为这一问题提供了有效的解决方法。

加工装置的具体原理和结构，国内外皆有资料介绍，请读者参阅相关书籍。

小　　结

电火花加工是一种电、热能加工方法，又称放电加工(EDM)，其加工过程与传统的机械加工完全不同。本章主要研究了电火花加工的机理及基本工艺规律，并介绍了电火花加工的应用。主要内容概述如下。

1. 电火花加工的特点

(1) 适用于无法采用刀具切削或切削加工十分困难的场合。

(2) 加工时，工具电极与工件并不直接接触，工具电极不需要比工件材料硬。

(3) 直接利用电能进行加工。

(4) 电极的损耗对加工形状及尺寸精度的影响比切削加工时刀具的影响要大。

2. 电火花加工的基本原理

电火花加工的原理是基于工具和工件(正、负电极)之间脉冲性火花放电时的电腐蚀现象来蚀除多余的金属,以达到对零件的尺寸、形状及表面质量预定的加工要求。加工应具备以下条件:

(1) 必须使工具电极和工件被加工表面之间经常保持一定的放电间隙,必须具有工具电极的自动进给和调节装置。

(2) 两极之间应充入有一定绝缘性能的介质。

(3) 电火花加工必须采用脉冲电源。

3. 电火花加工的机理

火花放电时,电极表面的金属材料究竟是怎样被蚀除下来的,这一微观的物理过程即所谓电火花加工的机理,也就是电火花加工的物理本质。这一过程大致可分为以下四个连续的阶段:

(1) 极间介质的电离、击穿,形成放电通道。

(2) 能量的转换——介质热分解、电极材料熔化、气化热膨胀。

(3) 蚀除产物的抛出。

(4) 极间介质的消电离。

4. 影响材料放电腐蚀的主要因素

研究影响材料放电腐蚀的因素,对于应用电火花加工方法,提高电火花加工的生产率,降低工具电极的损耗是极为重要的。这些因素主要如下。

1) 极性效应

在电火花加工过程中,单纯由于正、负极性不同而彼此电蚀量不一样的现象叫做极性效应。如果两电极材料不同,则极性效应更加复杂。在电火花加工中极性效应越显著越好,这样,可以把电蚀量小的一极作为工具电极,以减少工具电极的损耗。

2) 电参数

电参数主要是指电压脉冲宽度 t_i、电流脉冲宽度 t_e、脉冲间隔 t_o、脉冲频率 f、峰值电流 $\hat{i}_e$、峰值电压 $\hat{u}$ 和极性等。

提高电蚀量和生产率的途径在于:提高脉冲频率,增加单个脉冲能量或者说增加平均放电电流(对矩形脉冲即为峰值电流)和脉冲宽度;减小脉冲间隔并提高有关的工艺参数。

3) 金属材料热学常数

所谓热学常数,是指熔点、沸点(汽化点)、热导率、比热容、熔化热、汽化热等。

4) 工作液

工作液的作用如下。

(1) 形成火花击穿放电通道,并在放电结束后迅速恢复间隙的绝缘状态。

(2) 对放电通道产生压缩作用。

(3) 帮助电蚀产物的抛出和排除。

(4) 对工具和工件具有冷却作用。

5) 其他因素

5. 影响加工精度的主要因素

影响加工精度的主要因素有：放电间隙的大小及其一致性、工具电极的损耗及其稳定性。

6. 电火花加工机床的组成

电火花加工机床主要由机床主体、脉冲电源、自动进给调节系统、工作液过滤和循环系统、数控系统等部分组成。

1) 脉冲电源

电火花加工用的脉冲电源的作用是把工频交流电流转换成一定频率的单向脉冲电流，以供给电极放电间隙所需要的能量来蚀除金属。常用脉冲电源有以下几种。

(1) 非独立式脉冲电源。其工作原理都是利用电容器充电储存电能，而后瞬时放出，形成火花放电来蚀除金属。因为电容器时而充电，时而放电，一弛一张，故又称"弛张式"脉冲电源。主要有 RC 线路脉冲电源、RLC 线路脉冲电源等。

(2) 独立式脉冲电源。主要有晶闸管式脉冲电源、晶体管式脉冲电源等。

2) 自动进给调节系统

是由测量环节、比较环节、放大驱动环节、执行环节和调节对象等几个主要环节组成。

对自动进给调节系统的一般要求：

(1) 有较广的速度调节跟踪范围。

(2) 有足够的灵敏度和快速性。

(3) 有必要的稳定性。

7. 电火花成形加工的应用

电火花成形加工是用工具电极对工件进行复制加工的工艺方法，主要分为穿孔加工和型腔加工两大类。

穿孔成形加工的应用又分为冲模(包括凸凹模)、粉末冶金模、型孔零件、小孔、深孔等。电火花穿孔加工常用"钢打钢"的直接配合法和间接配合法。

型腔模电火花加工主要有单电极平动法、多电极更换法和分解电极加工法等。

思 考 题

1. 电火花加工时，间隙液体介质的击穿机理是什么？

2. 试述两金属电极在以下几种情况下产生火花放电时，在宏观和微观过程以及电蚀产物有何异同之处？(1) 真空中，(2) 空气中，(3) 纯静水(蒸馏水或去离子水)中，(4) 线切割乳化液中，(5) 煤油中。

3. 什么是极性效应？在电火花加工中如何充分利用极性效应？

4. 有没有可能或在什么情况下可以用工频交流电源作为电火花加工的脉冲直流电源？在什么情况下可用直流电源作为电火花加工用的脉冲直流电源？

5. 电火花加工时，什么是间隙蚀除特性曲线？粗、中及精加工时，间隙蚀除特性曲线有何不同？

6. 在实际加工中如何处理加工速度、电极损耗与表面粗糙度之间的矛盾关系？

7. 电火花机床有哪些主要用途？

8. 电火花穿孔加工中常采用哪些加工方法？

9. 电火花成形加工中常采用哪些加工方法？

10. 电火花加工时的自动进给系统与传统加工机床的自动进给系统，在原理上、本质上有何不同？为什么会引起这种不同？

11. 试比较常用电极(如纯铜、黄铜、石墨等)的优缺点及使用场合。

12. 电火花共轭同步回转加工和电火花磨削在原理上有何不同？工具和工件上的瞬时放电点之间有无相对移动？加工内螺纹时为什么不会"乱扣"？用铜螺杆作工具电极，在内孔中用平动法加工内螺纹，在原理上和共轭同步回转法有何异同？

13. 什么是覆盖效应？请举例说明覆盖效应的用途。

第 5 章　电火花线切割加工

教学提示：本章在第 4 章的基础上，介绍了电火花线切割加工的基本原理、特点及其应用范围，重点对电火花线切割加工的设备、线切割控制系统和编程技术进行了分析介绍。另外，对电火花线切割加工的工艺及其应用进行了描述。

教学要求：本章要求学生熟练掌握电火花线切割加工的基本原理、特点，能够进行线切割编程。掌握影响线切割工艺指标的因素和线切割加工设备及其技术的应用。

5.1　概　　述

5.1.1　电火花线切割加工及其发展历程

电火花线切割加工(Wire Cut EDM，WCEDM)是在电火花加工基础上发展起来的一种新的工艺形式，是用线状电极(钼丝或铜丝等)依靠火花放电对工件进行切割加工，故称为电火花线切割。有时简称线切割。线切割加工技术已经得到了迅速发展，逐步成为一种高精度和高自动化的加工方法，在模具、各种难加工材料、成形刀具和复杂表面零件的加工等方面得到了广泛应用。

20 世纪中期，苏联拉扎林科夫妇发明了电火花加工方法，开创了制造技术的新局面，随后前苏联又于 1955 年制成了电火花线切割机床，瑞士于 1968 年制成了 NC 方式的电火花线切割机床。电火花线切割加工历经半个多世纪的发展，已经成为先进制造技术领域的重要组成部分。电火花线切割加工不需要制作成形电极，能方便地加工形状复杂大厚度的工件，工件材料的预加工量少，因此在模具制造、新产品试制和零件加工中得到了广泛应用。尤其是进入 20 世纪 90 年代后，随着信息技术、网络技术、航空和航天技术、材料科学技术等高新技术的发展，电火花线切割加工技术也朝着更深层次、更高水平的方向发展。

我国是国际上开展电火花加工技术研究较早的国家之一，20 世纪 50 年代后期先后研制了电火花穿孔机床和线切割机床。线切割加工机床经历了依靠模仿形、光电跟踪、简易数控等发展阶段，在上海张维良高级技师发明了世界独创的快速走丝线切割技术后，出现了众多形式的数控线切割机床，线切割加工技术突飞猛进，全国的线切割机床拥有量突破了万台大关，为我国国民经济，特别是模具工业的发展作出了巨大的贡献。随着精密模具需求的增加，对线切割加工的精度要求愈来愈高，快速走丝线切割机床目前的结构与其配置已无法满足生产的精密要求。在大量引进国外慢走丝精密线切割机床的同时，也开始了国产慢走丝机床的研制工作，至今已有多种国产慢走丝线切割机床问世。我国的线切割加工技术的发展要高于电火花成形加工技术，如在国际市场上除高速走丝技术外，我国还陆续推出了大厚度(≥300mm)及超大厚度(≥600mm)线切割机床，在大型模具与工件的线切割加工方面，发挥了巨大的作用，拓宽了线切割工艺的应用范围，在国际上处于先进水平。

5.1.2 电火花线切割加工的特点

电火花线切割加工过程的工艺和机理，与电火花穿孔成形加工既有共性，又有特性。电火花线切割加工归纳起来有以下一些特点。

1. 电火花线切割加工与电火花成形加工的共性表现

(1) 线切割加工的电压、电流波形与电火花加工的基本相似。单个脉冲也有多种形式的放电状态，如开路、正常火花放电、短路等。

(2) 线切割加工的加工机理、生产率、表面粗糙度等工艺规律，材料的可加工性等也都与电火花加工基本相似，可以加工硬质合金等一切导电材料。

2. 线切割加工相比于电火花加工的不同特点表现

(1) 它以 0.03~0.35mm 的金属丝作为电极工具，不需要制造特定形状的电极。省掉了成形的工具电极，大大降低了成形工具电极的设计和制造费用，用简单的工具电极，靠数控技术实现复杂的切割轨迹，缩短了生产准备时间，加工周期短，这不仅对新产品的试制很有意义，对大批量生产也增加了快速性和柔性。

(2) 虽然加工的对象主要是平面形状，但是除了有金属丝直径决定的内侧脚步的最小直径 R(金属线半径+放电间隙)这样的限制外，任何复杂的形状都可以加工。无论被加工工件的硬度如何，只要是导体或半导体的材料都能实现加工。

(3) 轮廓加工所需加工的余量少，能有效地节约贵重的材料。由于电极丝比较细，可以加工微细异型孔、窄缝和复杂形状的工件。由于切缝很窄，且只对工件材料进行"套料"加工，实际金属去除量很少，材料的利用率很高，这对加工、节约贵重金属有着重要意义。

(4) 可忽视电极丝损耗(高速走丝线切割采用低损耗脉冲电源；慢速走丝线切割采用单向连续供丝，在加工区总是保持新电极丝加工)，加工精度高。由于采用移动的长电极丝进行加工，使单位长度电极丝的损耗较少，从而对加工精度的影响比较小，特别在低速走丝线切割加工时，电极丝一次性使用，电极丝损耗对加工精度的影响更小。正是电火花线切割加工有许多突出的长处，因而在国内外发展都较快，已获得了广泛的应用。

(5) 电极与工件之间存在着"疏松接触"式轻压放电现象。近年来的研究结果表明，当柔性电极丝与工件接近到通常认为的放电间隙(如 8~10μm)时，并不发生火花放电，甚至当电极丝已接触到工件，从显微镜中已看不到间隙时，也常常看不到火花。只有当工件将电极丝顶弯，偏移一定距离(几微米到几十微米)时，才发生正常的火花放电。即每进给 1μm，放电间隙并不减小 1μm，而是钼丝增加一点张力，向工件增加一点侧向压力，只有电极丝和工件之间保持一定的轻微接触压力，才形成火花放电。可以认为，在电极丝和工件之间存在着某种电化学产生的绝缘薄膜介质，当电极丝被顶弯所造成的压力和电极丝相对工件的移动摩擦使这种介质减薄到可被击穿的程度，才发生火花放电。放电发生之后产生的爆炸力可能使电极丝局部振动而脱离接触，但宏观上仍是轻压放电。

(6) 采用乳化液或去离子水的工作液，不必担心发生火灾，可以昼夜无人连续加工。采用水或水基工作液，不会引燃起火，容易实现安全无人运转，但由于工作液的电阻率远比煤油小，因而在开路状态下，仍有明显的电解电流。电解效应稍有益于改善加工表面粗糙度。

(7) 一般没有稳定电弧放电状态。因为电极丝与工件始终有相对运动，尤其是快速走丝电火花线切割加工，因此，线切割加工的间隙状态可以认为是由正常火花放电、开路和短路这三种状态组成，但往往在单个脉冲内有多种放电状态，有"微开路"、"微短路"现象。

(8) 任何复杂形状的零件，只要能编制加工程序就可以进行加工，因而很适合小批量零件和试制品的生产加工，加工周期短，应用灵活。

(9) 依靠微型计算机控制电极丝轨迹和间隙补偿功能，同时加工凹凸两种模具时，间隙可任意调节。采用四轴联动，可加工上、下面异型体，形状扭曲曲面体，变锥度和球形体等零件。

(10) 由于电极工具是直径较小的细丝，故脉冲宽度、平均电流等不能太大，加工工艺参数的范围较小，属中、精正极性电火花加工，工件常接脉冲电源正极。

5.1.3 电火花线切割加工的应用范围

线切割加工为新产品试制、精密零件加工及模具制造等开辟了一条新的工艺途径，主要应用于以下几个方面。

1. 试制新产品及零件加工

在新产品开发过程中需要单件的样品，使用线切割直接切割出零件，例如试制切割特殊微电机硅钢片定转子铁心，由于不需另行制造模具，可大大缩短制造周期、降低成本。又如在冲压生产时，未制造落料模时，先用线切割加工的试样进行成形等后续加工，得到验证后再制造落料模。另外修改设计、变更加工程序比较方便，加工薄件时还可多片叠在一起加工。在零件制造方面，可用于加工品种多，数量少的零件，特殊难加工材料的零件，材料试验件，各种型孔、型面、特殊齿轮、凸轮、样板、成形刀具。有些具有锥度切割的线切割机床，可以加工出"天圆地方"等上下异型面的零件。同时还可进行微细加工，异型槽和标准缺陷的加工等。

2. 加工特殊材料

切割某些高硬度、高熔点的金属时，使用机加工的方法几乎是不可能的，而采用线切割加工既经济又能保证精度。电火花成形加工用的电极、一般穿孔加工用的电极、带锥度型腔加工用的电极以及铜钨、银钨合金之类的电极材料，用线切割加工特别经济，同时也适用于加工微细复杂形状的电极。

3. 加工模具零件

电火花线切割加工主要应用于冲模、挤压模、塑料模、电火花型腔模的电极加工等。由于电火花线切割加工机床加工速度和精度的迅速提高，目前已达到可与坐标磨床相竞争的程度。例如，中小型冲模，材料为模具钢，过去用分开模和曲线磨削的方法加工，现在改用电火花线切割整体加工的方法，制造周期可缩短 3/4~4/5，成本降低 2/3~3/4，配合精度高，不需要熟练的操作工人。因此，一些工业发达国家的精密冲模的磨削等工序，已被电火花和电火花线切割加工所代替。表 5-1 表示电火花线切割加工的应用领域。

表 5-1　电火花线切割加工的应用领域

电火花线切割加工	平面形状的金属模加工	冲模、粉末冶金模、拉拔模、挤压模的加工
	立体形状的金属模加工	冲模用凹模的退刀槽加工、塑料用金属压模、塑料膜等分离面加工
	电火花成形加工用电极制作	形状复杂的微细电极的加工、一般穿孔用电极的加工、带锥度型模电极的加工
	试制品及零件加工	试制零件的直接加工、批量小品种多的零件加工、特殊材料的零件加工、材料试件的加工
	轮廓量规的加工	各种卡板量具的加工、凸轮及模板的加工、成形车刀的成形加工
	微细加工	化纤喷嘴加工、异型槽和窄槽加工、标准缺陷加工

5.1.4　电火花线切割技术的应用现状及发展趋势

随着模具等制造业的快速发展，近年来我国电火花线切割机床的生产和技术得到了飞速发展，同时也对电火花线切割机床提出了更高的要求，促使我国电火花线切割生产企业积极采用现代研究手段和先进技术深入开发研究，向信息化、智能化和绿色化方向不断发展，以满足市场的需要。未来的发展，将主要表现在以下几个方面。

1. 稳步发展高速走丝线切割机床的同时，重视低速走丝电火花线切割机床的开发和发展

1) 高速走丝机床依然稳步发展

高速走丝电火花线切割机床是我国发明创造的。由于高速走丝有利于改善排屑条件，适合大厚度和大电流高速切割，加工性能价格比优异，深受广大用户欢迎，因而在未来较长的一段时间内，高速走丝电火花线切割机床仍是我国电加工行业的主要发展机型。目前的发展重点是提高高速走丝电火花线切割机床的质量和加工稳定性，使其满足那些量大面宽的普遍模具及一般精度要求的零件加工要求。根据市场的发展需要，高速走丝电火花线切割机床的工艺水平必须相应提高，其最大切割速度应稳定在 100 mm^2/min 以上，而加工尺寸精度控制在 0.005~0.01mm 范围内，加工表面粗糙度 R_a 达到 1~2μm。这就需要在机床结构、加工工艺、高频电流及控制系统等方面加以改善，积极采用各种先进技术，重视窄脉宽、高峰值电流的高频电源的开发及应用。

2) 重视低速走丝电火花线切割机床的开发和发展

低速走丝电火花线切割机床由于电极丝移动平稳，易获得较高加工精度和表面粗糙度，适于精密模具和高精度零件的加工。我国在引进、消化、吸收的基础上，也开发并批量生产了低速走丝电火花线切割机床，满足了国内市场的部分需要。现在必须加强对低速走丝机床的深入研究，开发新的规格品种，为市场提供更多的国产低速走丝电火花线切割机床。与此同时，还应该在大量实验研究的基础上，建立完整的工艺数据库，完善 CAD/CAM 软件，使自主版权的 CAD/CAM 软件商品化。

2. 进一步完善机床结构设计，改进走丝机构

(1) 为使机床结构更加合理，必须用先进的技术手段对机床总体结构进行分析。这方面的研究将涉及运用先进的计算机有限元模拟软件对机床的结构进行力学和热稳定性的分析。为了更好地参与国际市场竞争，还应该注意造型设计，在保证机床技术性能和清洁加工的前提下，使机床结构合理，操作方便，外形新颖。

(2) 为了提高坐标工作台精度，除考虑热变形及先进的导向结构外，还应采用丝距误差补偿和间隙补偿技术，以提高机床的运动精度。龙门式机床的工作台只作 Y 方向运动，X 方向运动在龙门架上完成，上下导轮座挂于横架上，可以分别控制。这不仅增加了丝杠的刚性，而且工作台只作 Y 方向运行，省去了 X 方向的滑板，有助于提高工作台的承重能力，降低整机总重量。

(3) 高速走丝电火花线切割机床的走丝机构，是影响其加工质量及加工稳定性的关键部件，目前存在的问题较多，必须认真加以改进。目前已开发的恒张力装置及可调速的走丝系统，应在进一步完善的基础上推广应用。

(4) 支持新机型的开发研究。目前新开发的自旋式电火花线切割机床、高低双速电火花线切割机床、走丝速度连续可调的电火花线切割机床，在机床结构和走丝方式上都有创新。尽管它们还不够完善，但这类的开发研究工作都有助于促进电火花线切割技术的发展，必须积极支持，并帮助完善。

3. 积极推广多次切割工艺，提高综合工艺水平

根据放电腐蚀原理及电火花线切割工艺规律可知，切割速度和加工表面质量是一种矛盾，要想在一次切割过程中既获得很高的切割速度，又要获得很好的加工质量是很困难的。提高电火花线切割的综合工艺水平，采用多次切割是一种有效方法。多次切割工艺在低速走丝电火花线切割机床上早已推广应用，并获得了较好的工艺效果。当前的任务是通过大量的工艺实验来完善各种机型的各种工艺数据库，并培训广大操作人员合理掌握工艺参数的优化选取，以提高其综合工艺效果。在此基础上，可以开发多次切割的工艺软件，帮助操作人员合理掌握多次切割工艺。

4. 发展 PC 控制系统，扩充线切割机床的控制功能

随着计算机技术的发展，PC 的性能和稳定性都在不断增强，而价格却持续下降，为电火花线切割机床开发应用 PC 数控系统创造条件。目前国内已有的基于 PC 的电火花线切割数控系统，主要用于加工轨迹的编程和控制，PC 的资源还没有得到充分开发利用，今后可以在以下几个方面进行深入开发研究。

(1) 开发和完善开放式的数控系统。进一步充分利用、开发 PC 的资源，扩充数控系统的功能。

(2) 继续完善数控电火花线切割加工的计算机绘图、自动编程、加工规准控制及其缩放功能，扩充自动定位、自动找中心、低速走丝的自动穿丝、高速走丝的自动紧缩等功能，提高电火花线切割加工的自动化程度。

(3) 研究放电间隙状态数值检测技术，建立伺服控制模型，开发加工过程伺服进给自适应控制系统。为了提高加工精度，还应对传动系统的丝距误差及传动间隙进行精确检测，并利用 PC 进行自动补偿。

(4) 开发和完善数值脉冲电源，并在工艺实验基础上建立工艺数据库，开发加工参数优化选取系统，以帮助操作者根据不同的加工条件和要求合理选用加工参数，充分发挥机床潜力。

(5) 深入研究电火花线切割加工工艺规律，建立加工参数的控制模型，开发加工参数的自适应控制系统，提高加工稳定性。

(6) 开发有自主版权的电火花线切割 CAD/CAM 和人工智能软件。在上述各模块开发利用的基础上，建立电火花线切割 CAD/CAM 集成系统和人工智能系统，并使其商品化，以全面提高我国电火花线切割加工的自动化程度及工艺水平。

5.2 电火花线切割加工原理

电火花线切割加工与电火花成形加工的基本原理一样，都是基于电极间脉冲放电时的电火花腐蚀原理，实现零部件的加工。所不同的是，电火花线切割加工不需要制造复杂的成形电极，而是利用移动的细金属丝(钼丝或铜丝)作为工具电极，工件按照预定的轨迹运动，"切割"出所需的各种尺寸和形状。根据电极丝的运行速度，电火花线切割机床通常分为两大类：高速走丝(或称快走丝)电火花线切割机床(WEDM-HS)，低速走丝(或称慢走丝)电火花线切割机床(WEDM-LS)。

5.2.1 高速走丝电火花线切割加工原理

高速走丝(或称快走丝)电火花线切割机床(WEDM-HS)，是我国生产和使用的主要机种，也是我国独创的电火花线切割加工模式。这类机床的电极丝(钼丝)作高速往复运动，一般走丝速度为 8~10m/s。图 5.1(a)、(b)所示为高速走丝电火花线切割工艺及装置的示意图。是利用细钼丝 4 作为工具电极进行切割，钼丝穿过工件上预钻好的小孔，经导向轮 5 由储丝筒 7 带动钼丝作正反向交替移动，加工能源由脉冲电源 3 供给。工件安装在工作台上，由数控装置按加工要求发出指令，控制两台步进电机带动工作台在水平 X、Y 两个坐标方向移动从而合成各种曲线轨迹，把工件切割成形。在加工时，由喷嘴将工作液以一定的压力喷向加工区，当脉冲电压击穿电极丝和工件之间的放电间隙时，两极之间即产生火花放电而蚀除工件。

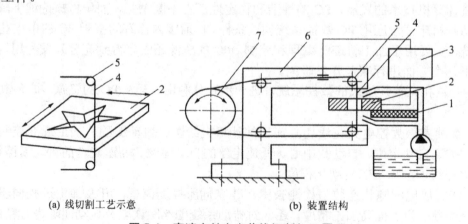

(a) 线切割工艺示意　　　　(b) 装置结构

图 5.1　高速走丝电火花线切割加工原理

1—绝缘底板；2—工件；3—脉冲电源；4—钼丝；5—导向轮；6—支架；7—储丝筒

这类机床的电极丝运行速度快,而且是双向往返循环地运行,即成千上万次的反复通过加工间隙,一直使用到断线为止。电极丝主要是钼丝(0.1~0.2mm),工作液通常采用乳化液,也可采用矿物油(切割速度低,易产生火灾)、去离子水等。由于电极丝的快速运动能将工作液带进狭窄的加工间隙,以保持加工间隙的"清洁"状态,有利于切割速度的提高。相对来说高速走丝电火花线切割机床结构比较简单,价格比低速走丝机床便宜。但是由于它的运丝速度快、机床的振动较大,电极丝的振动也大,导丝导轮损耗也大,给提高加工精度带来较大的困难。另外电极丝在加工反复运行中的放电损耗也是不能忽视的,因而要得到高精度的加工和维持加工精度也是相当困难的。目前能达到的精度为 0.01mm,表面粗糙度 R_a 为 0.63~1.25 μm,但一般的加工精度为 0.015~0.02mm,表面粗糙度 R_a 为 1.25~2.5 μm,可满足一般模具的要求。目前我国国内制造和使用的电火花线切割机床大多为高速走丝电火花线切割机床。

5.2.2 低速走丝电火花线切割加工原理

低速走丝(或称慢走丝)电火花线切割机床(WEDM-LS),是国外生产和使用的主要机种,我国已生产和逐步更多地采用慢走丝机床。这类机床的电极丝作低速单向运动,一般走丝速度低于 0.2m/s。慢速走丝电火花线切割加工是利用铜丝做电极丝,靠火花放电对工件进行切割,如图 5.2 所示为低速走丝电火花线切割工艺及装置的示意图。在加工中,电极丝一方面相对工件 2 不断做上(下)单向移动;另一方面,安装工件的工作台 7,由数控伺服 X 轴电动机 8、Y 轴电动机 10 驱动下,在 X、Y 轴实现切割进给,使电极丝沿加工图形的轨迹,对工件进行加工。它在电极丝和工件之间加上脉冲电源 1,同时在电极丝和工件之间浇注去离子水工作液,不断产生火花放电,使工件不断被电腐蚀,可控制完成工件的尺寸加工。经导向轮由储丝筒 6 带动电极丝相对工件 2 做单向移动。

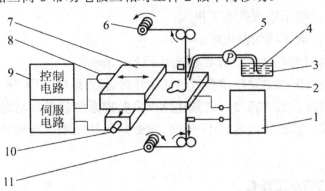

图 5.2　低速走丝电火花线切割加工原理及设备组成示意图

1—脉冲电源;2—工件;3—工作液箱;4—去离子水;5—泵;6—储丝筒;7—工作台;8—X 轴电动机;
9—数控装置;10—Y 轴电动机;11—收丝筒

这类机床的运丝速度慢,可使用纯铜、黄铜、钨、钼和各种合金以及金属涂覆线作为电极丝,其直径为 0.03~0.35mm。这种机床电极丝只是单方向通过加工间隙,不重复使用,可避免电极丝损耗给加工精度带来的影响。工作液主要是去离子水和煤油。使用去离子水工作效率高,没有引起火灾的危险。这类机床的切割速度目前已达到 350~400mm²/min,最

佳表面粗糙度 R_a 可达到 0.05μm，尺寸精度大为提高，加工精度能达到±0.001mm，但一般的加工精度为 0.002~0.005mm，表面粗糙度为 0.03μm。低速走丝电火花线切割加工机床由于解决了能自动卸除加工废料、自动搬运工件、自动穿电极丝和自适应控制技术的应用，因而已能实现无人操作的加工。但低速走丝电火花线切割加工机床在目前的造价，以及加工成本均要比高速走丝数控电火花线切割机床高得多。

电火花线切割机床按控制方式过去曾有模仿型控制和光电跟踪控制，但现在都采用数字程序控制；按加工尺寸范围可分为大、中、小型；还可分为普通型与专用型等。目前国内外的线切割机床采用不同水平的微机数控系统，从单片机、单板机到微型计算机系统，一般都还有自动编程功能。

5.3 电火花线切割机床

5.3.1 电火花线切割机床的型号与主要技术参数

电火花线切割机床可分为高速走丝电火花线切割机床(本书以后简称为高速线切割机)和低速走丝电火花线切割机床(低速线切割机)。高速线切割机具有设备投资小、生产成本低的特点，国内现有的线切割机大多为高速线切割机。根据 GB/T 15375—1994《金属切削机床 型号编制方法》的规定，线切割机床型号是以 DK77 开头的，如 DK7732 的含义如下：

D 为机床类别代号，表示电加工机床；
K 为机床特性代号，表示数控；
7 为组别代号，表示电火花加工机床；
7 为型别代号，表示线切割机床；
32 为基本参数代号，表示工作台横向行程为 320mm。

电火花线切割机床的主要技术参数包括工作台行程(纵向行程×横向行程)、最大切割厚度、加工表面粗糙度、加工精度、切割速度以及数控系统的控制功能等。电火花线切割加工机床的种类不同，其设备内容也不一样，但必须包括三个主要部分：线切割机床、控制器、脉冲电源。

5.3.2 电火花线切割加工设备

电火花线切割加工设备主要由机床本体、脉冲电源、控制系统、工作液循环系统和机床附件等几部分组成。图 5.3 和图 5.2 所示分别为高速和低速走丝线切割加工设备组成图。本节以讲述高速走丝线切割为主。由于线切割的控制系统比较重要，且内容较多，故另将在本章第 4 节中介绍。

1. 机床本体

机床本体由机床床身、X、Y 坐标工作台、走丝机构、丝架、工作液箱、附件和夹具等几部分组成。

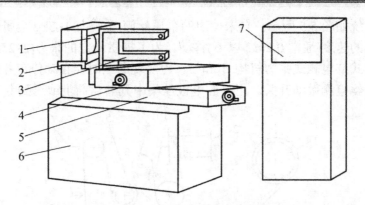

图 5.3 高速走丝线切割加工设备组成

1—卷丝筒；2—走丝溜板；3—丝架；4—上滑板；5—下滑板；6—床身；7—电源及控制柜

1) 机床床身

机床的床身通常采用箱式结构的铸铁件，它是 X、Y 坐标工作台、走丝机构及丝架的支撑和固定基础，应有足够的强度和刚度。床身内部可安置电源和工作液箱，考虑电源的发热和工作液泵的振动对机床精度的影响，有些机床将电源和工作液箱移出床身外另行安放。

2) X、Y 坐标工作台部分

工件装夹在 X、Y 坐标工作台上，电火花线切割机床最终都是通过 X、Y 坐标工作台与电极丝的相对运动来完成对零件加工的，机床的精度将直接影响工件的加工精度。为保证机床精度，对导轨的精度、刚度和耐磨性有较高的要求。一般都采用"十"字滑板、滚动导轨和丝杆传动副将电动机的旋转运动变为工作台的直线运动，通过 X、Y 两个坐标方向各自的进给移动，可合成获得各种平面图形曲线轨迹。为保证工作台的定位精度和灵敏度，传动丝杆和螺母之间必须消除间隙。

3) 走丝机构

走丝机构使电极丝以一定的速度运动并保持一定的张力。在高速走丝机床上，一定长度的电极丝平整地卷绕在储丝筒上(见图 5.4)，丝张力与排绕时的拉紧力有关(为提高加工精度、近来已研制出恒张力装置)，储丝筒通过联轴节与驱动电动机相连。为了重复使用该段电极丝，电动机由专门的换向装置控制作正反向交替运转。走丝速度等于储丝筒周边的线速度，通常为 8~10m/s。在运动过程中，电极丝由丝架支撑，并依靠导轮保持电极丝与工作台垂直或倾斜一定的几何角度(锥度切割时)。

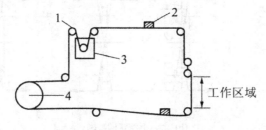

图 5.4 高速走丝系统示意图

1—导轮；2—导电块；3—配重块；4—储丝筒

低速走丝系统如图 5.5 所示。自未使用的金属丝筒 2(绕有 1~3kg 金属丝)、靠卷丝轮 1 使金属丝以较低的速度(通常 0.2m/s 以下)移动。为了提供一定的张力(2~25N)，在走丝路径中装有一个机械式或电磁式张力机构 4 和 5。为实现断丝时能自动停车并报警，走丝系统中通常还装有断丝检测微动开关。用过的电极丝集中到卷丝筒上或送到专门的收集器中。

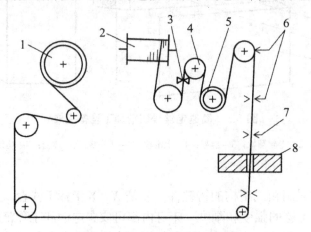

图 5.5　低速走丝系统示意图

1—卷丝轮；2—未使用的金属丝筒；3—拉丝模；4—张力电动机；5—电极丝张力调节轴；6—退火装置；7—导向器；8—工件

为了减轻电极丝的振动，加工时应使其跨度尽可能小(按工件厚度调整)，通常在工件的上下采用蓝宝石 V 形导向器或圆孔金刚石模块导向器，其附近装有引电部分，工作液一般通过引电区和导向器再进入加工区，可使全部电极丝的通电部分都能冷却。近代的机床上还装有靠高压水射流冲刷引导的自动穿丝机构，能使电极丝经一个导向器穿过工件上的穿丝孔而被传送到另一个导向器，在必要时也能自动切断并再穿丝，为无人连续切割创造了条件。

4) 锥度切割装置

为了切割有落料角的冲模和某些有锥度(斜度)的内外表面，有些线切割机床具有锥度切割功能。实现锥度切割的方法有多种，下面仅介绍两种。

(1) 偏移式丝架。主要用在高速走丝线切割机床上实现锥度切割，其工作原理如图 5.6 所示。

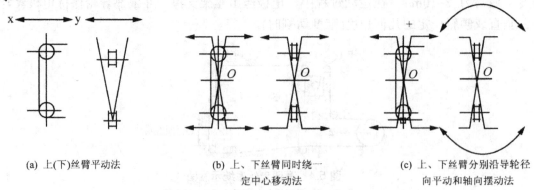

(a) 上(下)丝臂平动法　　(b) 上、下丝臂同时绕一定中心移动法　　(c) 上、下丝臂分别沿导轮径向平动和轴向摆动法

图 5.6　偏移式丝架实现锥度加工的方法

图5.6(a)为上(或下)丝臂平动法，上(或下)丝臂沿 X、Y 方向平移，此法锥度不宜过大，否则钼丝易拉断，导轮易磨损，工件上有一定的加工圆角。图 5.6(b)为上、下丝臂同时绕一定中心移动的方法，如果模具刃口放在中心 O 上，则加工圆角近似为电极丝半径。此法加工锥度也不宜过大。图 5.6(c)为上、下丝臂分别沿导轮径向平动和轴向摆动的方法，用此法时加工锥度不影响导轮磨损。最大切割锥度通常可达 5 以上。

(2) 双坐标联动装置。在低速走丝线切割机床上广泛采用此类装置，它主要依靠上导向器作纵横两轴 (称 U、V 轴)驱动，与工作台的 X、Y 轴在一起构成 NC(数字控制)四轴同时控制(见图 5.7)。这种方式的自由度很大，依靠功能丰富的软件，可以实现上下异型截面形状的加工。最大的倾斜角度 θ 一般为 ±5°，有的甚至可达 30°~50°(与工件厚度有关)。

在锥度加工时，保持导向间距(上、下导向器与电极丝接触点之间的直线距离)一定，是获得高精度的主要因素，为此，有的机床具有 Z 轴设置功能，并且一般采用圆孔方式的无方向性导向器。

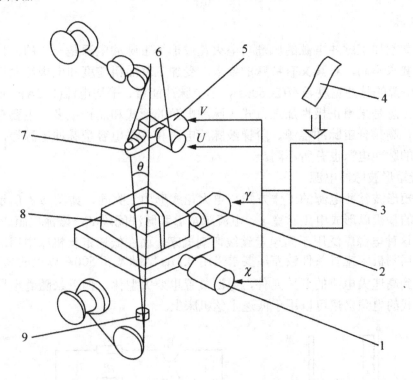

图 5.7 四轴联动锥度切割装置

1—X 轴驱动电动机；2—Y 轴驱动电动机；3—控制装置；4—数控纸带；5—V 轴驱动电动机；6—U 轴驱动电动机；
7—上导向器；8—工件；9—下导向器

2. 工作液及其循环系统

工作液的主要作用是在电火花线切割加工过程中脉冲间歇时间内及时将已蚀除下来的电蚀产物从加工区域中排除，使电极丝与工件间的介质迅速恢复绝缘状态，保证火花放电不会变为连续的弧光放电，使线切割顺利进行下去。此外，工作液还有另外两个作用：一方面有助于压缩放电通道，使能量更加集中，提高电蚀能力；另一方面可以冷却受热的电极丝，防止放电产生的热量扩散到不必要的地方，有助于保证工件表面质量和提高电蚀能力。

工作液在线切割加工中对加工工艺指标的影响很大，如对切割速度、表面粗糙度、加工精度和生产率影响很大。因此，工作液应具有一定的介电能力、较好的消电离能力、渗透性好、稳定性好等特性，还应有较好的洗涤性能、防腐蚀性能、对人体无危害等。低速走丝线切割机床大多采用去离子水作工作液，只有在特殊精加工时才采用绝缘性能较高的煤油。高速走丝线切割机床使用的工作液是专用乳化液，目前商品化供应的乳化液有 DX-1、DX-2、DX-3 等多种，各有其特点，有的适用于快速加工，有的适用于大厚度切割，也有的是在原来工作液中添加某些化学成分来改善其切割表面粗糙度或增加防锈能力等。一般线切割机床的工作液循环系统包括：工作液箱、工作液泵、流量控制阀、进液管、回流管及过滤网罩等。对于高速走丝线切割机床，通常采用浇注式的供液方式；而对于低速走丝线切割机床，近年来有些已采用浸泡式的供液方式。

3. 脉冲电源

电火花线切割加工脉冲电源的原理与电火花成形加工脉冲电源是一样的，只是由于加工条件和加工要求不同，对其又有特殊的要求。受加工表面粗糙度和电极丝允许承载电流的限制，脉冲电源的脉冲宽度较窄($2\sim60\mu s$)，单个脉冲能量、平均电流($1\sim5A$)一般较小，所以，线切割加工总是采用正极性加工方式。脉冲电源的形式和品种很多，主要有晶体管矩形波脉冲电源、高频分组脉冲电源、阶梯波脉冲电源和并联电容型脉冲电源等，快、慢走丝线切割机床的脉冲电源也有所不同。

1) 晶体管矩形波脉冲电源

晶体管式矩形波脉冲电源的工作方式与电火花成形加工类同，如图 5.8 所示，通过控制功率管 VT 的基极以形成电压脉宽 t_i、电流脉宽 t_e 和脉冲间隔 t_o，限流电阻 R_1、R_2 决定峰值电流 i_e。这种电源广泛用于高速走丝线切割机床，而在低速走丝机床中用的不多。因为低速走丝线切割机床排屑条件较差，要求采用 $0.1\mu s$ 窄脉宽和 500A 以上的高峰值电流，这样势必要用到高速大电流的开关元件，电源装置也要大型化。但近来随着半导体元件的进展，这种方式的电源仍然可以用于低速走丝机床上。

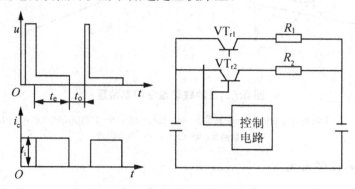

图 5.8　晶体管矩形波脉冲电源

2) 高频分组脉冲电源

高频分组脉冲波形如图 5.9 所示，这种波是由矩形波派生出来的，即把较高频率的小脉宽 t_i 和小脉间 t_o 的矩形波脉冲分组成为大脉宽 T_i 和大脉间 T_o 输出。

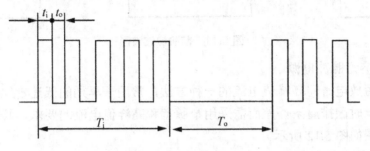

图 5.9　高频分组脉冲波形

矩形波不能同时满足提高切割速度和改善表面粗糙度这两项工艺指标。若想提高切割速度，则表面粗糙度较差；若想使表面粗糙度值较小，则切割速度急剧下降。而高频分组脉冲电源在一定程度上缓解了两者之间的矛盾，它既具有高频脉冲加工表面粗糙度值小，又具有低频脉冲加工速度高、电极丝损耗低的双重特点，在相同的加工条件下，可获得较好的加工工艺效果。因而得到了越来越广泛的应用。

由图 5.10 可见，加工时由高频脉冲发生器、分组脉冲发生器和与门电路产生高频分组脉冲波形，然后经脉冲放大和功率输出，将高频分组脉冲能量输送到放电间隙，进行放电腐蚀加工。一般取 $t_o \geq t_i$，$T_i = (4\sim6)t_i$，$T_o \leq T_i$。

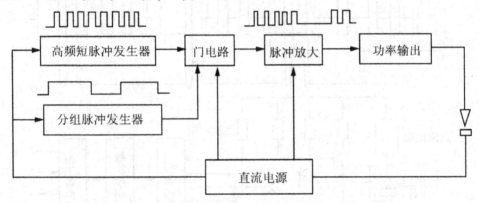

图 5.10　高频分组脉冲电源的电路原理方框图

3) 阶梯波脉冲电源(低损耗电源)

实践证明，如果每个脉冲在击穿放电间隙后，电压及电流逐步升高，则可以在不太降低生产率的情况下，大大减少电极丝的损耗，延长重复使用电极丝的寿命，提高加工精度，这对于快速走丝线切割加工是很有意义的。这种脉冲电源就是阶梯形脉冲电源，一般为前阶梯波，其电流波形如图 5.11 所示。前阶梯波是由矩形波组合而成，可由几路起始脉冲放电时间顺序延迟的矩形波叠加而成。

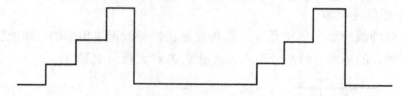

图 5.11 前阶梯波波形

4) 并联电容型脉冲电源

这是实现短放电时间高峰值电流的一种方法，常用于早期的低速走丝线切割机床中，以满足低速走丝时因排屑条件差而需采用窄脉宽和高峰值电流的要求，其电流、电压波形及电路原理框图如图 5.12 所示。

从图 5.12 可知，按照晶体管的开、关状态，电容器两端的电压波形呈现一种阶梯状态，利用晶体管开通时间 t_i 和截止时间 t_o 的不同组合，可以改变充电电压波形的前沿。而且，一旦放电电流发生，可使晶体管变为截止状态，阻止直流电源供给电流。在这种电路中，依靠调整晶体管的通断时间、限流电阻的个数及电容器的容量，可控制放电的重复频率，而每次放电的能量由直流电源的电压及电容器的容量决定。

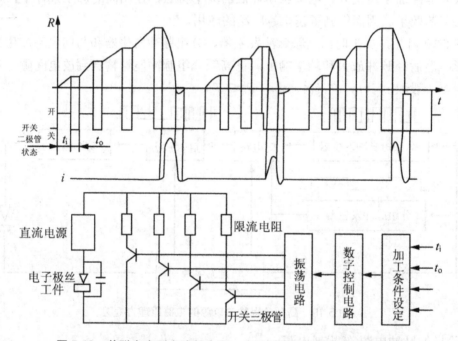

图 5.12 并联电容型电路的电压、电流波形及脉冲电源电路简图

近年来随着大规模集成电路和功率器件的发展，在低速走丝切割电源中已采用高速开关大功率集成模块 IGBT，它能形成 0.1 μs 级和 500~1000A 的窄脉冲大高峰值电流。

5.4 电火花线切割系统和编程技术

5.4.1 电火花线切割控制系统

控制系统是进行电火花线切割加工的重要组成环节，是机床工作的指挥中心。控制系统的技术水平、稳定性、可靠性、控制精度及自动化程度等直接影响工件的加工工艺指标和工人的劳动强度。

控制系统的作用是：在电火花线切割加工过程中，根据工件的形状和尺寸要求，自动控制电极丝相对于工件的运动轨迹；同时自动控制伺服进给速度，实现对工件的形状和尺寸加工。亦即当控制系统使电极丝相对于工件按一定轨迹运动的同时，还应该实现伺服进给速度的自动控制，以维持正常的放电间隙和稳定切割加工。前者轨迹控制依靠数控编程和数控系统，后者是根据放电间隙大小与放电状态由伺服进给系统自动控制的，使进给速度与工件材料的蚀除速度相平衡。

电火花线切割加工机床控制系统的主要功能包括以下两个方面。

(1) 轨迹控制。精确控制电极丝相对于工件的运动轨迹，加工出需要的工件形状和尺寸。

(2) 加工控制。主要包括对伺服进给速度、脉冲电源、走丝机构、工作液循环系统以及其他的机床操作的控制。此外，失效安全及自诊断功能等也是重要方面。

数控电火花线切割加工的控制原理是：把图样上工件的形状和尺寸编制成程序指令，通过键盘或使用穿孔纸带或磁带，或直接传输给计算机，计算机根据输入的程序进行计算，并发出进给信号来控制驱动电动机，由驱动电动机带动精密丝杠，使工件相对于电极丝作轨迹运动，实现加工过程的自动控制。图 5.13 所示为数字程序控制过程框图。

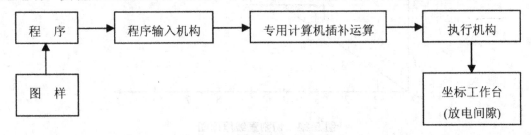

图 5.13　数字程序控制过程框图

目前电火花线切割加工机床的轨迹控制系统普遍采用数字程序控制，并已发展到微型计算机直接控制阶段。数字程序控制方式与依靠模仿形和光点跟踪控制不同，它不需要制作精密的模板或描绘精确的放大图，而是根据图样形状尺寸，经编程后用计算机进行直接控制加工。因此，只要机床的进给精度比较高，就可以加工出高精度的零件，而且生产准备时间短，机床占地面积少。目前高速走丝电火花线切割机床的控制系统大多采用比较简单的步进电动机开环控制系统，低速走丝线切割机床的控制系统则大多采用直流或交流伺服电动机加码盘的半闭环控制系统，也有一些超精密线切割机床上采用了光栅位置反馈的全闭环数控系统。

1. 轨迹控制原理

数字程序控制系统能够控制加工同一平面上由直线和圆弧组成的任何图形的工件，这是最基本的控制功能。控制方法有逐点比较法、数字积分法、矢量判别法、最小偏差法等。每种插补方法各有其特点。高速走丝线切割机床的控制系统普遍采用逐点比较法。机床在 X、Y 两个方向不能同时进给，只能按直线的斜度和圆弧的曲率来交替地一步一个微米地分步 "插补" 进给。采用逐点比较法时，X 或 Y 每进给一步，每次插补过程都要进行四个节拍。下面通过图 5.14 来分析说明逐点比较法切割直线时的四个节拍。

第一拍：偏差判别。其目的是判别目前的加工坐标点对规定几何轨迹的偏离位置，然后决定拖板的走向。一般用 F 代表偏差值，$F=0$，表示加工点恰好在线(轨迹)上；$F>0$，表示加工点在线的上方或左方；$F<0$，表示加工点在线的下方或右方，以此来决定第二拍进给的轴向和正、负方向。如图 5.14 所示，切割斜线 OA，坐标原点在起点 O 上。加工开始时，先从 O 点沿 $+X$ 方向前进一步到位置 "1"，由于位置 "1" 在斜线 OA 的下方，偏离了预定的加工斜线 OA，产生了偏差。此时，偏差值 $F<0$。

第二拍：进给。根据 F 偏差值命令坐标工作台沿 $+X$ 向或 $-X$ 向；或 $+Y$ 向或 $-Y$ 向进给一步，向规定的轨迹靠拢，缩小偏差。在图中位置 "1" 时，$F<0$，为了靠近斜线 OA，缩小偏差，第二步应沿着 $+Y$ 方向前进到位置 "2"。

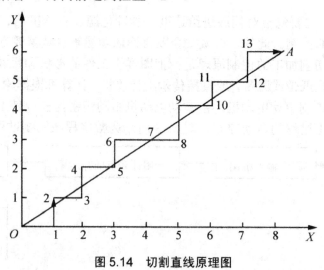

图 5.14　切割直线原理图

第三拍：偏差计算。按照偏差计算公式，计算和比较进给一步后新的坐标点对规定轨迹新的偏差 F 值，作为下一步判别走向的依据。图中前进到位置 "2" 后，处在斜线 OA 的上方，同样偏离了预定加工的斜线 OA，产生了新的偏差 $F>0$。

第四拍：终点判断。根据计数长度判断是否到达程序规定的加工终点。若到达终点，则停止插补和进给，否则再回到第一拍。如此连续不断地重复上述循环过程，就能一步一步地加工出所要求的轨迹和轮廓形状。图 5.14 中为了缩小偏差，使位置 "2" 向斜线 OA 靠近，应沿 $+X$ 方向前进到位置 "3"。如此连续不断地进行下去，直到终点 A。只要每步的距离足够小，所走的折线就近似于一条光滑的斜线。

在用单板机、单片机或系统计算机构成的线切割数控系统中，进给的快慢是根据放电间隙的大小，采样后由压-频转换、变频电路得来的进给脉冲信号，用它向 CPU 申请中断。CPU 每接受一次中断申请，就按照上述四个节拍运行一个循环，决定 X 或 Y 方向进给一步，然后通过并行 I/O 接口芯片，经过放大，驱动步进电动机带动工作台进给 1μm。

2. 加工控制功能

线切割加工控制和自动化操作方面的功能很多，并有不断增强的趋势，这对节省准备工作量、提高加工质量很有好处，主要有下列几种。

1) 进给速度控制

能根据加工间隙的平均电压或放电状态的变化，通过取样、变频电路，不定期地向计算机发出中断申请，暂停插补运算，自动调整伺服进给速度，保持某一平均放电间隙，使加工稳定，提高切割速度和加工精度。

2) 短路回退

经常记忆电极丝经过的路线。发生短路时，改变加工条件并沿原来的轨迹快速后退，消除短路，防止断丝。

3) 间隙补偿

线切割加工数控系统所控制的是电极丝中心移动的轨迹。因此，加工有配合间隙冲模的凸模时，电极丝中心轨迹应该向原图形之外偏移，进行"间隙补偿"，以补偿放电间隙和电极丝的半径，加工凹模时，电极丝中心轨迹应向图形之内"间隙补偿"。

4) 图形的缩放、旋转和平移

利用图形的任意缩放功能可以加工出任意比例的相似图形；利用任意角度的旋转功能可使齿轮、电动机定转子等类零件的编程大大简化，只要编一个齿形的程序，通过"旋转功能"就可切割出整个齿轮；而平移功能则同样极大地简化了跳步模具的编程。

5) 适应控制

在切割工件厚度变化的场合，改变规准之后，能自动改变伺服进给速度或电参数(包括加工电流、脉冲宽度、间隔)，不用人工调节就能自动进行高效率、高精度的稳定加工。

6) 自动找中心

使孔中的电极丝自动找正后停止在孔中心处。

7) 信息显示

可动态显示程序号、计数长度等轨迹参数，较完善地采用计算机 CRT 屏幕显示，还可以显示电规准参数、切割轨迹图形和切割速度、切割时间等。

此外，线切割加工控制，还具有故障安全(断电记忆等)和自诊断等功能。

5.4.2 电火花线切割编程

数控线切割加工机床的控制系统是根据人的"命令"控制机床进行加工的。因此必须先将要加工工件的图形用机器所能接受的"语言"编好"命令"，以便输入控制系统，这种"命令"就是线切割加工程序。这项工作称为数控线切割编程，简称编程。数控线切割编程方法分为手工编程和微机自动编程。手工编程能使操作者比较清楚地了解编程所需要进行的各种计算和编程过程，但计算工作比较繁杂。近年来由于微机的快速发展，线切割加工的编程越来越多地普遍采用微机自动编程。

为了便于机器接受"命令"，必须按照一定的格式来编制线切割加工机床的数控程序。目前高速走丝线切割机床一般采用 3B(个别扩充为 4B 或 5B)数控程序格式，而低速走丝线切割机床普遍采用 ISO(国际标准化组织)或 EIA(美国电子工业协会)数控程序格式。为了便于国际交流和标准化，我国电加工学会和特种加工行业协会建议我国生产的线切割控制系统逐步采用 ISO 数控程序格式代码。

以往数控线切割机床在加工之前应先按照工件的形状和尺寸编出程序，将此程序打出穿孔纸带，再由纸带进行数控线切割加工。近年来的自动编程机可不用纸带而直接将编出的程序传输给线切割机床。

以下是我国高速走丝线切割机床应用较广的 3B 程序编程方法：

1. 3B 程序指令格式

常见的图形都是由直线和圆弧组成的，不管是什么图形，只要能分解为直线和圆弧就可依次分别编程。我国高速走丝线切割机床采用统一的五指令 3B 程序指令格式见表 5-2。

表 5-2　3B 程序指令格式

B	X	B	Y	B	J	G	Z
分隔符	X 坐标值	分隔符	Y 坐标值	分隔符	计数长度	计数方向	加工指令

表中的各个参数的含义如下。

B 为分隔符号，它在程序单上起着把 X、Y 和 J 数值分隔开的作用。当程序输入控制器时，读入第一个 B 后，它使控制器做好接受 X 坐标值的准备，读入第二个 B 后做好接受 Y 坐标值的准备，读入第三个 B 后做好接受 J 值的准备。B 后的数字如为 0(零)，则此 0 可以不写。

X、Y 为直线的终点对其起点的坐标值或圆弧起点对其圆心的坐标值，编程时均取绝对值，以 μm 为单位，最多为 6 位数。

J 为计数长度，以 μm 为单位，最多为 6 位数。为了保证所要加工的圆弧或直线段能按要求的长度加工出来，一般线切割加工机床是用从起点到终点某个滑板进给的总长度来作为计数长度的。

G 为计数方向，分 GX 或 GY，即可按 X 方向或 Y 方向计数，工作台在该方向每走 1μm，即计数累减 1，当累减到计数长度 $J=0$ 时，这段程序即加工完毕。在 X 和 Y 两个坐标中用哪一个坐标作计数长度，要根据计数方向的选择而定。

Z 为加工指令，分为直线 L 与圆弧 R 两大类。直线又按走向和终点所在象限而分为 L_1、L_2、L_3、L_4 四种；圆弧又按第一步进入的象限及走向的顺圆、逆圆而分为顺圆 SR_1、SR_2、SR_3、SR_4 及逆圆 NR_1、NR_2、NR_3、NR_4 共八种，如图 5.15 所示。

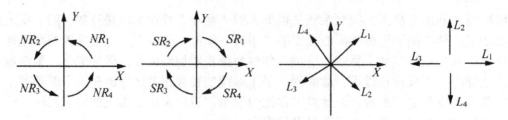

图 5.15　加工指令

2. 直线的编程方法

(1) 以直线的起点为原点，建立正常的直角坐标系，x、y 表示直线终点的坐标绝对值，单位为 μm。最多为 6 位。

(2) 在直线 3B 代码中，x、y 值主要是确定该直线的斜率，所以可将直线终点坐标的绝对值除以它们的最大公约数作为 x、y 的值，以简化数值。

(3) 若直线与 X 或 Y 轴重合，为区别一般直线，x、y 均可写作 0 也可以不写。

(4) 计数方向 G 的选取原则，应取此程序最后一步的轴向为计数方向。不能预知时，一般选取与终点处的走向较平行的轴向作为计数方向，这样可减小编程误差与加工误差。对直线而言，取 X、Y 中较大的绝对值和轴向作为计数长度 J 和计数方向 G。

(5) J 的取值方法为：由计数方向 G 确定投影方向，若 G=Gx，则将直线向 X 轴投影得到长度的绝对值即为 J 的值；若 G=Gy，则将直线向 Y 轴投影得到长度的绝对值即为 J 的值。以 μm 为单位，最多为 6 位数。决定计数长度时，要和选计数方向一并考虑。

(6) 加工指令 Z 按照直线走向和终点所在的坐标象限不同可分为 L_1、L_2、L_3、L_4，其中与 +X 轴重合的直线算作 L_1，与 -X 轴重合的直线算作 L_3，与 +Y 轴重合的直线算作 L_2，与 -Y 轴重合的直线算作 L_4，具体可参考图 5.15。

3. 圆弧的编程方法

(1) 以圆弧的圆心为坐标原点，建立正常的直角坐标系。

(2) x、y 值的确定：用 x，y 表示圆弧起点坐标的绝对值，单位为 μm，最多为 6 位。

(3) G 的确定：计数方向(分 G_x 和 G_y)同样也取与该圆弧终点时走向较平行的轴向作为计数方向，以减少编程和加工误差，即取终点坐标绝对值小的轴向为计数方向(与直线编程相反)。

(4) J 的确定：按计数方向 G(G_x 或 G_y)取圆弧在 X 轴或 Y 轴上的投影值作为计数长度，单位为μm，最多为 6 位。如果圆弧较长，跨越两个以上象限，则分别取计数方向 X 轴(或 Y 轴)上各个象限投影值的绝对值相累加，作为该方向总的计数长度。

(5) 加工指令 Z 按照第一步进入的象限可分为 R_1、R_2、R_3、R_4；按切割的走向可分为顺圆 S 和逆圆 N，于是共有 8 种指令：SR_1、SR_2、SR_3、SR_4、NR_1、NR_2、NR_3、NR_4，具体可参考图 5.15。

4. 编程举例

【例 5-1】 对如图 5.16 所示的图形进行编程。

解：该工件由三段直线和一段圆弧组成，故需要分成四段来编写程序。

(1) 加工直线段 AB。

以起点 A 为坐标原点，因 AB 与 X 轴正重合，X、Y 均可作 0 计，故程序为

    B40000BB40000G$_x$ L$_1$
或   BBB40000G$_x$ L$_1$

(按 X=40000，Y=0，也可编程为 B40000B0B40000G$_x$ L$_1$，不会出错)

(2) 加工斜线段 BC。以 B 点为坐标原点，则 C 点对 B 点的坐标为 X=10000，Y=90000，故程序为

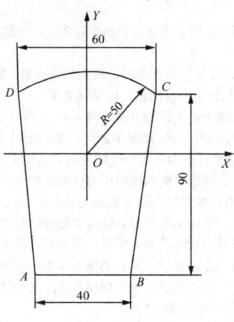

$$B1B9B90000G_Y \ L_1$$

图 5.16 编程图形

(3) 加工圆弧 CD。以该圆弧圆心 O 为坐标原点，经计算，圆弧起点 C 对圆心 O 点的坐标为 X=30000，Y=40000，故程序为

$$B30000B40000B60000G_X \ NR_1$$

(4) 加工斜线段 DA。以 D 点为坐标原点，终点 A 对 D 点的坐标为 X=10000，Y=90000，故程序为

$$B1B9B90000G_Y \ L_4$$

加工整个工件的程序单见表 5-3。

表 5-3 程序单

程序	B	X	B	Y	B	J	G	Z
1	B		B		B	40000	G_X	L_1
2	B	1	B	9	B	90000	G_Y	L_1
3	B	30000	B	40000	B	60000	G_X	NR_1
4	B	1	B	9	B	90000	G_Y	L_4
5	停机代码							D

实际线切割加工和编程时，要考虑钼丝半径 r 和单面放电间隙 S 的影响。对于切割孔和凹体，应将程序轨迹偏移减小 $(r+S)$ 距离，对于凸体，则应偏移增大 $(r+S)$ 距离。

【例 5-2】 用 3B 代码编制加工图 5.17(a)所示的线切割加工程序。已知线切割加工用的电极丝直径为 0.18 mm，单边放电间隙为 0.01 mm，图中 A 点为穿丝孔，加工方向沿 A—B—C—D—E—F—G—H—B—A 进行。

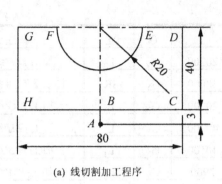
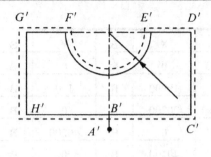

(a) 线切割加工程序　　　　　　　　(b) 钼丝中心运行的轨迹形状

图 5.17　线切割图形

解：

(1) 分析。现用线切割加工凸模状的零件图，实际加工中由于钼丝半径和放电间隙的影响，钼丝中心运行的轨迹形状如图 5.17(b)中虚线所示，即加工轨迹与零件图相差一个补偿量，补偿量的大小为

钼丝半径+单边放电间隔 = 0.09mm + 0.01mm = 0.1mm

在加工中需要注意的是 $E'F'$ 圆弧的编程，圆弧 EF[见图 5.17(a)]与圆弧 $E'F'$[见图 5.17(b)]有较多不同点，它们的特点比较见表 5-4。

表 5-4　圆弧 EF 和 $E'F'$ 特点比较表

	起点	起点所在象限	圆弧首先进入象限	圆弧经历象限
圆弧 EF	E	X 轴上	第四象限	第二、三象限
圆弧 $E'F'$	E'	第一象限	第一象限	第一、二、三、四象限

(2) 计算并编制圆弧 $E'F'$ 的 3B 代码。在图 5.17(b)中，最难编制的是圆弧 $E'F'$，其具体计算过程如下：

以圆弧 $E'F'$ 的圆心为坐标原点，建立直角坐标系，则 E' 点的坐标为：$Y_{E'}$=0.1 mm，$X_{E'}$=(20-0.1)²mm-0.1²mm=19.900mm。根据对称原理可得 F' 的坐标为(-19.900，0.1)。

根据上述计算可知圆弧 $E'F'$ 的终点坐标的 Y 的绝对值小，所以计数方向为 Y。圆弧 $E'F'$ 在第一、二、三、四象限分别向 Y 轴投影得到长度的绝对值分别为 0.1 mm、19.9 mm、19.9 mm、0.1 mm，故 J=40000。

圆弧 $E'F'$ 首先在第一象限顺时针切割，故加工指令为 SR_1。

由上可知，圆弧 $E'F'$ 的 3B 代码为

$E'F'$	B	19900	B	100	B	40000	G_Y	SR_1

(3) 经过上述分析计算，可得轨迹形状的 3B 程序，见表 5-5。

表 5-5　切割轨迹 3B 程序单

程序	B	X	B	Y	B	J	G	Z	备注
1	B	0	B	0	B	2900	G_Y	L_2	加工 $A'B'$ 线段
2	B	40100	B	0	B	40100	G_X	L_1	加工 $B'C'$ 线段
3	B	0	B	40200	B	40200	G_Y	L_2	加工 $C'D'$ 线段

续表

程序	B	X	B	Y	B	J	G	Z	备注
4	B	0	B	0	B	20200	G_X	L_3	加工 $D'E'$ 线段
5	B	19900	B	100	B	40000	G_Y	SR_1	加工 $E'F'$ 圆弧线段
6	B	20200	B	0	B	20200	G_X	L_3	加工 $F'G'$ 线段
7	B	0	B	40200	B	40200	G_Y	L_4	加工 $G'H'$ 线段
8	B	40100	B	0	B	40100	G_X	L_1	加工 $H'B'$ 线段
9	B	0	B	2900	B	2900	G_Y	L_4	加工 $B'A'$ 线段
10	停机代码							D	

5.4.3 ISO 代码的手工编程方法

1. ISO 代码程序格式

对线切割加工来说，某一图段(直线或圆弧)的程序格式为

N×××G××X×××××Y×××××I×××××J×××××

字母是组成程序段的基本单元，一般是由一个关键字母加若干位十进制数字组成，具体如下：

(1) 程序段号 N。位于程序段之首，表示一条程序的序号，后续为 2~4 位数字。

(2) 准备功能指令 G。是建立机床或控制系统方式的一种指令，其后为两位数字表示各种不同的功能；当本段程序的功能与上一段程序功能相同时，则该段的 G 代码可省略不写。如：

G00　　表示点定位，即快速移动到某给定点。其程序段格式为 G00X　　Y　　。
G01　　表示直线插补。其程序段格式为 G00X　　Y　　U　　V　　。
G02　　表示顺圆插补。
G03　　表示逆圆插补。
G04　　表示暂停。
G40　　表示丝径(轨迹)补偿(偏移)取消。
G41、G42 表示丝径向左、右补偿偏移(沿钼丝的进给方向看)。
G90　　表示绝对坐标方式输入。
G91　　表示增量(相对)坐标方式输入。
G92　　为工作坐标系设定，即将加工时绝对坐标原点设定在距离当前位置的一定距离处。例如 G92 X5000 Y20000 表示以坐标原点为准，令电极丝中心起点坐标为 X=5mm、Y=20mm 的位置。坐标系设定程序只设定程序坐标原点，当执行此条程序时，电极丝仍在原位置并不产生运行。

(3) 尺寸字。寸字在程序段中主要是用来控制电极丝运动到达的坐标位置。电火花线切割加工常用的尺寸字有 X、Y、U、V、A、I、J 等，尺寸字的后续数字应加正负号，单位为 μm。其中 I、J 为圆弧的圆心对圆弧起点的坐标值。其他为线段的终点坐标值。

(4) 辅助功能指令 M。由 M 功能指令及后续两位数组成，即 M00~M99，用来指令机床辅助装置的接通或断开。其中 M00 为程序暂停；M01 为选择停止；M02 为程序结束。

2. ISO 代码按终点坐标的两种表达及输入方式

1) 绝对坐标方式，代码为 G90

线：以图形中某一适当点为坐标原点，用 ±X、±Y 表示终点的绝对坐标值，如图 5.18(a) 所示。

圆：以图形中某一适当点为坐标原点，用 ±X、±Y 表示某段圆弧终点的绝对坐标值，用 I、J 表示圆心对圆弧起点的坐标值，如图 5.18(b)所示。

2) 增量(相对)坐标方式，代码为 G91

线：以线起点为坐标原点，用 ±X、±Y 表达线的终点对起点的坐标值。

圆：以圆弧的起点为坐标原点，用 ±X、±Y 来表示圆弧终点对起点的坐标值，用 I、J 来表示圆心对圆弧起点的坐标值，如图 5.18(c)所示。

在编写程序时，采用哪种坐标方式，原则上都可以，但要根据具体的情况来确定，它与被加工零件图样的尺寸标注方法有关。

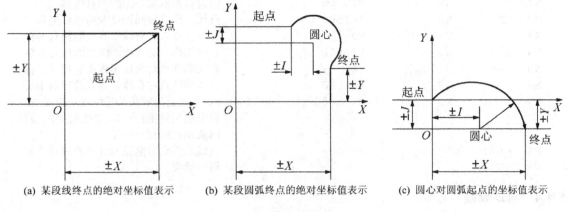

图 5.18 ISO 数控代码输入方式

3. ISO 代码手工编程举例

【例 5-3】要加工如图 5.19(a)、(b)所示由 4 条直线和 1 个半圆组成的型孔或凹模，穿丝孔中钼丝中心①的坐标为(5，20)，按顺时针切割。

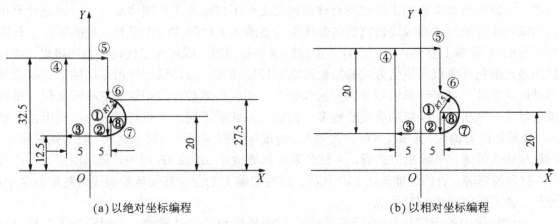

图 5.19 ISO 代码编程

解：

(1) 以绝对坐标方式(G90)输入进行编程[见图 5.19(a)]。

N1	G92	X5000	Y20000		给定起始点圆心①的绝对坐标
N2	G01	X5000	Y12500		直线②终点的绝对坐标
N3		X-5000	Y12500		直线③终点的绝对坐标
N4		X-5000	Y32500		直线④终点的绝对坐标
N5		X5000	Y32500		直线⑤终点的绝对坐标
N6		X5000	Y27500		直线⑥终点的绝对坐标
N7	G02	X5000	Y12500	I0 J-7500	X、Y之值为顺圆弧⑦终点的绝对坐标，I、J之值为圆心对圆弧起点的相对坐标
N8	G01	X5000	Y20000		直线⑧终点的绝对坐标
N9	M02				程序结束

(2) 以增量(相对)坐标方式(G91)输入编程[见图 5.19(b)]。

N1	G92	X5000	Y20000		给定起始点圆心①的绝对坐标
N2	G01	X0	Y-7500		直线②终点对起始点①的相对坐标
N3		X-1000	Y0		直线③终点对直线②终点的相对坐标
N4		X0	Y20000		直线④终点对直线③终点的相对坐标
N5		X10000	Y0		直线⑤终点对直线④终点的相对坐标
N6		X0	Y-5000		直线⑥终点对直线⑤终点的相对坐标
N7	G02	X0	Y-15000	I0 J-7500	X、Y之值为顺圆弧⑦终点对圆弧起点的相对坐标，I、J之值为圆心对圆弧起点的相对坐标
N8	G01	X0	Y7500		直线⑧终点对圆弧⑧终点的相对坐标
N9	M02				程序结束

5.4.4 自动编程

人工编程通常是根据图样把图形分解成直线段和圆弧段，并把每段的起点、终点，中心线的交点、切点的坐标一一定出，按这些直线的起点、终点，圆弧的中心、半径、起点、终点坐标进行编程的。当零件的形状比较复杂或具有非圆曲线时，人工编程的工作量大，容易出错，甚至无法实现。为了简化编程工作，提高工作效率，可以利用计算机进行自动编程。计算机自动编程的工作过程是根据加工工件图样输入工件图样及尺寸，通过计算机自动编程软件处理转换成线切割控制系统所需要的加工代码(如 3B 或 ISO 代码等)，工作图形可在 CRT 屏幕上显示，也可以打印出程序清单和图形，或将加工代码复制到磁盘，或将程序通过编程计算机用通信方式传输给线切割控制系统。自动编程使用专用的数控语言及各种应用软件。由于计算机技术的发展和普及，现在很多数控线切割加工机床都配有微机编程系统。微机编程系统的类型比较多，按输入方式的不同，大致可以分为：采用语言输入、菜单及语言输入、Auto CAD 方式输入、用鼠标器按图形标注尺寸输入、数字化仪输入、扫描仪输入等等。从输出方式看，大部分系统都能输出 3B 或 4B 程序，显示图形，打印程序，打印图形等，有的还能输出 ISO 代码，同时把编出的程序直接传输到线切割控制器中。此外，还有编程兼控制的系统。

自动编程中的应用软件(编译程序)是针对数控编程语言开发的。我国研制了多种自动编程软件(包括数控语言和相应的编译程序)，如 XY、SKX-1、SXZ-1、SB-2、SKG、XCY-1、

SKY、CDL、TPT 等。通常，经过后置处理可按需要显示或打印出 3B(或 4B、5B 扩展型)格式的程序清单。国际上主要采用 APT 数控编程语言，但一般根据线切割加工机床控制的具体要求作了适当简化，输出的程序格式为 ISO 或 EIA。北航海尔软件有限公司的"CAXA线切割 V2"编程软件就是典型的 CAD 方式输入的编程软件。"CAXA 线切割 V2"可以完成绘图设计、加工代码生成、连机通信等功能，集图样设计和代码编程于一体。"CAXA线切割 V2"还可直接读取 EXB、DWG、DXF、IGES 等格式文件，完成加工编程。

微机自动编程系统的主要功能如下。

(1) 处理直线、圆弧、非圆曲线和列表曲线所组成的图形。

(2) 能以相对坐标和绝对坐标编程。

(3) 能进行图形旋转、平移、对称(镜像)、比例缩放、偏移、加线径补偿量、加过渡圆弧和导角等。

(4) CRT 显示、打印图表、绘图机作图、直接输入线切割加工机床等多种输出方式。

此外，低速走丝线切割加工机床和近年来我国生产的一些高速走丝数控线切割加工机床，本身已具有多种自动编程机的功能，实现控制机与编程机合二为一，在控制加工的同时，可以"脱机"进行自动编程。

5.5 电火花线切割的应用

电火花线切割加工已经广泛地应用于国防、民用生产和科研工作中，用于加工各种难加工材料、复杂表面和有特殊要求的零件、刀具和模具等。

5.5.1 影响线切割工艺指标的因素

1. 线切割加工的主要工艺指标

评价电火花线切割加工工艺效果的好坏，一般都用切割速度、加工精度和表面粗糙度等来衡量。影响线切割加工工艺效果的因素很多，并且相互制约。

1) 切割速度

在一定的切割条件下，单位时间内电极丝中心线在工件上切过的面积总和称为切割速度，单位为 mm^2/min。最高切割速度是指在不计切割方向和表面粗糙度等条件下，所能达到的最大切割速度。通常高速走丝线切割速度为 $50\sim100mm^2/min$，而低速走丝切割速度为 $100\sim150mm^2/min$，它与加工电流大小有关，为了在不同脉冲电源、不同加工电流下比较切割效果，将每安培电流的切割速度称为切割效率，一般切割效率为 $20mm^2/(min \cdot A)$。

2) 表面粗糙度

我国和欧洲国家通常采用轮廓算术平均偏差 $R_a(\mu m)$ 来表示表面粗糙度，日本则采用 $R_{max}(\mu m)$ 来表示。高速走丝线切割加工的表面粗糙度 R_a 一般为 $5\sim2.5\mu m$，最佳也只有 $1\mu m$ 左右。低速走丝线切割加工的表面粗糙度 R_a 一般为 $1.25\mu m$，最佳可达 $0.2\mu m$。

3) 加工精度

加工精度是指加工后工件的尺寸精度、几何形状精度(如直线度、平面度、圆度等)和位置精度(如平行度、垂直度、倾斜度等)的总称。高速走丝线切割加工的可控加工精度在 $0.01\sim0.02mm$ 之间，低速走丝线切割加工精度可达 $0.005\sim0.002mm$。

4) 电极丝损耗量

对高速走丝机床，电极丝损耗量用电极丝在切割 10000 mm^2 面积后电极丝直径的减少量来表示，一般钼丝直径减小量不应大于 0.01mm。对低速走丝机床，由于电极丝是一次性的，故电极丝损耗量可忽略不计。

2. 电参数的影响

1) 脉冲宽度 t_i

通常情况下，放电脉冲宽度 t_i 加大时，切割速度提高，加工表面粗糙度变差。一般取脉冲宽度 t_i＝2~60μs。在分组脉冲及光整加工时，t_i 可小至 0.5μs 以下。

2) 脉冲间隔 t_o

放电脉冲间隔 t_o 减小时，平均电流增大，切割速度加快。但脉冲间隔 t_o 过小会引起电弧放电和断丝。一般情况下，取脉冲间隔 $t_o=(4\sim8)t_i$。在切割大厚度工件时，应取较大值，以保持加工过程的稳定性。

3) 开路电压 u_i

改变该值会引起放电峰值电流和放电加工间隙的改变。u_i 提高，加工间隙增大，排屑变易，可以提高切割速度和加工过程的稳定性。但易造成电极丝振动，通常 u_i 的提高会增加电源中限流电阻的发热损耗，还会使丝损加大。

4) 放电峰值电流 i_e

峰值电流增大，切割加工速度提高，表面粗糙度变差，电极丝的损耗比加大。一般取峰值电流 i_e 小于 40A，平均电流小于 5A。低速走丝线切割加工时，因脉宽很窄，小于 1μs，电极丝又较粗，故 i_e 有时大于 100A 甚至 500A。

5) 放电波形

在相同的工艺条件下，高频分组脉冲常常能获得较好的加工效果。电流波形的前沿上升比较缓慢时，电极丝损耗较少。不过当脉宽很窄时，必须要有陡的前沿才能进行有效的加工。

3. 非电参数的影响

1) 电极丝及其材料对工艺指标的影响

目前电火花线切割加工使用的电极丝材料有钼丝、钨丝、钨钼合金丝、黄铜丝、铜钨丝等。高速走丝线切割加工中广泛使用钼丝($\phi0.06\sim\phi0.20$mm)作为电极丝，因它耐损耗、抗拉强度高、丝质不易变脆且较少断丝。

提高电极丝的张力可减轻丝振的影响，从而提高精度和切割速度。丝张力的波动对加工稳定性影响很大，产生波动的原因是：导轮、导轮轴承磨损偏摆、跳动；电极丝在卷丝筒上缠绕松紧不均；正反运动时张力不一样；工作一段时间后电极丝伸长、张力下降。采用恒张力装置可以在一定程度上改善丝张力的波动。但如果过分将张力增大，切割速度不仅不继续上升，反而容易断丝。

电极丝的直径是根据加工要求和工艺条件选取的。在加工要求允许的情况下，可选用直径大些的电极丝。电极丝的直径决定了切缝宽度和允许的峰值电流。直径大，抗拉强度大，承受电流大，可采用较强的电规准进行加工，能够提高输出的脉冲能量，提高加工速度。若电极丝过粗,则难加工出内尖角工件,降低了加工精度;若电极丝直径过小,则抗拉强度低,易断丝,而且切缝较窄,放电产物排除条件差,加工经常出现不稳定现象,导致加工速度降低。细电极丝的优点是可以得到较小半径的内尖角,加工精度能相应提高,如在切割小模数齿轮等复杂零件时,采用细丝才能获得精细的形状和很小的圆角半径。

对于高速走丝线切割机床,在一定的范围内,随着走丝速度的提高,加工速度也提高。提高走丝速度有利于电极丝把工作液带入较大厚度的工件放电间隙中,有利于电蚀产物的排除和放电加工的稳定。但走丝速度过高,将加大机械振动、降低精度和切割速度,表面粗糙度也恶化,并易造成断丝,一般以小于 10 m/s 为宜。

高速走丝线切割加工时,电极丝通过往复运动进行加工,工件表面往往会出现黑白交错相间的条纹(见图 5.20),电极丝进口处呈黑色,出口处呈白色。条纹的出现与电极丝的运动有关,这是排屑和冷却条件不同造成的。电极丝从上向下运动时,工作液由电极丝从上部带入工件内,放电产物由电极丝从下部带出。这时,上部工作液充分,冷却条件好,下部工作液少,冷却条件差,但排屑条件比上部好。工作液在放电间隙里受高温热裂分解,形成高压气体,急剧向外扩散,对上部蚀除物的排除造成困难。这时,放电产生的炭黑等物质将凝聚附着在上部加工表面上,使之呈黑色;在下部,排屑条件好,工作液少,放电产物中炭黑较少,而且放电常常是在气体中发生的,因此加工表面呈白色。同理,当电极丝从下向上运动时,下部呈黑色,上部呈白色。这样,经过电火花线切割加工的表面,就形成黑白交错相间的条纹。高速走丝独有的黑白条纹,对工件的加工精度和表面粗糙度都造成不良的影响。

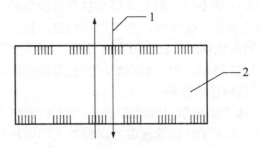

图 5.20 与电极丝运动方向有关的条纹

1—电极丝运动方向;2—工件加工表面

电极丝往复运动还会造成斜度。电极丝上下运动时,电极丝进口处与出口处的切缝宽窄不同(见图 5.21)。宽口是电极丝的入口处,窄口是电极丝的出口处。故当电极丝往复运动时,在同一切割表面中电极丝进口与出口的高低不同,这对加工精度和表面粗糙度是有影响的。图 5.22 是切缝剖面示意图。由图 5.22 可知,电极丝的切缝不是直壁缝,而是两端小、中间大的鼓形缝,这也是往复走丝工艺的特性之一。

对于低速走丝线切割机床,电极丝的材料和直径有较大的选择范围。高生产率时可用 0.3mm 以下的镀锌黄铜丝,允许较大的峰值电流和有较大的汽化爆炸力。精微加工时可用 0.03mm 以上的钼丝。由于电极丝单方向运动,加之便于维持放电间隙中的工作液和蚀除产物的大致均匀,所以可以避免黑白相间的条纹。同时,由于低速走丝系统电极丝运动速度低、一次性使用,张力均匀,振动较小,所以加工稳定性、表面粗糙度、精度指标等均好于高速走丝机床。

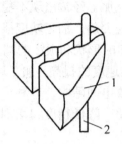

图 5.21 电极丝运动引起的斜度

1—工件；2—电极丝

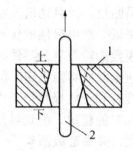

图 5.22 切缝剖面示意图

1—工件；2—电极丝

2) 工件厚度及其材料对工艺指标的影响

工件的厚度大小对加工稳定性和加工速度有较大影响。工件材料薄，工作液容易进入和充满放电间隙，对排屑和消电离有利，加工稳定性好。但是工件若太薄，电极丝易产生抖动，对加工精度和表面粗糙度带来不良影响，且脉冲利用率低，切割速度下降；若工件材料太厚，工作液难进入和充满放电间隙，这样对排屑和消电离不利，加工稳定性差，但电极丝不易抖动，因此切割精度较高，表面粗糙度值较小。切割速度开始随厚度的增加而增加，达到某一最大值(一般为 50~100mm)后开始下降，这是因为厚度过大时，冲液和排屑条件变差。

工件材料的化学、物理性能不同，加工效果也将会有较大差异。如在高速走丝方式、乳化液介质的情况下，加工铜件、铝件时，加工过程稳定，加工速度快。加工不锈钢、磁钢、未淬火或淬火硬度低的高碳钢时，加工稳定性差些，加工速度也低，表面粗糙度也差。加工硬质合金钢时，加工比较稳定，加工速度低，但表面粗糙度好。

3) 预置进给速度对工艺指标的影响

预置进给速度(指进给速度的调节)对切割速度、加工精度和表面质量的影响很大。调节预置进给速度，使其紧密跟踪工件蚀除速度，保持加工间隙恒定在最佳值左右，可以使有效放电状态的比例大，而开路和短路的比例小，从而使切割速度达到给定加工条件下的最大值，相应的加工精度和表面质量也好。如果预置进给速度调得太快，超过工件可能的蚀除速度会出现频繁的短路现象，切割速度反而低，表面粗糙度也差，上下端面切缝呈焦黄色，甚至可能断丝；若进给速度调得太慢，明显落后于工件可能的蚀除速度，极间将偏开路，有时会时而开路时而短路，上下端面切缝发焦黄色，这两种情况都会影响工艺指标。因此，合理调节预置进给速度，使其达到较好的加工状态是很重要的。

此外，在相同的工作条件下，采用不同的工作液可以得到不同的加工速度、表面粗糙度，工作液的注入方式和注入方向对线切割加工精度也有较大影响。机床机械部分精度(例如导轨、轴承、导轮磨损、传动误差等)也会影响工艺指标。

5.5.2 线切割加工工艺及其应用

线切割加工是直线电极的展成加工，工件形状是通过控制电极丝和滑板之间的相对坐标运动来保证的。不同的数控机床所能控制的坐标轴数和坐标轴的设置方式不同，从而加工工件的范围也不同。

1. 直壁二维型面的线切割加工

国产高速走丝线切割加工机床一般都采用 X、Y 两直角坐标轴，可以加工出各种复杂轮廓的二维零件。这类机床只有工作台 X、Y 两个数控轴，钼丝在切割时始终处于垂直状态，因此只能切割直上直下的直壁二维图形曲面，常用以切割直壁没有落料角(无锥度)的冲模和工具电极。它结构简单、价格便宜，由于调整环节少，故可控精度较高，早期绝大多数的线切割机床都属于这类产品。

2. 等锥角三维曲面切割加工

在这类机床上除工作台有 X、Y 两个数控轴外，在上丝架上还有一个小型工作台 U、V 两个数控轴，使电极丝(钼丝)上端可作倾斜移动，从而切割出倾斜有锥度的表面。由于 X、Y 和 U、V 四个数控轴是同步、成比例的，因此切割出的斜度(锥度)是相等的。可以用来切割有落料角的冲模。现在生产的大多数高速走丝线切割机床都属于此类机床。可调节的锥度最早只有 $3°\sim10°$，现在已经达到 $30°$，甚至 $60°$ 以上。

3. 变锥度、上下异型面切割加工

在上下异型面切割加工中，轨迹控制的主要内容是电极丝中心轨迹计算、上下丝架投影轨迹计算、拖动轴位移增量计算和细插补计算。因此这类机床在 X、Y 和 U、V 工作台等机械结构上与上述机床类似，所不同的是在编程和控制软件上有所区别。为了能切割出上下不同的截面，例如上圆下方(俗称为天圆地方)的多维曲面，在软件上需按上截面和下截面分别编程，然后在切割时加以"合成"(例如指定上下异型面上的对应点等)。电极丝(钼丝)在切割过程中的斜度不是固定的，可以随时变化。图 5.23 所示为"天圆地方"上下异型面工件。国内外生产的低速走丝线切割加工机床一般都能实现上下异型面的切割加工。现在少数高速走丝线切割加工机床也已经具有上下异型面切割加工的功能。

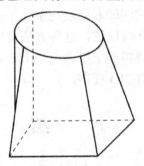

图 5.23 "天圆地方"上下异型面工件

4. 三维直纹曲面的线切割加工

如果在普通的二维线切割加工机床上增加一个数控回转工作台附件，工件装在用步进电动机驱动的回转工作台上，采取数控移动和数控转动相结合的方式编程，用 θ 角方向的单步转动来代替 Y 轴方向的单步移动，即可完成像螺旋表面、双曲线表面和正弦曲面等这些复杂曲面加工工艺。如图 5.24 所示为工件数控转动 θ 角和 X、Y 数控二轴或三轴联动加工各种三维直纹曲面实例的示意图。

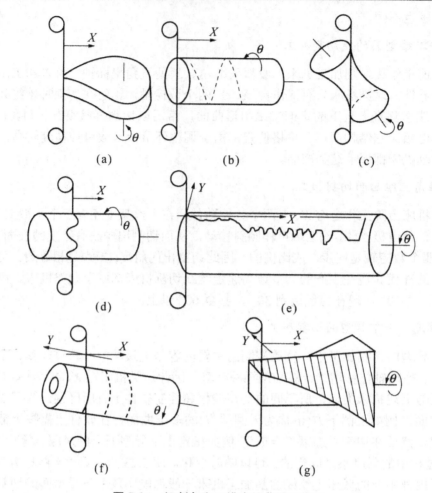

图 5.24　切割各和三维直纹曲面示意图

采用 CNC(计算机数控)控制的四轴联动线切割加工机床，更容易实现三维直纹曲面的加工。目前，一般采用上下面独立编程法，这种方法首先分别编制出工件上表面和下表面二维图形的 APT 程序，经后置处理得到上下表面的 ISO 程序，然后将两个 ISO 程序经轨迹合成后得到四轴联动线切割加工的 ISO 程序。

小　　结

本章讲述了电火花线切割加工的基本原理、特点及其应用范围，重点对电火花线切割加工的设备、线切割控制系统和编程技术进行了分析介绍。主要内容概述如下：

1. 电火花线切割加工的特点及应用情况

1) 电火花线切割加工

电火花线切割加工(Wire Cut EDM，WCEDM)是在电火花加工基础上发展起来的一种新的工艺形式，是用线状电极(钼丝或铜丝等)靠火花放电对工件进行切割加工，故称为电火花线切割。

2) 电火花线切割加工的特点
(1) 电火花线切割加工与电火花成形加工的共性表现。
(2) 线切割加工相比于电火花加工的不同特点表现。
3) 电火花线切割加工的应用范围
(1) 新产品试制及零件加工。
(2) 加工特殊材料。
(3) 加工模具零件。
4) 电火花线切割技术的应用现状及发展趋势

2. 电火花线切割加工原理

电火花线切割加工与电火花成形加工的基本原理一样，都是基于电极间脉冲放电时的电火花腐蚀原理，实现零部件的加工。所不同的是，电火花线切割加工不需要制造复杂的成形电极，而是利用移动的细金属丝(钼丝或铜丝)作为工具电极，工件按照预定的轨迹运动，"切割"出所需的各种尺寸和形状。

根据电极丝的运行速度，电火花线切割加工机床通常分为两大类：一类是高速走丝电火花线切割机床，另一类是低速走丝电火花线切割机床，其加工原理也各有特点。具体如下：
(1) 高速走丝电火花线切割加工原理。
(2) 低速走丝电火花线切割加工原理。

3. 电火花线切割机床

电火花线切割加工机床主要由机床本体、脉冲电源、控制系统、工作液循环系统和机床附件等几部分组成。

1) 机床本体

机床本体主要由床身、坐标工作台、运丝机构、丝架、工作液箱、附件和夹具等几部分组成。

2) 脉冲电源

电火花线切割加工脉冲电源的原理与电火花成形加工脉冲电源是一样的，只是由于加工条件和加工要求不同，对其又有特殊的要求。受加工表面粗糙度和电极丝允许承载电流的限制，脉冲电源的脉冲宽度较窄(2~60μs)，单个脉冲能量、平均电流(1~5A)一般较小，所以，线切割加工总是采用正极性加工方式。

3) 工作液循环系统

工作液的主要作用是在电火花线切割加工过程中脉冲间歇时间内及时将已蚀除下来的电蚀产物从加工区域中排除，使电极丝与工件间的介质迅速恢复绝缘状态，保证火花放电不会变为连续的弧光放电，使线切割顺利进行下去。此外，工作液还有另外两个作用：一方面有助于压缩放电通道，使能量更加集中，提高电蚀能力；另一方面可以冷却受热的电极丝，防止放电产生的热量扩散到不必要的地方，有助于保证工件表面质量和提高电蚀能力。

4. 电火花线切割系统和编程技术

1) 电火花线切割控制系统

控制系统是进行电火花线切割加工的重要组成环节，是机床工作的指挥中心。控制系统的技术水平、稳定性、可靠性、控制精度及自动化程度等直接影响工件的加工工艺指标和工人的劳动强度。

电火花线切割加工机床控制系统的主要功能包括：轨迹控制和加工控制。

2) 电火花线切割编程

数控线切割加工机床的控制系统是根据人的"命令"控制机床进行加工的。因此必须先将要加工工件的图形用机器所能接受的"语言"编好"命令"，以便输入控制系统，这种"命令"就是线切割加工程序。这项工作称为数控线切割编程，简称编程。数控线切割编程方法分为手工编程和微机自动编程。手工编程能使操作者比较清楚地了解编程所需要进行的各种计算和编程过程，但计算工作比较繁杂。近年来由于微机的快速发展，线切割加工的编程越来越多地普遍采用微机自动编程。本章主要介绍了以下三种编程方法：

(1) 3B 程序编程方法。

(2) ISO 代码的手工编程方法。

(3) 自动编程。

5. 电火花线切割的应用

电火花线切割加工已经广泛地应用于国防、民用生产和科研工作中，用于加工各种难加工材料、复杂表面和有特殊要求的零件、刀具和模具等。

1) 影响线切割工艺指标的因素

(1) 线切割加工的主要工艺指标。

评价电火花线切割加工工艺效果的好坏，一般都用切割速度、电极丝损耗量、加工精度和表面粗糙度等来衡量。

(2) 电参数的影响。

(3) 非电参数的影响。

2) 线切割加工工艺及其应用

(1) 直壁二维型面的线切割加工。

(2) 等锥角三维曲面切割加工。

(3) 变锥度、上下异型面切割加工。

(4) 三维直纹曲面的线切割加工。

思 考 题

1. 线切割加工的生产率和脉冲电源的功率、输出电流大小等有关。用什么方法、标准来衡量和判断脉冲电源加工性能的好坏(绝对性能和相对性能)？

2. 试分析影响表面粗糙度的因素。

3. 电火花线切割加工的零件有何特点？

4. 试论述线切割加工的主要工艺指标及其影响因素。

5. 今拟用数控线切割加工有 8 个直齿的爪牙离合器，试画出其工艺示意图并编制出相应的线切割 3B 程序。

6. 请分别编制加工图 5.25 所示的线切割加工 3B 代码和 ISO 代码，已知线切割加工用的电极丝直径为 0.18mm，单边放电间隙为 0.01mm，O 点为穿丝孔，加工方向为 $O—A—B—\cdots$。

7. 如图 5.26 所示的某零件图(单位为 mm)，AB、AD 为设计基准，圆孔 E 已经加工好，现用线切割加工圆孔 F。假设穿丝孔已经钻好，请说明将电极丝定位于欲加工圆孔中心 F 的方法。

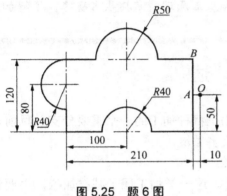

图 5.25　题 6 图

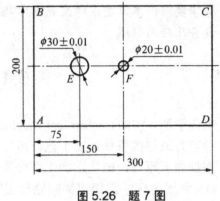

图 5.26　题 7 图

8. 如何在线切割机床上切割加工出螺旋面零件？

第 6 章　电化学加工

教学提示：电化学加工是利用电化学阳极溶解的原理去除工件材料或利用电化学阴极沉积的原理进行镀覆加工的制造技术。本章介绍了电化学加工的种类及基本概念，重点论述了电解加工的基本原理、基本规律、加工工艺、设备及应用，简要介绍了电铸及电刷镀加工技术。

教学要求：本章要求学生熟练掌握基本概念和基本原理，掌握基本规律，了解加工工艺、设备及应用领域。

6.1　概　　述

电化学加工(Electrochemical Machining，ECM)是特种加工的一个重要分支，目前已成为一种较为成熟的特种加工工艺，被广泛应用于众多领域。

根据加工原理，电化学加工可分为以下三大类：

(1) 利用电化学阳极溶解的原理去除工件材料。这一类加工属于减材加工，主要包括两类：

① 电解加工：可用于尺寸和形状加工，如炮管膛线、叶片、整体叶轮、模具、异型孔及异型零件等成形加工，也可用于倒棱和去毛刺。

② 电解抛光：可用于工件表面处理。

(2) 利用电化学阴极沉积的原理进行镀覆加工。这一类加工属于增材加工，主要包括以下三类：

① 电铸：可用于复制紧密、复杂的花纹模具，制造复杂形状的电极、滤网、滤膜及元件等。

② 电镀：可用于表面加工、装饰。

③ 电刷镀：可用于恢复磨损或加工超差零件的尺寸和形状精度，修补表面缺陷，改善表面性能等。

(3) 利用电化学加工与其他加工方法相结合的电化学复合加工。这种方法主要包括以下三类：

① 电解磨削、电解研磨或电解珩磨：可用于尺寸和形状加工、表面光整加工、镜面加工。

② 电解电火花复合加工：可用于尺寸和形状加工。

③ 电化学阳极机械加工：可用于尺寸和形状加工，高速切割。

6.2 电化学加工基本原理

6.2.1 电化学反应过程

如果将两铜片插入 $CuCl_2$ 水溶液中(见图 6.1),由于溶液中含有 OH^- 和 Cl^- 负离子及 H^+ 和 Cu^{2+} 正离子,当两铜片分别连接直流电源的正、负极时,即形成导电通路,有电流流过溶液和导线。在外电场的作用下,金属导体及溶液中的自由电子定向运动,铜片电极和溶液的界面上将发生得失电子的电化学反应。其中,溶液中的 Cu^{2+} 正离子向阴极移动,在阴极表面得到电子而发生还原反应,沉积出铜。在阳极表面,Cu 原子失去电子而发生氧化反应,成为 Cu^{2+} 正离子进入溶液。在阴、阳极表面发生得失电子的化学反应即称为电化学反应,利用这种电化学反应作用加工金属的方法就是电化学加工。其中,阳极上为电化学溶解,阴极上为电化学沉积。

任意两种金属放入任意两种导电的水溶液中,在电场的作用下,都会有类似上述情况发生。决定反应过程的因素是电解质溶液,电极电位,电极的极化、钝化、活化等。

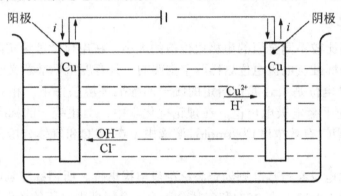

图 6.1 电化学反应过程

6.2.2 电极电位

1. 电极电位的形成

任何一种金属插入含该金属离子的水溶液中,在金属/溶液界面上都会形成一定的电荷分布,从而形成一定的电位差,这种电位差就称之为该金属的电极电位。

电极电位的形成较为普遍的解释是金属/溶液界面双电层理论。典型的金属/溶液界面双电层结构如图 6.2 所示,而对不同结构双电层形成的机理,可以用金属的活泼性以及对金属离子的水化作用的强弱进行解释。在图 6.2 所示的金属/溶液界面上,金属离子和自由电子间的金属键力既有阻碍金属表面离子脱离晶格而溶解到溶液中去的作用,又具有吸引界面附近溶液中的金属离子脱离溶液而沉积到金属表面的作用;而溶液中具有极性的水分子对于金属离子又具有"水化作用",即吸引金属表面的金属离子进入溶液,同时又阻止界面附近溶液中的金属离子脱离溶液而沉积到金属表面。对于金属键力小即活泼性强的金属,其金属/溶液界面上"水化作用"占优先,则界面溶液一侧被极性水分子吸引到更多的金属离子,而在金属界面上一侧则有自由电子规则排列,如此形成了图 6.2 所示的双电层电位分布。与此相反，对于金属键力强即活泼性差的金属，则金属/溶液界面上金属表面一侧排列更多金属离子，对应溶液一侧排列着带负电的离子，如此而形成如图 6.3 所示的双电层。由于双电层的形成，就在界面上产生了一定的电位差，将这一金属/溶液界面双电层中的电位差称为金属的电极电位 E，其在界面上的分布如图 6.4 所示。

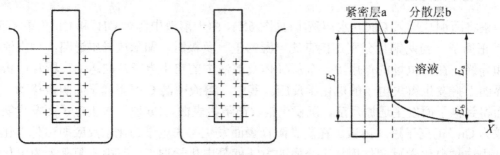

图 6.2　活泼金属的双电层　　图 6.3　不活泼金属的双电层　　图 6.4　双电层的电位分布

E—金属/溶液界面双电层电位差；
E_a—双电层中紧密层的电位差；
E_b—双电层中分散层的电位差

2. 标准电极电位

为了能科学地比较不同金属的电极电位值的大小，在电化学理论实践中，统一地给定了标准电极电位与标准氢电极电位这样两个重要的、具有度量标准意义的规定。

所谓标准电极电位是指金属在给定的统一的标准环境条件下，相对一个统一的电位参考基准所具有的平衡电极电位值。在理论电化学中，上述统一的标准环境约定为将金属放在金属离子活度(有效浓度)为 1mol/L 溶液中，在 25℃和气体分压为一个标准大气压的条件下。

而上述统一的电位参考基准则约定为标准氢电极电位。所谓标准氢电极电位，是指溶液中氢离子活度为 1mol/L，在 25℃和气体分压为一个标准大气压的条件下，在一个专门氢电极装置所产生的氢电极电位。

在电化学理论中，统一规定标准氢电极电位为零电位，其他金属的标准电极电位都是相对标准氢电极电位的代数值(见表 6-1)。

3. 平衡电极电位

如前所述，将金属浸在含该金属离子的溶液中，则在金属/溶液界面上将发生电极反应且某种条件下建立了双电层。如果电极反应又可以逆向进行，以 Me 表示金属原子，则反应式为

$$Me \underset{还原}{\overset{氧化}{\rightleftharpoons}} Me^{n+} + ne$$

若上述可逆反应速度即氧化反应与还原反应的速度相等，金属/溶液界面上没有电流通过，也没有物质溶解或析出，即建立一个稳定的双电层。此种情况下的电极则称为可逆电极，相应电极电位则称为可逆电极电位或平衡电极电位。还应当指出，不仅金属和该金属的离子(包括氢和氢离子)可以构成可逆电极，非金属及其离子也可以构成可逆电极。前面介绍的标准电极电位则是在标准状态条件下的可逆电极和可逆电极电位，或者标准状态下的平衡电极电位。而实际工程条件并不一定处于标准状态，那么对应该工程条件下的平衡

电极电位不仅与金属性质和电极反应形式有关，而且与离子浓度和反应温度有关。具体计算可以用能斯特方程式

$$E' = E^0 + \frac{RT}{nF} \ln \frac{a_{\text{氧化态}}}{a_{\text{还原态}}} \quad (6\text{-}1)$$

表 6-1 常用元素的标准电极电位

电极氧化态/还原态	电极反应	电极反位/V
Li^+/Li	$Li^+ + e \leftrightarrow Li$	−3.010
Rb^+/Rb	$Rb^+ + e \leftrightarrow Rb$	−2.980
K^+/K	$K^+ + e \leftrightarrow K$	−2.925
Ba^{2+}/Ba	$Ba^{2+} + 2e \leftrightarrow Ba$	−2.920
Sr^{2+}/Sr	$Sr^{2+} + 2e \leftrightarrow Sr$	−2.890
Ca^{2+}/Ca	$Ca^{2+} + 2e \leftrightarrow Ca$	−2.840
Na^+/Na	$Na^+ + e \leftrightarrow Na$	−2.713
Mg^{2+}/Mg	$Mg^{2+} + 2e \leftrightarrow Mg$	−2.380
U^{3+}/U	$U^{3+} + 3e \leftrightarrow U$	−1.800
Ti^{2+}/Ti	$Ti^{2+} + 2e \leftrightarrow Ti$	−1.750
Al^{3+}/Al	$Al^{3+} + 3e \leftrightarrow Al$	−1.660
V^{3+}/V	$V^{3+} + 3e \leftrightarrow V$	−1.500
Mn^{2+}/Mn	$Mn^{2+} + 2e \leftrightarrow Mn$	−1.050
Zn^{2+}/Zn	$Zn^{2+} + 2e \leftrightarrow Zn$	−0.763
Cr^{3+}/Cr	$Cr^{3+} + 3e \leftrightarrow Cr$	−0.710
Fe^{2+}/Fe	$Fe^{2+} + 2e \leftrightarrow Fe$	−0.440
Cd^{2+}/Cd	$Cd^{2+} + 2e \leftrightarrow Cd$	−0.402
Co^{2+}/Co	$Co^{2+} + 2e \leftrightarrow Co$	−0.270
Ni^{2+}/Ni	$Ni^{2+} + 2e \leftrightarrow Ni$	−0.230
Mo^{3+}/Mo	$Mo^{3+} + 3e \leftrightarrow Mo$	−0.200
Sn^{2+}/Sn	$Sn^{2+} + 2e \leftrightarrow Sn$	−0.140
Pb^{2+}/Pb	$Pb^{2+} + 2e \leftrightarrow Pb$	−0.126
Fe^{3+}/Fe	$Fe^{3+} + 3e \leftrightarrow Fe$	−0.036
H^+/H	$2H^+ + 2e \leftrightarrow H_2$	0
S/S^{2-}	$S + 2H^+ + 2e \leftrightarrow H_2S$	+0.141
Cu^{2+}/Cu	$Cu^{2+} + 2e \leftrightarrow Cu$	+0.340
O_2/OH^-	$2H_2O + O_2 + 4e \leftrightarrow 4OH^-$	+0.401
Cu^+/Cu	$Cu^+ + e \leftrightarrow Cu$	+0.522
I_2/I^-	$I_2 + 2e \leftrightarrow 2\ I^-$	+0.535
As^{5+}/As^{3+}	$H_3AsO_4 + 2H^+ + 2e \leftrightarrow HAsO_2 + 2H_2O$	+0.580
Fe^{3+}/Fe^{2+}	$Fe^{3+} + e \leftrightarrow Fe^{2+}$	+0.771

续表

电极氧化态/还原态	电极反应	电极反位/V
Hg^{2+}/Hg	$Hg^{2+} + 2e \leftrightarrow Hg$	+0.796
Ag^+/Ag	$Ag^+ + e \leftrightarrow Ag$	+0.800
Br_2/Br^-	$Br_2 + 2e \leftrightarrow 2Br^-$	+1.065
Mn^{4+}/Mn^{2+}	$MnO_2 + 4H^+ + 2e \leftrightarrow Mn^{2+} + 2H_2O$	+1.208
Cr^{6+}/Cr^{3+}	$Cr_2O_7^{2-} + 14H^+ + 6e \leftrightarrow 2Cr^{3+} + 7H_2O$	+1.330
Cl_2/Cl^-	$Cl_2 + 2e \leftrightarrow 2Cl^-$	+1.358
Mn^{7+}/Mn^{2+}	$MnO_4^- + 8H^+ + 5e \leftrightarrow Mn^{2+} + 4H_2O$	+1.491
S^{7+}/S^{6+}	$S_2O_8^{2-} + 2e \leftrightarrow 2SO_4^{2-}$	+2.010
F_2/F^-	$F_2 + 2e \leftrightarrow 2F^-$	+2.870

式中， E' 为平衡电极电位(V)；

E^0 为标准电极电位(V)；

R 为摩尔气体常数(8.314 J/mol·K)；

F 为法拉第常数(96 500 C/mol)；

T 为绝对温度(K)；

n 为电极反应中得失电子数；

a 为离子的活度即有效浓度(mol/L)。

对于固态金属 Me 和含 n 价正离子 Me^{n+} 溶液构成的可逆电极，式(6-1)中 $a_{氧化态}$ 为含 Me^{n+} 离子溶液的离子活度， $a_{还原态}$ 为固体金属的离子活度，取 $a_{还原态}=1$ mol/L。

对于非金属负离子(含在溶液中)和非金属(固体、液体或气体)构成的可逆电极，式(6-1)中 $a_{氧化态}$ 为非金属的离子活度，而纯态的液体、固体或气体(分压为 1 标准大气压)的离子活度都认为等于 1mol/L，即取 $a_{氧化态}=1$ mol/L；而取 $a_{还原态}$ 为含该离子溶液的离子活度(有效浓度)。

注意到上述 $a_{氧化态}$、 $a_{还原态}$ 的取值规则，且将有关常数值代入式(6-1)，还将自然对数换成以 10 为底的对数，则式(6-1)可以根据两种情况改写为以下两种形式。

对于金属电极(包括氢电极)：

$$E' = E^0 + 1.98 \times 10^4 \frac{T}{n} \lg a \tag{6-2}$$

对于非金属电极：

$$E' = E^0 - 1.98 \times 10^4 \frac{T}{n} \lg a \tag{6-3}$$

由式(6-2)可以看出，温度提高或金属正离子的活度增大，均使该金属电极的平衡电位朝正向增大；而由式(6-3)也可看出，温度的提高或非金属负离子活度的增加，均使非金属的平衡电位朝负向变化(代数值减小)。

综观表 6-1 所列的常见电极的标准电极电位值，可以发现：电极电位的高低即电极电位代数值的大小，与金属的活泼性或与非金属的惰性密切相关。标准电极电位按代数值由低到高的顺序排列，反应了对应金属的活泼性由大到小的顺序排列；在一定的条件下，标准电极电位越低的金属，越容易失去电子被氧化，而标准电极电位越高的金属，越容易得到电子被还原。也就是说，标准电极电位的高低，将会决定在一定条件下对应金属离子参与电极反应的顺序。

6.2.3 电极的极化

前面已经阐述了在一定的条件下，更确切地说，是在标准条件下电极反应顺序与标准电极电位的对应关系。相同的结论，也可应用于在平衡条件下电极反应的顺序与平衡电极电位的关系。平衡电极电位的定量计算可以用能斯特公式，即式(6-1)~式(6-3)。而实际电化学加工，其电极反应并不是在平衡可逆条件下进行的，即不是在金属/溶液界面上无电流通过，而是在外加电场作用下，甚至有强电流(电流密度高达 10~100A/cm²)通过金属/溶液界面的条件下进行。此时电极电位则由平衡电位开始偏离，而且随着所通过电流的增大，电极电位值相对平衡电位值的偏离也更大。一般将有电流通过电极时，电极电位偏离平衡电位的现象称为电极的极化。电极电位偏离值称为超电压。

电极极化的趋势是：随着电极电流的增大，阳极电极电位向正向、即向电极电位代数值增大的方向发展，而阴极电极电位则向负向、即向电极电位代数值减小的方向发展。将电极电位随着电极电流变化的曲线称为电极极化曲线(见图 6.5)。与图 6.5 对应，阳极超电压 $\Delta E_a = E_a - E_a'$；阴极超电压 $\Delta E_c = E_c' - E_c$。

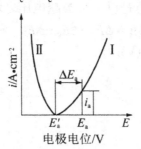

图 6.5 电极极化曲线示意图

Ⅰ—阳极极化曲线；Ⅱ—同一种电极的阴极极化曲线

极化曲线具体显示了阳极极化电位与阳极电流之间的关系、规律及其特征。通常，根据不同极化的原因，将极化分为浓差极化、电化学极化和电阻极化这几种类型。以下分别加以介绍。

1. 浓差极化

浓差极化是由于电解过程中电极/溶液界面处的离子浓度和本体溶液浓度差别所致。在电解加工时，金属离子从阳极表面溶解出并逐渐由阳极金属/溶液界面向溶液深处扩散，于是阳极金属/溶液界面处的阳极金属离子浓度比本体溶液中阳极金属浓度高，浓度差越大，阳极表面电极电位越高。浓差极化超电压的定量计算可用式(6-1)。

2. 电化学极化

一个电极反应过程包括反应物质的迁移、传递，反应物质在电极/溶液界面上得失电子等。如果反应物质在电极/溶液界面上得失电子的速度，即电化学反应速度落后于其他步骤所进行的速度,则造成电极表面电荷积累,其规律是使阳极电位更正,阴极电位更负。将由于电化学反应速度缓慢而引起的电极极化现象称作电化学极化,由此引起的电极电位变化量可近似塔费尔公式

$$\Delta E_c = a + b \lg i \tag{6-4}$$

式(6-4)中 a,b 为常数,与电极材料性质、电极表面状态、电解液成分、浓度、温度等因素有关,选用时可查阅相应电化学手册。在这里需要特别指出,塔费尔公式的适用范围是在小电流密度下大约每平方厘米十几安培,而电解加工常用电流密度却不仅如此,因此其准确性还待考证。

3. 电阻极化

电阻极化是由于电解过程中在阳极金属表面生成一层钝化性的氧化膜或其他物质的覆盖层,使电流通过困难,造成阳极电位更正,阴极电位更负。由于这层膜是钝化性的,也由于这层膜的形成是钝化作用所致,故电阻极化又称钝化极化。显然电阻极化超电压可用式(6-5)计算。

$$\Delta E_R = I R_d$$

式中,I 为通过电极的电流;

R_d 为钝化膜电阻。

由于电极极化所引起的总电压是以上各类超电压之和,即

$$\Delta E = \Delta E_s + \Delta E_c + \Delta E_R \tag{6-5}$$

式中,ΔE 为总的电极极化超电压(V);

ΔE_s 为浓差极化超电压(V);

ΔE_c 为电化学超电压(V);

ΔE_R 为钝化超电压(V)。

6.2.4 金属的钝化和活化

按阳极电极电位(E_a)相对应阳极电流密度(即通过阳极金属/电解液界面的电流密度)绘制图 6.6,称为阳极极化曲线。基于阳极极化曲线可以研究阳极极化的规律及特点。阳极电位的变化规律主要取决于阳极电流高低、阳极金属及电解液性质。典型的阳极极化曲线有以下三种类型。

1) 全部处于活化溶解状态[见图 6.6(a)]

在所研究的全过程中,电流密度和阳极金属溶解作用均随阳极电位的提高而增大,阳极金属表面一直处于电化学阳极溶解状态。例如铁在盐酸中的电化学阳极极化曲线就属于这一类型。

2) 活化—钝化—超钝化的变化过程[见图 6.6(b)]

阳极过程的开始,即阳极极化曲线的初始 AB 段,其变化如同第一种类型,称为活化溶解阶段;而过了 B 点之后,随阳极电位 E_a 的增大,阳极电流会突然下降且阳极溶解速度也骤减,这一现象称为钝化现象,对应于图中 BC 段称为过渡钝化区,CD 段称为稳定钝化区;而过了 D 点之后,随阳极电位的提高,阳极电流又继续增大,同时阳极溶解速度也继续增大,将对应曲线的 DE 阶段称为超钝化阶段。应选择电解加工参数处于阳极超钝化状

态，此时工件加工面对应大电流密度而被高速溶解；而非加工面相应电流密度低，即相应处于极化曲线的钝化状态，则相应表面不被加工而得到保护。这正是研究阳极极化曲线以合理选择加工参数的目的。

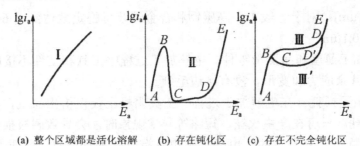

(a) 整个区域都是活化溶解 (b) 存在钝化区 (c) 存在不完全钝化区

图 6.6 三种典型的阳极极化曲线

3) 活化—不完全钝化—超钝化状态[见图 6.6(c)]

其不同状态的变化与上述第二种类型基本相似：AB 称活化区，BD(有的是 CD')称不完全钝化区，随后 DE 又进入超钝化区。在不完全钝化区里，电流密度和阳极溶解速度变化很小，但阳极溶解还在进行。观察阳极金属表面存在阳极膜，溶解后的表面平滑且具有光泽，故又将不完全钝化区称为抛光区，电化学抛光时应该选择具有这种类型极化曲线的金属/电解液体系，例如钢在磷酸中。

6.3 电解加工

电解加工是特种加工技术中应用最广泛的技术之一，尤其适合于难加工材料、形状复杂或薄壁零件的加工。

从电解加工的历史来看，早在 1834 年，英国化学家及物理学家法拉第就发现了阳极溶解的基本规律——法拉第定律。到 1928 年，前苏联科学家古谢夫和罗日科夫，提出了将金属阳极溶解原理用于工件加工的设想，但因当时这种设想本身不完善和缺乏大容量直流电源，以及机械加工技术还能满足工程材料和零件的设计要求，所以未能实现实际应用。直到 20 世纪 50 年代中期，前苏联、美国和我国才相继开始了电解加工工艺的试验研究，并于 20 世纪 50 年代末正式将其应用于生产。

6.3.1 电解加工过程及其特点

1. 电解加工的特点

与其他加工方法相比，电解加工具有如下特点。

(1) 加工范围广。电解加工几乎可以加工所有的导电材料，并且不受材料的强度、硬度、韧性等机械、物理性能的限制，加工后材料的金相组织基本上不发生变化。

(2) 生产率高，且加工生产率不直接受加工精度和表面粗糙度的限制。电解加工能以简单的直线进给运动一次加工出复杂的型腔、型面和型孔，而且加工速度可以和电流密度成比例地增加。据统计，电解加工的生产率约为电火花加工的 5~10 倍，在某些情况下，甚至可以超过机械切削加工。

(3) 加工质量好。可获得一定的加工精度和较好的表面粗糙度。

加工精度(mm)：型面和型腔加工精度误差为±(0.05~0.20)mm；型孔和套料加工精度误差为±(0.03~0.05)mm。

表面粗糙度(μm)：对于一般中、高碳钢和合金钢，可稳定地达到 1.6~0.4μm；对于某些合金钢可达到 0.1μm。

(4) 可用于加工薄壁和易变形零件。电解加工过程中工具和工件不接触，不存在机械切削力，不产生残余应力和变形，没有飞边毛刺。

(5) 工具阴极无损耗。在电解加工过程中工具阴极上仅仅析出氢气，而不发生溶解反应，所以没有损耗。只有在产生火花、短路等异常现象时才会导致阴极损伤。

但是，事物总是一分为二的。电解加工也具有一定的局限性，主要表现为以下几个方面。

(1) 加工精度和加工稳定性不高。电解加工的加工精度和稳定性取决于阴极的精度和加工间隙的控制。而阴极的设计、制造和修正都比较困难，阴极的精度难以保证。此外，影响电解加工间隙的因素很多，且规律难以掌握，加工间隙的控制比较困难。

(2) 由于阴极和夹具的设计、制造及修正困难，周期较长，因而单件小批量生产的成本较高。同时，电解加工所需的附属设备较多，占地面积较大，且机床需要足够的刚性和防腐蚀性能，造价较高。因此，批量越小，单件附加成本越高。

(3) 电解液和电解产物需专门处理，否则将污染环境。电解液及其产生的易挥发气体对设备具有腐蚀性，加工过程中产生的气体对环境有一定污染。

2. 电解加工机理

电解加工是利用金属在电解液中发生电化学阳极溶解的原理将工件加工成形的一种特种加工方法。

电解加工机理如图 6.7 所示。加工时，工件接直流电源的正极，工具接负极，两极之间保持较小的间隙。电解液从极间间隙中流过，使两极之间形成导电通路，并在电源电压下产生电流，从而形成电化学阳极溶解。随着工具相对工件不断进给，工件金属不断被电解，电解产物不断被电解液冲走，最终两极间各处的间隙趋于一致，工件表面形成与工具工作面基本相似的形状。

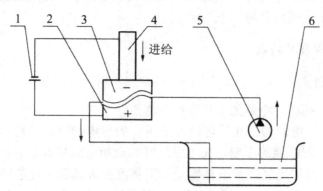

图 6.7 电解加工系统示意图

1—直流电源；2—工件阳极；3—工具阴极；4—机床主轴；5—电解液泵；6—电解液槽

为了能实现尺寸、形状加工，电解加工过程中还必须具备下列特定工艺条件。
(1) 工件阳极和工具阴极间保持很小的间隙(称作加工间隙)，一般在 0.1~1 mm 范围内。
(2) 0.5~2.5 MPa 的强电解质溶液从加工间隙中连续高速(5 ~50 m/s)流过，以保证带走阳极溶解产物、气体和电解电流通过电解液时所产生的热量，并去除极化。
(3) 工件阳极与工具阴极分别和直流电源(一般为 6~24V)的正负极连接。
(4) 通过两极加工间隙的电流密度高达 10~200 A/cm^2。

在加工起始时，工件毛坯的形状与工具阴极很不一致[见图 6.8(a)]，两极间的距离相差较大。阴极与阳极距离较近处通过的电流密度较大，电解液的流速也较高，阳极金属溶解速度也较快。随着工具阴极相对工件不断进给，最终两极间各处的间隙趋于一致，工件表面的形状与工具阴极表面完全吻合[见图 6.8(b)]。

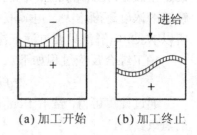

(a) 加工开始　　(b) 加工终止

图 6.8　电解加工成形过程示意图

3. 电解加工中的电极反应

标准电极电位的高低决定在一定条件下对应金属离子参与电极反应的顺序。

通常情况下，工件材料不是纯金属，而是合金，其金相组织也不完全一致，电解液的成分、浓度、温度、流场等因素对电解加工过程都有影响，导致电解加工中电极间的反应极为复杂。下面以铁基合金在 NaCl 电解液中进行电解加工为例，分析阳极和阴极发生的电极反应。

由于 NaCl 和 H_2O 的离解，在电解液中存在着 H^+、OH^-、Na^+、Cl^- 四种离子，可能进行的电极反应及相对应标准电极电位值为：

$$Fe-2e \rightarrow Fe^{2+} \qquad E^0_{Fe^{2+}/Fe} = -0.440V$$

$$Fe-3e \rightarrow Fe^{3+} \qquad E^0_{Fe^{3+}/Fe} = -0.036V$$

$$4OH^- -4e \rightarrow 2H_2O + O_2 \qquad E^0_{O_2/OH^-} = +0.401V$$

$$2Cl^- -2e \rightarrow Cl_2 \qquad E^0_{Cl_2/OH^-} = +1.358V$$

由于 $E^0_{Fe^{2+}/Fe}$ 最低，故此溶液中首先在阳极一侧发生铁失去电子，成为二价铁离子 Fe^{2+} 的电极反应，这就是电解加工的基本理论依据。

溶入电解液中的 Fe^{2+} 又与 OH^- 离子化合，生成 $Fe(OH)_2$。由于它在水溶液中的溶解度很小，故生成沉淀物而析出。即

$$Fe^{2+} + 2OH^- \rightarrow Fe(OH)_2 \downarrow$$

$Fe(OH)_2$ 沉淀为墨绿色的絮状物，它随即被流动的电解液带走。同时，$Fe(OH)_2$ 又和电解液及空气中的氧气发生化学反应，生成 $Fe(OH)_3$。$Fe(OH)_3$ 为黄褐色沉淀。

类似地，在阴极一侧可能进行的电极反应并列出相应标准电极电位值为：

$$2H^+ + 2e \rightarrow H_2 \qquad E^0_{H^+/H_2} = 0V$$

$$Na^+ + e \rightarrow Na \qquad E^0_{Na^+/Na} = -2.713V$$

显然 $E^0_{H^+/H_2}$ 比 $E^0_{Na^+/Na}$ 高 2.713V，故在阴极只有氢气逸出而不会发生钠沉积的电极反应，

这又是在电解加工中为什么选择含 Na^+、K^+ 等活泼性金属离子中性盐水溶液作为电解液的重要理论依据。

以上是根据标准电极电位分析电解加工中阳极和阴极的电极反应。根据平衡电极电位并考虑极化时的超电压也可得到同样的结果。

综上所述，电解加工过程中，在理想情况下，阳极的铁不断地以 Fe^{2+} 的形式被溶解，最终生成 $Fe(OH)_3$ 沉淀；在阴极上则不断地产生氢气。电解液中的水被分解消耗，因而电解液的浓度逐渐增大。电解液中的 Na^+ 和 Cl^- 只起导电作用，在电解加工过程中并无消耗。所以 NaCl 电解液只要过滤干净，定期补充水分，就可以长期使用。

加工综合反应过程如下

$$2\,Fe + 4\,H_2O + O_2 \rightarrow 2\,Fe(OH)_3 + H_2\uparrow$$

通过计算可得，溶解 1 cm^3 (约 7.85 g)的铁需消耗水 6.21 g，产生 13.78g 的渣，析出 0.28g 的氢气。

6.3.2 电解加工的基本规律

1. 电解加工生产率

既能够定性分析，又能够定量计算，可以深刻揭示电解加工工艺规律的基本定律就是法拉第定律。金属阳极溶解时，其溶解量与通过的电量符合法拉第定律。法拉第定律包括以下两项内容。

(1) 在电极的两相界面处(如金属/溶液界面上)发生电化学反应的物质质量与通过其界面上的电量成正比。这称为法拉第第一定律。

(2) 在电极上溶解或析出一克当量任何物质所需的电量是一样的，与该物质的本性无关。这称为法拉第第二定律。

根据电极上溶解或析出一克当量物质在两相界面上电子得失量的计算(同时也为实验所证实)，对任何物质这一特定的电量均为常数，称为法拉第常数，记为 F。

$$F \approx 96500 (A\cdot s/mol)$$

对于电解加工，如果阳极只发生确定原子价的金属溶解而没有其他物质析出，则根据法拉第第一定律，阳极溶解的金属质量为

$$M \approx kQ = kIt \tag{6-6}$$

式中，M 为阳极溶解的金属质量(g)；

K 为单位电量溶解的元素质量，称为元素的质量电化当量[g/(A·s)或 g/(A·min)]；

Q 为通过两相界面的电量(A·s 或 A·min)；

I 为电流强度(A)；

t 为电流通过的时间(s 或 min)。

根据法拉第常数的定义，即阳极溶解 1mol 金属的电量为 F；而对于原子价为 n(更确切地讲，应该是参与电极反应的离子价，或在电极反应中得失电子数)、相对原子质量为 A 的元素，其 1mol 质量为 A/n(g)；则据式(6-6)可得

$$\frac{A}{n} = kF$$

可以得到

$$k = \frac{A}{nF} \tag{6-7}$$

这是有关质量电化当量理论计算的重要表达式。

对于零件加工而言,人们更关心的是工件几何量的变化。由式(6-6)容易得到阳极溶解金属的体积为

$$V = \frac{M}{\rho} = \frac{k}{\rho} It = \omega It \tag{6-8}$$

式中,V 为阳极溶解金属的体积(cm^3);

ρ 为金属的密度(g/cm^3);

ω 为单位电量溶解的元素体积,即元素的体积电化当量[$cm^3/(A \cdot s)$ 或 $cm^3/(A \cdot min)$];

根据式(6-7)和式(6-8)可得

$$\omega = \frac{k}{\rho} = \frac{A}{nF\rho}$$

部分金属的质量电化当量 k 和体积电化当量 ω 值见表 6-2。

表 6-2 部分金属的电化当量

金属名称	密度	电化当量		原子价
		k/mg·(A·min)$^{-1}$	ω/mm^3·(A·min)$^{-1}$	
铁	7.86	17.360	2.220	2
		11.573	1.480	3
铝	2.69	5.596	2.073	3
钴	8.83	18.321	2.054	2
镁	1.74	7.600	4.367	2
铬	7.14	10.777	1.499	3
		5.388	0.749	6
铜	8.93	39.508	4.429	1
		19.754	2.215	2
锰	7.30	17.080	2.339	2
		11.386	1.559	3
钼	10.23	19.896	1.947	3
镍	8.90	18.249	2.050	2
		12.166	1.366	3
锑	6.69	25.233	3.781	3
钛	4.52	9.927	2.201	3
		7.446	1.651	4
钨	19.24	19.047	0.989	6
锌	7.14	20.326	2.847	2

实际电解加工中,工件材料通常不是单一金属元素,大多数情况下是由多种元素组成的合金。假设某合金由共 j 种元素构成,其相应元素的相对原子质量、原子价及百分比含

量如下所列。

元素号：　　　　　1，2，…，j
相对原子质量：　A_1，A_2，…，A_j
原子价：　　　　　n_1，n_2，…，n_j
元素百分含量：　　a_1，a_2，…，a_j

则该合金的质量电化当量和体积电化当量可由下列公式计算：

$$k = \dfrac{1}{F\left(\dfrac{n_1}{A_1}a_1 + \dfrac{n_2}{A_2}a_2 + \cdots + \dfrac{n_j}{A_j}a_j\right)}$$

$$\omega = \dfrac{1}{\rho F\left(\dfrac{n_1}{A_1}a_1 + \dfrac{n_2}{A_2}a_2 + \cdots + \dfrac{n_j}{A_j}a_j\right)}$$

2. 电流效率

法拉第定律可用于根据电量计算任何被溶解物质的数量，并在理论上不受电解液成分、浓度、温度、压力以及电极材料、形状等因素的影响。

但是，电解加工实践和实验数据均表明，实际电解加工过程阳极金属的溶解量与上述按法拉第定律进行理论计算的溶解量有差别。究其原因，是因为理论计算时假设"阳极只发生确定原子价的金属溶解而没有其他物质析出"这一前提条件，而电解加工的实际条件可能是：

(1) 除了阳极金属溶解外，还有其他副反应而析出另外一些物质(例如析出氧气或氯气)，相应也消耗了一部分电量。

(2) 部分实际溶解金属的原子价比理论计算假设的原子价要高。

(3) 部分实际溶解金属的原子价比计算假设的原子价要低。

(4) 电解加工过程发生金属块状剥落，其原因可能是材料组织不均匀或金属材料-电解液成分的匹配不当所引起。

以上(1)、(2)两种情况，就会导致实际金属溶解量小于理论计算量；(3)、(4)两种情况，则会导致实际金属溶解量大于理论计算量。

为此，引入电流效率 η 的概念。

$$\eta = \dfrac{M_{实际}}{M_{理论}} \times 100\% = \dfrac{V_{实际}}{V_{理论}} \times 100\%$$

在通常的大多数电解加工条件下，η 小于或接近于100%；对于少量特殊情况，也可能 $\eta > 100\%$。

影响电流效率的主要因素有：加工电流密度 i，阳极金属材料—电解液成分的匹配，甚至电解液成分、浓度、温度等工艺条件。通常可由实验得到 $\eta - i$ 关系曲线(称为电流效率曲线)，该曲线是计算电解加工速度、分析电解加工成形规律的重要依据。

3. 电解加工速度

类似于一般机械加工，人们希望掌握在工件被加工表面法线方向上的去除(加工)线速度。以面积为 S 的平面加工为例，由式(6-8)容易得到垂直平面方向上的阳极金属(工件)溶

解速度为

$$v_a = \frac{V}{St} = \omega\frac{I}{S} = \omega i$$

考虑到实际电解加工条件下的电流效率则有

$$v_a = \eta\omega i \tag{6-9}$$

式中，v_a 为阳极金属(工件)被加工表面法线方向上的溶解速度，常称为电解加工速度 (mm/min)；

η 为电流效率；

ω 为体积电化当量(mm^3/A·min)；

i 为电流密度(A/mm^2)。

这是在电解加工工艺计算及成形规律分析中非常实用的一个基本表达式。式中 η、ω 数据由实验测定。

由式(6-9)可知，在电解加工过程中，当电解液和工件材料选定后，加工速度与电流密度成正比。

【例 6-1】 要在厚度为 40mm 的 45 钢板上加工 50mm×40mm 的长方形通孔，采用 NaCl 电解液，要求在 8min 完成，加工电流需要多大？如配备的是额定电流为 5000A 的直流电源，则进给速度能达到多少？加工时间多长？

解：

金属去除量为

$$V = 50mm \times 40mm \times 40mm = 80000\ mm^3,$$

由表 6-2 可知，45 钢的 ω=2.22 mm^3/min，而 NaCl 电解液的 η=100%，代入式(6-8)

$$I = \frac{V}{\eta\omega t} = \left(\frac{80000}{1 \times 2.22 \times 8}\right)A = 4500A$$

当加工电流为 5000A 时，则

$$v_a = \eta\omega i = \left(1 \times 2.22 \times \frac{5000}{50 \times 40}\right)mm/min = 5.55\ mm/min$$

所需加工时间为

$$t = \frac{h}{v_a} = \frac{40}{5.55}min = 7.21\ min$$

4. 加工间隙

加工间隙是电解加工的核心工艺要素，它直接影响加工精度、表面质量和生产率，也是设计工具阴极和选择加工参数的主要依据。

1) 加工间隙的分类

加工间隙可分为底面间隙、侧面间隙和法向间隙三种(见图 6.9)。

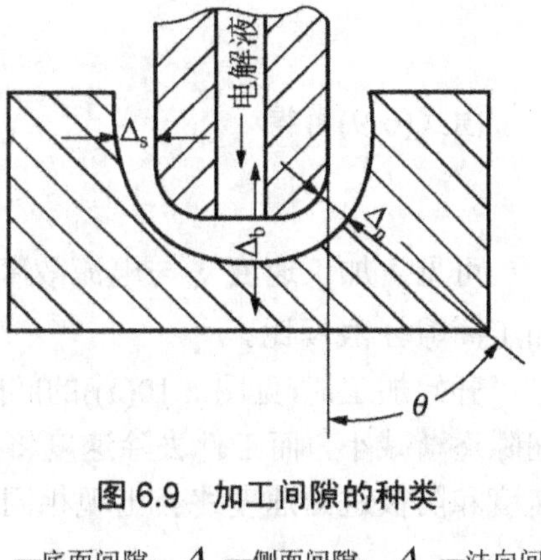

底面间隙是沿工具阴极进给方向上的加工间隙；侧面间隙是沿工具阴极进给的垂直方向上的加工间隙；法向间隙是沿工具阴极各点的法向上的加工间隙。

图 6.9 加工间隙的种类

Δ_b—底面间隙；Δ_s—侧面间隙；Δ_n—法向间隙

加工间隙受加工区电场、流场及电化学特性三方面多种复杂因素的影响，至今尚无有效研究及测试手段。

2) 平衡间隙理论

(1) 底面平衡间隙。以平行平板阴极加工为例(见图 6.10)。

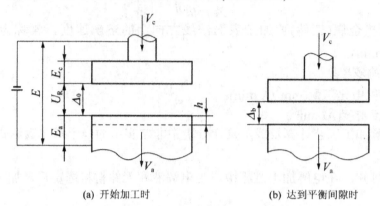

(a) 开始加工时　　　　　　　(b) 达到平衡间隙时

图 6.10　平板阴极加工变化过程

V_c—阴极进给速度；V_a—工件去除速度；Δ_0—初始间隙；Δ_b—平衡间隙

如果电解液的电导率为 $\kappa(1/\Omega \cdot cm)$，两极之间的距离为加工间隙 Δ，阴极面积为 A，这两极间电解液的电阻 R 为

$$R = \frac{\Delta}{\kappa A}$$

在加工电流通过间隙时，欧姆压降 U_R 等于外加电压 U_R 与各种超电压值的总和 δE 之差

$$U_R = U - \delta E \tag{6-10}$$

因而，加工电流 I 和电流密度 i 为

$$I = \frac{U_R}{R} = \frac{\kappa A U_R}{\Delta} \tag{6-11}$$

$$i = \frac{I}{A} = \frac{\kappa U_R}{\Delta} \tag{6-12}$$

由式(6-9)可得

$$v_a = \eta \omega i = \frac{\eta \omega \kappa U_R}{\Delta} \tag{6-13}$$

可见，加工速度 v_a 与电流效率 η、电化当量 ω、电导率 κ、欧姆压降 U_R 成正比，与加工间隙 Δ 成反比。

开始加工时(见图 6.10(a))的间隙称为起始间隙 Δ_0。如果阴极以 v_c 的恒速进给，则加工间隙逐渐减小，而工件去除速度将按式(6-13)的双曲线关系增大。经过一段时间，工件去除速度和阴极进给速度终会出现相同。这时的加工间隙将稳定不变，称为底面平衡间隙 Δ_b

$$\Delta_b = \frac{\eta \omega \kappa U_R}{v_c} \tag{6-14}$$

(2) 法向平衡间隙。在型腔和型面加工中，阴极的表面不一定都与进给方向垂直，往

往与进给方向成一斜角 θ(见图 6.9)。该点的法向进给分速度 v_n 为

$$v_n = v_c \cos\theta$$

代入式(6-14)，可得法向平衡间隙 Δ_n 为

$$\Delta_n = \frac{\eta\omega\kappa U_R}{v_c \cos\theta} = \frac{\Delta_b}{\cos\theta} \tag{6-15}$$

要注意的是：只有在 $\theta \leqslant 45°$，且精度要求不高时，才能应用上式。当 $\theta > 45°$ 时，应按下述侧面间隙计算，并适当加以修正。

(3) 侧面间隙。对于型孔电解加工而言，决定工件尺寸和精度的是其侧面间隙。在阴极侧面绝缘和不绝缘两种情况下，侧面间隙有明显差别(见图 6.11)。

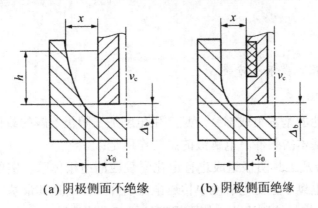

(a) 阴极侧面不绝缘　　(b) 阴极侧面绝缘

图 6.11　侧面间隙

① 阴极侧面不绝缘，如图 6.11(a)所示。工件型孔侧壁始终处于被电解状态，形成明显的喇叭口。

在任意时刻 t，对应于进给深度 $h = v_c t$ 处的侧面间隙 $\Delta_s = x$，那么，该处在 x 方向的蚀除速度 v_x

$$v_x = \frac{\eta\omega\kappa U_R}{x}$$

将上式积分

$$\int x \mathrm{d}x = \int \eta\omega\kappa U_R \mathrm{d}t$$

$$\frac{x^2}{2} = \eta\omega\kappa U_R t + C$$

当 $t = 0$ 时，$x = x_0$(x_0 为底侧面起始间隙)，则 $C = \frac{x_0^2}{2}$

故

$$\frac{x^2}{2} = \eta\omega\kappa U_R t + \frac{x_0^2}{2}$$

可得

$$\Delta_s = x = \sqrt{\frac{2\eta\omega\kappa U_R}{v_c}h + x_0^2} = \sqrt{2\Delta_b h + x_0^2}$$

若阴极底部圆角半径很小，则 $x_0 \approx \Delta_b$，上式可写成：

$$\Delta_s = \sqrt{2\Delta_b h + \Delta_b^2} = \Delta_b\sqrt{\frac{2h}{\Delta_b}+1}$$

显见，当阴极侧面不绝缘时，侧面上任意一点的间隙随着加工深度变化，形成一抛物线状的喇叭口。

② 阴极侧面绝缘[见图 6.11 (b)]。若想避免上述现象，需对阴极侧面进行绝缘处理，只保留一宽度为 b 的工作圈。则在工作圈以上的侧面不再被电解而形成一直壁，侧面间隙与加工深度无关，只取决于工作圈宽度 b。将上式中的 h 以 b 代替，则得

$$\Delta_s = \sqrt{2\Delta_b b + \Delta_b^2} = \Delta_b\sqrt{\frac{2b}{\Delta_b}+1}$$

6.3.3 电解液

1. 电解液的作用、要求及分类

1) 电解液的作用

电解液是电解池的基本组成部分，是产生电解加工阳极溶解的载体。正确地选用电解液是电解加工的最基本的条件。电解液的主要作用是：

(1) 与工件阳极及工具阴极组成进行电化学反应的电极体系，实现所要求的电解加工过程，同时所含导电离子也是电解池中传送电流的介质，这是其最基本的作用。

(2) 排除电解产物，控制极化，使阳极溶解能正常连续进行。

(3) 及时带走电解加工过程中所产生的热量，使加工区不致过热而引起沸腾、蒸发，以确保正常的加工。

2) 对电解液的要求

对电解液总的要求是加工精度和效率高、表面质量好、实用性强。但随着电解加工的发展，对电解液又不断提出新的要求。根据不同的出发点，有的要求可能是不同的甚至相互矛盾的。对电解液的基本要求包括以下四个主要方面。

(1) 电化学特性方面。

① 电解液中各种正负离子必须并存，相互间只有可逆反应而不相互影响，这是构成电解液的基本条件。

② 在工件阳极上必须能优先进行金属离子的阳极溶解，不生成难溶性钝化膜，以免阻碍阳极溶解过程。因此，电解液中的阴离子常是标准电极电位很正的 F^{-1}、Cl^{-1}、ClO_3^{-1}、NlO_3^{-1} 等离子。对电解抛光则应能在阳极表面生成可溶性覆盖膜，产生不完全钝化(又称准钝化)，以获得均匀、光滑的表面。

③ 阳离子不会沉积在工具阴极表面，阴极上只发生析氢反应，以免破坏工具阴极型面，影响加工精度。因此，电解液中的阳离子常是标准电极电位很负的 Na^+、K^+、NH_4^+ 等离子。

④ 集中蚀除能力强、散蚀能力弱。集中蚀除能力是影响成形速度/整平比从而影响加工精度的重大关键因素之一。散蚀能力则影响侧壁的二次扩张、转接圆角半径的大小、棱边锐度以及非加工面的杂散腐蚀。

集中蚀除能力又称定域能力,是指工件加工区小间隙处与大间隙处阳极溶解的能力的差异程度,即加工区阳极蚀除量集中在小间隙处的程度。

散蚀能力又称匀镀能力,系指大间隙处阳极金属蚀除的能力,也就是加工区阳极蚀除量发散的程度。

⑤ 阳极反应的最终产物应能形成不溶性氢氧化物,以便于净化处理,且不影响电极过程,故常采用中性盐水溶液。但在某些特殊情况下(例如深细小孔加工)为避免在加工间隙区出现沉淀等异物,则要求能产生易溶性氢氧化物,因而需选用酸性电解液。

(2) 物理特性方面。

① 应是强电解质即具有高的溶解度和大的离解度。一般用于尺寸加工的电解液应具有高电导率,以减少高电流密度(高去除率)时的电能损耗和发热量。精加工时则可采用低浓度、低电导率电解液,以利于提高加工精度。

② 尽可能低的黏度,以减少流动压力损失及加快电解产物和热量的迁移过程,也有利于实现小间隙加工。

③ 高的热容以减小温升,防止沸腾、蒸发和形成空穴,也有利于实现小间隙、高电流密度加工。

(3) 稳定性方面。

① 电解液中消耗性组分应尽量少(因电解产物不易离解),应有足够的缓冲容量以保持稳定的最佳 pH 值(酸碱度)。

② 电导率及黏度应具有小的温度系数。

(4) 实用性方面。

① 污染小,腐蚀性小;无毒、安全,应尽量避免产生 Cr^{+6} 及 NO_2^- 等有害离子。

② 使用寿命长。

③ 价格低廉,易于采购。

2. 常用电解液及其选择原则

1) 电解液选择的原则

综上所述对电解液的要求是多方面的,难以找到一种电解液能满足所有的要求,因而只能有针对性地根据被加工材料的特性及主要加工要求(加工精度、表面质量和加工效率)有所侧重。对粗加工,电解液的选择,侧重于解决加工效率问题;对精加工,则是侧重于解决加工精度和表面质量问题。材料上,高温合金叶片侧重确保加工精度,而钛合金叶片则是侧重于解决表面质量。总之,在电解液优选中,除共性的原则外还有针对不同情况的特殊的优选原则。表 6-3 为优选电解液的三个主要方面。

表 6-3 电解液选择的原则

主要方面	类别	特点	使用范围
电解液类型的优选	中性电解液	① 组分不消耗,净化后可循环使用,寿命长 ② 电解产物为氢氧化物,不溶解,要进行净化处理 ③ 腐蚀性小,安全可靠 ④ 经济性好	应用范围最广,型面、型腔、型孔均用

续表

主要方面	类别	特点	使用范围
电解液类型的优选	酸性电解液	① 能溶解电解产物，有利于其排除 ② 腐蚀性大，对设备及人体危害较大 ③ 电导率高 ④ 成分变化大	主要用于微孔、深细小孔和电液束加工
	碱性电解液	① 加工钨、钼等类金属时，其氯化物可以与氢氧化物作用生成可溶性钨酸或钼酸 ② 常用金属在此类电解液中其表面产生致密的不溶性钝化膜，使工件表面难以溶解，故不能用此类电解液 ③ 对金属无腐蚀作用，但对人体危害较大	① 加工钨、钼 ② 作附加添加剂，增强对炭化物向的溶解
电解液组分的优选	卤素族盐	① 卤素族盐属活性电解液，其阴离子主要起活化阳极表面作用，活化能力的顺序为 $Cl^- > Br^- > I^- > F^-$ ② Cl^- 可使阳极表面完全活化，达到高电流密度、高电流效率 ③ 在钛合金电解加工中，由于钛的自钝化能力强，因而必须采用活化性强的卤素族盐，其中以 Br^- 和 I^- 击穿钛自钝化膜能力最强，在一般浓度、温度、电压下均是如此	① 在要求效率为主的加工中，NaCl 广为采用 ② 在钛合金电解加工中，NaBr、KBr 应用较多
	含氧酸盐	① 含氧酸盐属氧化剂，为非线性电解液，对阳极表面起氧化/钝化作用，对马氏体不锈钢及铁基合金钝化作用最强，提高了其超钝化电位，同时还降低了析氧电位，在低电流密度下大量析氧，因而非线性效果显著 ② 含氧酸盐对镍、铬合金、钛合金等抗氧化能力强的金属，钝化作用较弱，低电流密度下析氧甚微，因而在直流加工非线性效果就不明显。但仍能生成可溶性保护膜，改善了阳极溶解的均匀性从而改善表面质量	① 马氏体不锈钢及铁基合金的精密加工 ② 加工镍、铬合金、钛合金可改善表面质量
	单一组分电解液	① 使用性能较稳定 ② 调整浓度较简单 ③ 对电解加工性较差的材料如钛合金等加工效果较差	广泛用于生产
	复合电解液	① 可以针对不同加工要求调整其组分以得到较佳的加工性能，例如加工铁基合金的非线性效应，加工钛基合金的活化效应等 ② 组分调整较复杂 ③ 使用性能不如单一组分电解液稳定，需经常调整	是近年电解液的发展趋势，已广泛应用在钛合金、铁基合金加工中，效果良好
电解液浓度的优选	高浓度电解液（接近饱和浓度）	① 导电率高，可以采用高电流密度、高参数，达到高效加工 ② 散蚀能力强，加工精度较低，杂散腐蚀较重	用于粗加工、半精加工
	低浓度电解液（浓度≤10%）	① 散蚀能力弱，加工精度高，杂散腐蚀轻 ② 活化能力较强，加工钛合金效果较好 ③ 电导率较低，电流密度低，只能用低参数，效率较低	用于精加工及钛合金加工

2) 常用电解液

目前生产实践中常用的电解液为中性电解液中的 NaCl、$NaNO_3$ 及 $NaClO_3$ 三种。三种电解液的性能、特点及应用范围见表 6-4。

表 6-4 三种常用电解液的性能、特点

项目	NaCl	$NaNO_3$	$NaClO_3$
常用浓度	250 g/L 以内	400 g/L 以内	450 g/L 以内
加工精度	较低	较高	高
表面粗糙度	与电流密度，流速及加工材料有关，一般 R_a 为 0.8~6.3 μm	在同样条件下低于 NaCl 电解液	低于 NaCl 和 $NaNO_3$
表面质量	加工镍基合金易产生晶界腐蚀，加工钛合金易产生点蚀	一般不产生晶界腐蚀，但电流密度低时也会产生点蚀	杂散腐蚀最小，一般也不会产生点蚀，已加工面耐蚀性较好
腐蚀性	强	较弱	弱
安全性	安全、无毒	助燃(氧化剂)	易燃(强氧化剂)
稳定性	加工过程较稳定，组分及性能基本不变	加工过程 pH 值缓慢增加，应定时调整使之≤9	加工过程缓慢分解 Cl^- 增加，ClO_3^- 减少，故加工一段时间后要适当补充电解质
相对成分	NaCl：$NaNO_3$：$NaClO_3$ = 2：5：12		
应用范围	精度要求不很高的铁基、镍基、钴基合金等	精度要求较高的铁基、镍基、钴基合金，有色金属(铜、铝等)	加工精度要求较高的零件；固定阴极加工

从表 6-4 可以看出：NaCl 电解液的优点是高效、稳定、成本低、通用性好，因而早期得到普遍应用，其缺点是加工精度不够高，对设备腐蚀性较大。$NaNO_3$ 电解液优点是加工精度较高、对设备腐蚀性较小，缺点是加工效率较低，目前其应用面最宽。$NaClO_3$ 电解液虽然加工精度高，在使用初期发展较快，但成本较高，使用过程较复杂，干燥状态易燃，因而未能广泛应用。

3) 低浓度复合电解液

如前所述，近年开发的低浓度复合电解液在改善钛合金加工及镍基铸造合金的表面质量以及提高铁基合金或金属的加工精度上有显著的效果。

研究表明，在低浓度非线性电解液中添加适当的添加剂，组成配方适宜的复合电解液，可提高其电流效率和电导率。例如，加工 2Cr13 时在 4%$NaNO_3$ 中添加 2%Na_2ClO_3 的复合电解液可在保证加工精度的同时提高其加工效率，即综合效果颇佳。加工试验还表明，再添加 2%Na_2SO_4 后虽然对 2Cr13 尺寸精度无影响，但却可提高加工速度，并可减少以至消除溶液中的 $(Cr_2O_7)^{2-}$，减少环境污染，即综合效果更佳。此外 6%$NaNO_3$+2%Na_2SO_4 加工 5CrNiMo；4%~5%$NaNO_3$+2%Na_2SO_4 以及 8%$NaNO_3$ 加工 3Cr2W8V 时均有良好的尺寸加工精度。

从总体来看，低浓度复合电解液的上述优点是在组分优选及与加工材料匹配适当条件下才能发挥出来，而其缺点如电导率较低，从而使加工速度较低，还有加工过程中组分变化后适时测量、控制等问题尚有待进一步研究解决。

3. 电解液的流动形式

1) 电解液流动形式

电解液流动形式是指电解液流向加工间隙、流经加工间隙及流出加工间隙的流通路径、流动方向的几何结构。

电解液流动形式可分为正向流动、反向流动和侧向流动三种，又称为正流式、反流式和侧流式(见图6.12)。

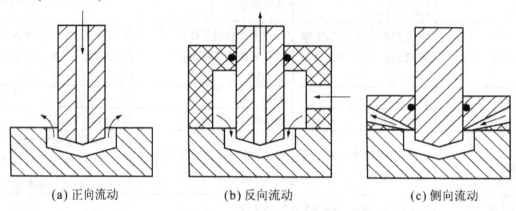

(a) 正向流动　　　　　(b) 反向流动　　　　　(c) 侧向流动

图6.12　电解液的流动形式

正向流动是指电解液从工具阴极中心流入，经加工间隙后，从四周流出，如图6.12(a)所示。其优点是工装较简单，缺点是电解液流经侧面间隙时已混有大量气体及电解产物，加工精度和表面粗糙度难以保证。

反向流动与正向流动相反，是指电解液从加工区四周流入，经加工间隙后，从工具阴极中心流出，如图6.12(b)所示。其优缺点也与正向流动相反。

侧向流动是指电解液从一侧面流入，从另一侧面流出，如图6.11(c)所示。其优点是工具阴极简单，且不会在工件上留下出液口凸台，缺点是必须有复杂的电解液密封工装。

2) 电解液流动形式选择

根据上述各种流动形式的特点，可知其合适的应用范围。因此，须根据加工对象的不同，来选择电解液的流动形式。电解液流动形式的选择见表6-5。

表6-5　电解液流动形式的选择

流动形式	主要应用范围
侧向流动	① 平面及型面加工，如叶片加工 ② 浅型腔加工 ③ 流线型型腔加工，如叶片锻模加工

续表

流动形式		主要应用范围
正向流动	不加背压	① 小孔加工 ② 中等复杂程度型腔或加工精度要求不高的型腔 ③ 混气加工型腔
	加背压	① 复杂型腔 ② 较精密的型腔
	毛坯有预孔	有预孔的零件加工，如电解镗孔等
反向流动		① 复杂型腔 ② 较精密的型腔

6.3.4 电解加工设备

1. 电解加工设备的组成及基本要求

1) 电解加工设备的组成

电解加工设备包括机床本体、整流电源、电解液系统三个主要实体以及相应的控制系统。各组成部分既相对独立，又必须在统一的技术工艺要求下，形成一个相互关联、相互制约的有机整体。正因为如此，相对于传统切削机床，电解加工设备具有其特殊性、综合性和复杂性。

电解加工设备的组成框图如图 6.13 所示。图 6.13 中双点画线框内为基本组成部分。

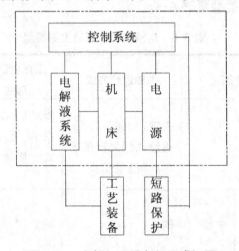

图 6.13 电解加工设备的组成框图

2) 电解加工设备的基本要求

根据电解加工的特殊工作条件，对电解加工设备提出了下列基本要求。

(1) 机床刚性强。目前，电解加工中广泛采用了大电流、小间隙、高电解液压力、高流速、脉冲电流及振动进给等工艺技术，造成电解加工机床经常处在动态、交变的大负荷下工作，要保证加工的高精度和稳定性，就必须拥有很强的静态和动态刚性。

(2) 进给速度稳定性高。电解加工中，金属阳极溶解量与电解加工时间成正比。进给速度如不稳定，阴极相对工件的各个截面的作用时间就不同，将直接影响加工精度。

(3) 设备耐腐蚀性好。机床工作箱及电解液系统的零部件必须具有良好的抗化学和电化学腐蚀的能力，其他零部件(包括电气系统)也应具有对腐蚀性气体的防蚀能力。使用酸、碱性电解液的设备还应耐酸、碱腐蚀。

(4) 电气系统抗干扰性强。机床运动部件的控制和数字显示系统应确保所有功能不相互干扰，并能抵抗工艺电源大电流通断和极间火花的干扰。电源短路保护系统能抵抗电解加工设备自身以及周围设备的非短路信号的干扰。

(5) 大电流传导性好。电解加工中需传输大电流，因而必须尽量降低导电系统线路压降，以减少电能损耗，提高传输效率。在脉冲电流加工过程中，还要采用低电感导线，以避免引起波形失真。

(6) 安全措施完备。为确保加工中产生的少量危险、有害气体和电解液水雾有效排出，机床应采取强制排风措施，并且应配备缺风检测保护装置。

2. 电解加工机床

1) 电解加工机床的主要类型

电解加工机床设计制造的原则是有利于实现机床的主要功能，满足工艺的需要，能以最简便的方式达到所要求的机床刚度、精度，同时还要可操作性好，便于维护，安全可靠，性能价格比高。因此，要考虑机床运动系统的组成和布局对机床通用性、可操作性、刚性和加工精度的影响；考虑总体布局与机床刚度、电源和电解液泵容量之间的关系；总体布局与机床加工精度的关系；总体布局与机床操作、维护的关系。

电解加工机床的主要类型见表 6-6。

表 6-6 电解加工机床的主要类型

类别	名称	示意图	主轴进给方式	工作台运动形式	应用范围
立式机床	框型		主轴在上部，向下进给式；主轴在下部，向上进给式	固定式；X、Y 双向可调整式；旋转分度式	中大型模具型腔，大型叶片型面，大型轮盘腹板，大型链轮齿形，大型花键孔，电解车
	C 型		中型	同上	同上	中小型模具型腔，整体叶轮型面套料、中型孔、异型孔
			小型	主轴在上部，向下进给式	固定式	小孔、小异型孔
卧式机床	卧式单头		主轴水平进给	固定式旋转分度式	机匣内外环底型面、凸台、型孔、筒型零件内孔、大型煤球轧辊型腔、深孔、炮管膛线、深花键孔

续表

类别	名称	示意图	主轴进给方式	工作台运动形式	应用范围
卧式机床	卧式双头		主轴水平进给、主轴向上或向后倾斜方向进给	固定式	叶片型面，腹板
	卧式三头		主轴水平进给	固定式	同时加工叶片型面及根部、凸台转接端面
固定阴极式			固定式	固定式	扩孔抛光去毛刺

2) 电解加工机床的主要部件

以立式机床为例，电解加工机床的主要有以下主要部分(见图 6.14)：床身、工作箱、主轴头、进给系统和导电系统。

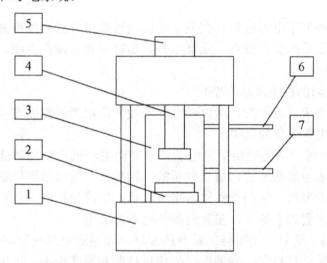

图 6.14 电解加工机床的组成

1—床身；2—工作台；3—工作箱；4—主轴头；5—进给系统；6—输液系统；7—导电系统

3. 电解加工电源

电源是电解加工设备的核心部分，电解加工机床和电解液系统的规格都取决于电源的输出电流，同时电源调压、稳压精度和短路保护系统的功能，影响着加工精度、加工稳定性和经济性。除此之外，脉冲电源等特殊电源对于电解加工硬质合金、铜合金材料起着决定性作用。

电源随着电子工业的发展而发展。电解加工电源从 20 世纪 60 年代的直流发电机组和硅整流器发展到 20 世纪 70 年代的可控硅调压、稳压的直流电源；20 世纪 80 年代出现了可控硅斩波的脉冲电源；20世纪90年代随着现代功率电子器件的发展和广泛应用，又出现了微秒级脉冲电流电源。由于国内外电子工业的差距较大，因此电源是国内外电解加工设备中差距较大的环节，主要体现在电源的容量、稳压精度、体积、密封性、耐蚀性、故障率和寿命等诸多方面。因而电源是国内电解加工设备中急需改进和提高的另一重要环节。

1) 电解加工对电源的要求

电解加工是利用单方向的电流对阳极工件进行溶解加工的，所使用的电解电源必须是直流电源。电解加工的阳极与阴极的间隙很小，所以要求的加工电压也不高，一般在8~24V之间(有些特殊场合也要求更高的电压)。但由于不同加工情况下参数选择相差很大，因此要求加工电压能在上述范围内连续可调。

为保证电解加工有较大的生产率，需要有较大加工电流，一般要求电源能提供几千至几万安培的电流。电解加工过程中，为保持加工间隙稳定不变，要求加工电压恒定，即电解电源的输出电压应稳定，不受外来干扰。从可能性和适用性来考虑，目前国内生产的电解电源的稳定精度均为1%，即当外界存在干扰时，电源输出电压的波动不得超过使用值的1%。

在加工过程中，由于种种原因可能会发生火花，也可能出现电源过载与短路，为了防止工具阴极和工件的烧伤并保护电源本身，在电源中必须有及时检测故障并快速切断的保护线路。

总的说来，电解加工电源应是有大电流输出的连续可调的直流电源，要求有相当好的稳压性能，并设有必要的保护线路。除此以外，运行可靠、操作方便、控制合理也是鉴别电源好坏的重要指标。

2) 电解加工电源的种类及基本结构

因为电解加工要求直流电源，所以必须首先使交流电经过整流变为直流电。根据整流方式的不同，电解电源可分为三类。

(1) 直流发电机组。这是先用交流电能带动交流电动机转变为动能，再带动直流发电机将动能转变为直流电能的装置，由于能量的二次转换，所以效率较低，而且噪声大、占地面积大、调节灵敏度低，从而导致稳压精度较低，短路保护时间较长。这是最早应用的一类电源，除原来配套的设备外，在新设备中已不再采用。

(2) 硅整流电源。随着大功率硅二极管的发展，硅整流电源逐渐取代了直流发电机组。简单型的硅整流器采用自耦变压器调压，无稳压控制和短路保护。也可采用饱和电抗器调压、稳压，但其调节灵敏度较低，短路保护时间较长，约25ms，稳压精度不够高，仅为5%左右，且耗铜、耗铁量较大，经济性不够好。

(3) 可控硅整流电源。随着大功率可控硅器件的发展，可控硅调压、稳压的直流电源又逐渐取代了硅整流电源。这种电源将整流与调压统一，都由可控硅元件完成，结构简单，制造方便，反应灵敏，随着可控硅元件质量的提高，可靠性也越来越好，国外现已全部采用此种电源，也已成为国内目前生产的主要电解电源。

可控硅整流电源一般是通过单相、三相或多相整流获得的，但它的输出电压、输出电流并不是纯直流，而是脉动电流，其交流谐波成分随整流电路的形式及控制角大小的变化而变化。由于可控硅整流电源纹波系数(3%~5%)比开关电源(小于1%)高，经电容、电感滤波后，并不能达到纯直流状态。但比直流发电机经济、效率高、重量轻、使用维护方便、动作快、可提高自动化程度、改善产品质量、无机械磨损等。

3) 电解加工用脉冲电源

长久以来，直流电源一直是电解加工电源的主力军，一般普通的电解加工均采用直流电源进行加工。

应用脉冲电源可进行脉冲电流加工，可使加工精度大为改善。而且随着脉冲占空比 K 的减小，加工精度不断提高。

此外，脉冲电流加工还可以降低表面粗糙度值，增加表面光亮度，改善表面质量。

20 世纪 90 年代以来，微秒级脉冲电流电解加工基础工艺研究取得突破性进展。研究表明，此项新技术可以提高集中蚀除能力，并可实现 0.05mm 以下的微小间隙加工，从而可以较大幅度地提高加工精度和表面质量，型腔最高重复精度可达 0.05mm，最低粗糙度 R_a 可达 0.40μm，有望将电解加工提高到精密加工的水平，而且可促进加工过程稳定并简化工艺，有利于电解加工的扩大应用。

4. 电解液系统

电解液系统的作用是向加工区供应一定压力、足够流量和适宜温度的干净电解液。它主要由泵、电解液槽、过滤器、管道、阀、流量计、热交换器等组成。

1) 电解液泵

泵是电解液系统的心脏，它决定了整个电解液系统的基本功能，其选型至关重要。目前生产中的电解液泵大多采用多级离心泵，它代替了过去使用的齿轮泵。

一般情况下，泵的压力可选 0.5~2.5MPa。泵的流量随加工对象而定，一般可按被加工工件周边长度进行估算，即 4.6 L/mm·min。

2) 电解液槽

对电解液槽最基本的要求是耐腐蚀和不渗漏，另外也希望便于制造，成本低，占地面积少。电解液槽的形式有较大的水泥池式和可移动的箱式(不锈钢或塑料板焊成，也可用玻璃钢或用普通钢板内衬耐腐蚀橡胶制成)两种。槽的容量可根据工件的大小和连续加工时间的长短以及车间电解加工机床的数量来决定。

3) 过滤器

以金属氢氧化物为主的电解产物含量过多，将会造成加工不稳定，影响加工质量，甚至造成短路。因此需及时将电解产物和杂质从电解液中分离出来。

由于金属氢氧化物成絮状存在于电解液之中，所以在大容量的电解液池中，可以采用自然沉淀，定期处理这些沉淀物的方法来清洁电解液，但所需时间较长，且不可能很彻底。在生产中一般还采用 80~100 目的尼龙丝或不锈钢丝网做成过滤筒，套在电解液泵的进口处作为粗过滤，可滤掉较大颗粒的杂质；而在进入加工区以前再用网式或缝隙式过滤器进行精过滤，以进一步滤除较细小的杂质颗粒。过滤器应经常清洗，以免一些固体颗粒在压力下通过网眼。若将两组筒形过滤器分别通过阀门并联在总的管路上，则即使在加工过程中也可分别进行清洗，而不影响加工进程。此外，也有使用微孔刚玉过滤器和离心过滤机进行强迫过滤。

4) 热交换器

电解液的温度在加工中不断变化，变化较快，温度的变化会影响加工间隙、电流效率及电流密度,对重复精度影响较大,应该加以控制,保证温度稳定在给定的范围内。温度控制系统的主要设备是热交换器和温度自动调节系统。

5) 管道、阀、流量计及其他附件

电解液管道一般用金属管,只有在压力不高处用软管。管径可按泵接口直径来选用,也可按流速计算。管内流速应不低于能带渣的临界速度,也不能超过 10~12m/s,通常可按流速 3~8m/s 选取管径。

用于电解液系统的阀应耐腐蚀,其通道截面应该和管道相应,有些阀因为盐的结晶会影响其启闭,不能用于电解液系统。

电解液管路中必须配置流量计和压力表,据此调节气、液流量和压力,以满足一定流量和混合比的要求。电解液常用 LZ 型不锈钢转子流量计,也可以使用 LW 型涡轮转子流量计或 LC 型椭圆齿轮流量计。

5. 控制系统

电解加工控制系统必须包括参数控制、循环控制、保护和连锁三个组成部分。

1) 参数控制系统

参数控制系统的核心要求是控制极间加工间隙,使其保持恒定的预选数值或按给定的函数变化。参数控制系统有两种控制方案。

(1) 恒参数控制。恒参数控制是指通过闭环系统分别控制电压,进给速度(或加工电流),电解液浓度,温度,压力(或流量)等参数的恒定来保证加工间隙恒定。

(2) 自适应控制。自适应控制是指通过控制系统使某些参数之间按照一定的规律变化,以互相抵消这些参数分别引起的加工间隙的变化。例如根据电导率的变化相应调整加工电压或进给速度,以维持间隙恒定。

2) 循环控制系统

循环控制的要求是按照既定的程序控制机床、电源、电解液系统的动作,使之相互协调,均按工具阴极进给的位置(深度)转换加电、供液点及改变进给速度等。

循环控制系统可分为以下几类。

(1) 继电系统。用行程开关预置给定的程序转换位置。

(2) 简易数控系统。用数字拨码盘开关预置的程序转换位置,并配置位置数字显示;或用逻辑门及灵敏继电器组合出要求的动作顺序。

(3) 微机控制系统。用单板机或微型计算机的软件控制加工程序。

(4) 可编程序控制器系统。根据所要求的控制功能,用标准模块组合而成。

3) 保护和连锁系统的要求

除了一般机床自动控制系统所具有的保护和连锁功能以外,电解加工机床还要求具有下列特殊功能。

(1) 为确保加工中产生的有害气体和电解液水雾有效排出,机床应采取强制排风措施,并且应配备缺风检测保护装置。

(2) 防止电解液飞溅而设置的工作箱门的连锁以及防止潮气进入而设置的电器柜门的连锁。

(3) 主轴头和电源柜内渗入潮气的报警。

(4) 防止工具阴极及工件短路烧伤的快速短路保护。

6.3.5 电解加工的应用

我国于1958年首先在炮管膛线加工方面开始应用电解加工技术。经历将近50年的发展，电解加工已被广泛应用于炮管膛线、叶片、整体叶轮、模具、异型孔及异型零件等成形加工，以及倒棱和去毛刺处理。

根据电解加工的特点，选用电解加工工艺应考虑下列基本原则：

(1) 难切削材料，如高硬度、高强度或高韧性材料的工件的加工。

(2) 复杂结构零件，如三维型面的叶片，三维型腔的锻模、机匣等的加工。

(3) 较大批量生产的工件，特别是对工具的损耗严重的工件(如涡轮叶片)的加工。

(4) 特殊的复杂结构，如薄壁整体结构、深小孔、异型孔、空心气冷涡轮叶片的横向孔、干涉孔、炮管膛线等的加工。

1. 模具型腔加工

近年来，模具结构日益复杂，材料性能不断提高，难加工的材料如预淬硬钢、不锈钢、高镍合金钢、粉末合金、硬质合金、超塑合金等所占的比重日趋加大。因此，在模具制造业中越来越显示出电解加工适应难加工材料、复杂结构的优势。电解加工在模具制造领域中已占据了重要地位。

1) 模具电解加工应用状况

(1) 锻模。

① 一般锻模。模具的精度中等，各面之间圆滑转接，表面质量要求较高，材料硬度高，批量较大，适应电解加工当前发展水平，可以全面发挥电解加工的优势。中等精度锻模的电解加工已在生产中较为广泛的应用，特别是小倾角浅型腔模具。

② 精密锻模。精度、表面质量要求均高，批量更大，只能采用精密电解加工。目前精密锻模电解加工正在开发中。

(2) 玻璃模和食品模。型腔的表面光洁度要求较高，而精度则要求不高，因轴对称，故流场均匀，较适应电解加工的特点。该类模具电解加工国外有较多应用。

(3) 压铸模，包括整体式和分块式：形状较复杂，尺寸较大，流场控制及工具电极设计制造均较复杂、难度较高，但分块式压铸模则较为简便。该类模具电解加工国外有局部应用。

(4) 冷镦模。受力较大，对表面质量要求较高，精度则不甚高，可发挥电解加工的优势。故常用于中小零件模具加工。

(5) 橡胶轮胎模、注塑模等其他模具。合模精度较高，且批量很小，材料可切削性尚可，一般不宜采用电解加工。

2) 模具型腔电解加工工艺

各种模具中，除了冲压模是二维型腔以外，其余的如锻模、玻璃模、压铸模、冷镦模、橡胶模、注塑模等均是三维型腔，它们的加工都属于三维全型成形加工。因此，要获得所要求的型面形状和尺寸，最便捷的途径就是按照近似的工件型腔等距面设计制造阴极，加工中则通过先进的工艺来保证整个加工区内所有位置的加工间隙的均匀性，即通过均匀缩小—均匀放大这样两个环节，将零件的形状和尺寸复制到模具型面上。但是要保证加工间隙的绝对均匀是不可能的，因而这种工艺目前还难以实现，只能近似用于精度要求较低的模具加工。而目前在国内广为采用的是另一种途径，即通过分析和试验来掌握间隙分布的规律性，再据此对工具阴极加以反复修整，直至加工出合格的型腔。

2. 叶片型面加工

1) 叶片材料及型面构成特点

发动机叶片是航空发动机的关键零件，其质量的好坏对发动机的性能有重大影响，因此对发动机叶片的内在品质和外观质量都提出了很高的要求。随着航空发动机推重比的提高，叶片普遍采用高强度、高韧性、高硬度材料，形状复杂，薄型低刚度，且为批量生产，所以特别适合于采用电解加工。

叶片是电解加工应用对象中数量最大的一种。当前，我国绝大多数航空发动机叶片毛坯仍为留有余量的锻件或铸件，其叶身加工大部分采用电解加工。对于钛合金叶片及精锻、精铸的小余量叶片，电解加工更是唯一选择。在国外，叶片也是电解加工的主要应用对象。

2) 叶片电解加工的种类

根据叶片同时加工的部位，叶片电解加工可分为三类。

(1) 叶盆、叶背型面同时加工。

这类加工的设备、工艺均较简单，但边缘圆角及根部转接区的手工抛光量大，质量不易稳定。目前国内生产全部采用这种方案，国外也大多如此。

(2) 叶盆、叶背型面及根部过渡转接区，凸台端面同时加工。

这类加工必须采用三头机床或阴极进给方向为斜向切入。国外部分机床采用此方案。

(3) 叶盆、叶背型面、根部过渡转接区及进排气边缘圆角等全部叶身型面同时加工。

这类加工效率高，生产周期短；加工质量好；电解液用反流式流动，故流场较均匀、稳定；但设备、阴极均较复杂，须采用三头或斜向进给机床、复合双动阴极。国外自动生产线上已采用此方案，国内开始在新机部分叶片的试制上应用。

3. 型孔及小孔加工

1) 型孔电解加工

对于四方、六方、椭圆、半圆、花瓣等形状的通孔和不通孔，若采用机械切削方法加工，往往需要使用一些复杂的刀具、夹具来进行插削、拉削或挤压，且加工精度和表面粗糙度仍不易保证。而采用电解加工，则能够显著提高加工质量和生产率。

型孔加工具有以下特点。

(1) 通常型孔是在实心零件上直接加工出来的。

(2) 常采用端面进给式阴极，在立式机床上进行加工。

(3) 采用正流式加工，即电解液进入方向与阴极的进给方向相同，而排出方向则相反。因此，液流阻力随加工深度的增加而增大，加工产物的排除也越来越难。

2) 深小孔电解加工

在孔加工中，尤其以深小孔的加工最为困难。特别是近年来随着材料向着高强度、高硬度的方向发展，经常需要在一些高硬度高强度的难加工材料(如模具钢、硬质合金、陶瓷材料和聚晶金刚石等)上进行深小孔加工。例如，新型航空发动机高温合金涡轮上采用的大量多种冷却孔均为深小孔或呈多向不同角度分布的小孔,如用常规机械钻削加工特别困难,甚至无法进行。而电火花和激光加工小孔时加工深度受到一定的限制,而且会产生表面再铸层。深小孔电解加工技术具有表面质量好、无再铸层和微裂纹、可群孔加工等优点,因而在许多领域,尤其在航空航天制造业中发挥了独特作用。

深小孔加工用的阴极材料通常为不锈钢。只有在加工孔径很小,或深径比很大时,为避免造成堵塞,需采用可溶解电解产物和杂质的酸性电解液,因而就必须选用耐腐蚀的钛合金管制作阴极。此外,阴极还需要采用高温陶瓷材料和环氧材料作为绝缘涂层。

深小孔加工阴极内径小且加工侧面间隙小而深,这将导致两方面的影响:一是要求电解液应严格过滤,保证高度清洁;二是要特别注意避免电解产物阻塞流道,或电解产物在阴极加工表面上沉积,因而电解液应该具有溶解电解产物的作用。

深小孔加工的电解液通常采用浓度为10%~25%的无机酸类水溶液,如H_2SO_4、HCl或HNO_3,均具有溶解电解产物的功能。电解液工作压力一般为0.2~0.7MPa,工作电压10~15V,通常采用恒电压加工。

3) 小孔电液束加工

电液束加工的研究于20世纪60年代中期始于美国通用电气公司(GE公司)。我国在20世纪70年代中企业开始了电液束加工研究,近几年来在喷嘴制造和加工工艺方面都取得了重大进展。

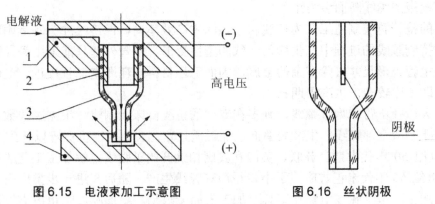

图6.15 电液束加工示意图　　图6.16 丝状阴极

1—检测及送进装置;2—阴极;3—绝缘管;4—工件

电液束加工如图6.15所示。电液束加工的装置也包括三部分:

(1) 电解液系统,较高压力的电解液经由绝缘喷管形成一束射流喷向工件。

(2) 机床及其控制系统,用于安装工件、绝缘管(阴极),提供并控制阴极相对工件的进给运动。

(3) 高压直流电源。

电液束加工小孔时,被加工工件接正极,在呈收敛形状的绝缘玻璃管喷嘴中有一金属丝或金属管接负极(见图6.16),在正、负极间施加100~1000V的高压直流电,小流量耐酸高压泵将净化了的电解质溶液压入导电密封头进入玻璃管阴极中,使电解液流束"阴极化"而带负电,当其射向加工工件的待加工部位时,就在喷射点上产生阳极溶解;随着阴极相对工件的进给,在工件上不断溶解而形成一定深度的小孔。

电液束加工中既有阳极金属溶解的过程,也有化学加工的作用。电液束加工去除材料,是在高电压、大电流密度以及喷射点局部高温条件下特殊的电解作用和强烈的化学腐蚀，以及其他未知加工作用的复合加工的结果。

电液束加工有下述特点。

(1) 电液束加工方法可达性好，可以实现其他方法不能实现或难以实现的特殊角度的小孔加工。

(2) 可实现无再铸层、无微裂纹的小孔加工，为长寿发动机叶片加工提供了良好的工艺手段。

(3) 用电液束加工的孔进出口光滑，无毛刺，加工表面粗糙度值低(一般为 3.2~0.8 μm)，因而气动性能好，可省去激光打孔后去毛刺和再铸层的精整加工工序。

(4) 与传统电解加工工艺相比可以加工出更小的孔。

用电液束送进法加工的小孔直径可达0.125 mm，采用不送进法可加工出直径0.025mm的小孔。

(5) 电液束加工是无应力切削方法，因此可实现对薄壁零件的切割。

但电液束加工存在玻璃管电极易碰碎等缺点。

4. 枪、炮管膛线加工

膛线是枪、炮管内膛的重要组成部分，它由一定数量的位于内膛壁面的螺旋凹槽所构成。现代枪炮的膛线断面多为矩形。

传统的枪管膛线制造工艺为挤线法，该法生产效率高，但挤线冲头制造困难，而且为了保证在挤制膛线的过程中产生均匀一致的塑性变形，枪管外壁只能采用等径圆钢，挤线以后再按枪管外形尺寸去除多余的金属，因而毛坯材料损耗严重，且校正、电镀、回火等一系列辅助工序较多，生产周期长。

对于大口径枪管和炮管膛线，则多在专门的拉线机床上制成。根据膛线数目，往往要分几次才能制成全部膛线，生产效率低，加工质量差，表面粗糙度更难以达到要求。

20 世纪 50 年代中期，苏联、美国和我国相继开始了膛线电解加工工艺的试验研究，并于 20 世纪 50 年代末正式应用于小口径炮管膛线生产，随后又进一步推广用于大口径长炮管膛线加工。炮管膛线电解加工具有加工表面无缺陷，矩形膛线圆角很小等优点，可提高产品的使用寿命和可靠性。目前，膛线电解加工工艺已定型，成为枪、炮制造中的重要工艺方法。

5. 整体叶轮加工

通常整体叶轮都工作在高转速、高压或高温条件下，制造材料多为不锈钢、钛合金或高温耐热合金等难切削材料；再加之其为整体结构且叶片型面复杂，使得其制造非常困难，成为生产过程中的关键。

目前，整体叶轮的制造方法有精密铸造、数控铣削和电解加工三种。其中，电解加工在整体叶轮制造中占有其独特地位。随着新材料的采用和叶轮小型化，结构复杂化，一个叶轮上的叶片越来越多，由几十片增加到百余片；叶间通道越来越小，小到相距只有几毫米。因此，精密铸造和数控铣削这类叶轮越来越困难，而相应地越来越显示出电解加工整体叶轮的优越性。

按其叶片型面的几何特点，整体叶轮可分为等截面叶片整体叶轮和变截面叶片(含变截面扭曲)整体叶轮两类。

二维等截面型面的整体叶轮、叶栅叶型加工广泛采用电解套料方式，精度及效率较高，已成为一种定型工艺。

针对变截面扭曲整体叶轮，我国自主研制成功了一种机械靠模仿型电解加工技术。它特别适用于直纹扭曲型面，即用直线衍生创成(展成)的型面加工。其加工分为两个步骤：

(1) 粗加工(电解开槽)，用特制阴极在叶轮的轮盘毛坯上，利用机械靠模仿型电解加工叶间通道，即同时加工成形相邻两叶片中的一个叶盆型面和另一个叶背型面，逐次完成整个轮盘加工。

(2) 精加工(电解磨削)，用锥形电解磨轮，逐次机械靠模仿型电解磨削叶盆和叶背型面，完成叶轮加工。

6. 电解去毛刺

20世纪80年代初期，我国开始了对电解去毛刺的研究及应用，并首先用于气动阀体交叉孔去毛刺和油泵油嘴行业，如A型、P型泵体、喷油器、柱塞套、长油嘴喷孔等，还参照国外的技术设计和制造了电解去毛刺机床。机床采用防腐材料、稳压电源、PC机控制系统，实现了机电一体化，各项技术指标达到了20世纪80年代中期的国际水平。

与其他方法相比，电解去毛刺特别适合于去除硬、韧性金属材料以及可达性差的复杂内腔部位的毛刺。此法加工效率高，去刺质量好，适用范围广，安全可靠，易于实现自动化。

与电解加工类似，电解去毛刺也是利用电化学阳极溶解反应的原理。由于靠近阴极导电端的工件突出的毛刺及棱角处电流密度最高，从而使毛刺很快被溶解而去除掉，棱边形成圆角。

电解去毛刺的加工间隙较大，加工时间又很短，因而工具阴极不需要相对工件进给运动，即可采用固定阴极加工方式，机床不需要工作进给系统及相应的控制系统。但是，工具阴极相对工件的位置必须放置正确。

(1) 对于高度大于1mm的较大毛刺，工具阴极应放置在能使毛刺根部溶解("切根")的位置，如图6.17(a)所示。

(2) 对于较小的毛刺，可将工具阴极放置在能使毛刺沿高度方向溶解的位置，如图6.17(b)所示。

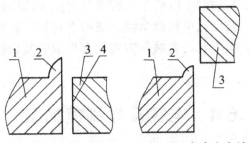

(a) 毛刺根部溶解　(b) 毛刺沿高度方向溶解

图6.17　工具阴极的定位

1—工件；2—毛刺；3—阴极；4—绝缘层

7. 数控展成电解加工

传统的电解加工需采用成形电极来加工复杂型面和型腔，且针对不同形状和尺寸的型面需设计不同的阴极，由于影响电解加工间隙的因素多而复杂，目前尚不能提出令人十分满意的阴极设计方案，使得阴极的制造仍然是一个反复修正的过程，周期很长，这也决定了传统电解加工工艺用于小量、单件加工时经济性差的缺点。另一方面，对具有复杂型面及较大加工面积的零件来说，影响加工精度的因素很多，加工精度难以进一步提高，特别是对于窄通道扭曲叶片叶轮类整体零件，由于空间狭小，采用机械加工刀杆刚性受到限制，而用普通拷贝式电解加工又难以通过一次进给加工成形。在这种背景下，在简化加工工艺过程、提高电解加工精度及适用性的目的驱使下，以简单形状电极加工复杂型面的柔性电解加工—数控展成电解加工的思想于20世纪80年代初开始形成，它结合数控加工的柔性，以控制软件的编制代替复杂的成形阴极的设计、制造，以阴极相对工件的展成运动来加工出复杂型面。

数控展成电解加工工具阴极形状简单(棒状、球状及条状)，设计制造方便，且适用范围广，大大缩短了生产准备周期，因而可适应多品种、小批量产品研制、生产的发展趋势，可弥补电解加工在小量、单件加工时经济性差的缺点。

8. 微精电解加工

从原理上而言，电化学加工技术中材料的去除或增加过程都是以离子的形式进行的。由于金属离子的尺寸非常微小(10^{-1}nm级)，因此，相对于其他"微团"去除材料方式(如微细电火花、微细机械磨削)，这种以"离子"方式去除材料的微去除方式使得电化学加工技术在微细制造领域，以至于纳米制造领域存在着极大的研究探索空间。

从理论上讲，只要精细地控制电流密度和电化学发生区域，就能实现电化学微细溶解或电化学微细沉积。微细电铸技术是电化学微细沉积的典型实例，它已经在微细制造领域获得重要应用。微细电铸是LIGA技术一个重要的、不可替代的组成部分，已经涉足纳米尺寸的微细制造中，激光防伪商标模版和表面粗糙度样块是电铸的典型应用(详见6.4节)。

但电化学溶解加工的杂散腐蚀及间隙中电场、流场的多变性严重制约了其加工精度，其加工的微细程度目前还不能与电化学沉积的微细电铸相比。目前微精电解加工还处于研究和试验阶段，其应用还局限于一些特殊的场合，如电子工业中微小零件的电化学蚀刻加工(美国IBM公司)、微米级浅槽加工(荷兰飞利浦公司)、微型轴电解抛光(日本东京大学)已取得了很好的加工效果，精度已可达微米级。微细直写加工、微细群缝加工及微孔电液束加工，以及电解与超声、电火花、机械等方式结合形成的复合微精工艺已显示出良好的应用前景。

6.4 电铸及电刷镀加工

电解加工是利用电化学阳极溶解的原理去除工件材料的减材加工。与此相反的是利用电化学阴极沉积的原理进行的镀覆加工(增材加工)，主要包括电镀、电铸及电刷镀三类。其中，电镀只用于表面加工、装饰，在此不作专门介绍。

6.4.1 电铸

1. 电铸的原理

电铸技术的应用最早可以溯及到 1840 年，与电镀同时被运用于制造中。但因受限于相关的基础理论与技术发展，直至 20 世纪 50 年代，电铸技术的应用仍十分有限。直到近 50 年，得益于各相关技术领域的突破，电铸才逐渐广泛的应用于工业领域，直至高科技产业。这主要是因为精密电铸技术能做到极微小的尺寸，并且获得极佳的复制精度。

电铸的基本加工原理如图 6.18 所示，将电铸材料作为阳极，原模作为阴极，电铸材料的金属盐溶液做电铸液。在直流电源的作用下，阳极发生电解作用，金属材料电解成金属阳离子进入电铸液，再被吸引至阴极获得电子还原而沉积于原模上。当阴极原模上电铸层逐渐增厚达到预定厚度时，将其与原模分离，即可获得与原模型面凹凸相反的电铸件。

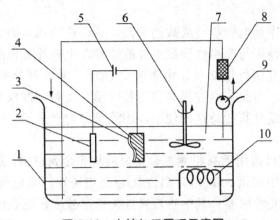

图 6.18 电铸加工原理示意图

1—电铸槽；2—阳极；3—沉积层；4—原模；5—电源；6—搅拌器；7—电铸液；8—过滤器；9—泵；10—加热器

2. 电铸的特性与应用

电铸制造有其鲜明的优势特性。

(1) 高复制精度。电铸是一种精密的金属零件制造技术，能获得到其他制造难以达到的复制精度。电铸产生的铸件可以成为其他制造所需要的原模，并且表面精度极佳。

(2) 原模可永久性重复使用。电铸加工过程对原模无任何损伤，所以原模可永久性重复使用，而同一原模生产的电铸件重复精度极高。

(3) 借助石膏、石蜡、环氧树脂等作为原模材料，可把复杂零件的内表面复制为外表面，或外表面复制为内表面，然后再电铸复制。

电铸加工也存在一定局限性。

(1) 生产率低。由于电流密度过大易导致沉积金属的结晶粗大，强度低。一般每小时电铸金属层为 0.02~0.5 mm，加工时间长。

(2) 原模制造技术要求高。

(3) 有时存在一定的脱模困难。

3. 电铸的基本设备

电铸加工的基本设备有下列几种。

(1) 电铸槽。为避免腐蚀，常用钢板焊接，内衬铅板、橡胶或塑料等。小型槽可用陶瓷、玻璃或搪瓷制品；大型槽可用耐酸砖衬里的水泥制作。

(2) 直流电源。电压 3~20V 可调，电流和功率能满足(条件电流密度达到)15~30 A/dm^2 即可。常用硅整流或可控硅直流电源。

(3) 搅拌和循环过滤系统。其作用为降低浓差极化，加大电流密度，提高电铸质量。

(4) 加热和冷却装置。常用蒸汽和通电加热，用电吹风或自来水冷却。

4. 电铸的工艺过程

电铸制造的工艺过程包括原模制作、表面处理、电铸、衬背及脱模及铸件检测等。

1) 原模制作

电铸模的设计与制作是电铸制造成败的关键。从设计的观点而言，电铸模可以区分为刚性模和非刚性模。刚性模与非刚性模最主要的差异在电铸件脱模的过程中，非刚性模所产生的铸件因其复杂的几何外形必须让电铸模变形(或是拆下部分模具)，甚至破坏电铸模才能使电铸件脱离模具。因此非刚性模又称为暂时模。而对刚性模而言，电铸件可以轻易脱离母模，不损伤电铸模令其能持续的使用，因此又称为永久模。刚性模与非刚性模的材料及特性如下。

(1) 刚性模。刚性模可选用的材料涵盖金属材料与非金属材料。金属材料包括不锈钢(奥氏体铁系)、铜、黄铜、中碳钢、铝(包含铝合金)以及电铸镍。非金属材料包括热塑性树脂、热固性树脂、蜡及感旋光性树脂。其中感旋光性树脂常被用在高表面精度的光盘制造。

(2) 非刚性模。非刚性模材料的选择依电铸件脱模的方式可区分成可熔性材料、可溶性材料、变形材料。

① 可熔性材料。一般为低熔点合金(铋合金)或蜡，可以利用加热到电铸模材料熔点以上的温度将电铸模熔化的方式脱模。

② 可溶性材料。铝及含少量锌的铝合金，可以被氢氧化钠溶液溶解去除。

③ 变形材料。以塑化高分子氯乙烯类材料为电铸模材料，在完成电铸后可以顺利脱模。

2) 表面处理

电铸模材料包含导电性材料和非导电性材料。导电性材料的电铸模必须先经过完全的洁净及适当的表面处理，使电铸件与电铸模不会黏着，以利脱模。表面处理的方式因电铸模材料的不同而异。最简单的一种处理方式是用重铬酸钠水溶液清洗，在不锈钢或镍铸模表面形成一个钝化膜。若是使用非导电性材料作为电铸模材料，则必须在电铸模表面形成一个导电层。形成导电层的方法很多，如真空镀膜、阴极溅射、化学镀或粘胶涂敷等，最常用的两种方法是在电铸模上贴上银箔或是涂上一层银漆。

3) 电铸过程

电铸技术的基本分类有金属电铸，如镍、铜、铁、金、银、铝等；合金电铸，如镍-铁、镍-钴等；及复合电铸，如 Ni-SiC 等，其中，镍、铜电铸的应用占了绝大多数。

(1) 电铸镍。镍具有容易电铸及抗腐蚀性佳之特性，应用面最广。但其质软，硬度只有 250~350HV，故主要运用于无磨耗问题之塑料结构成形原模。

铸镍使用的标准电铸液为胺基硫酸镍 $Ni(NH_4SO_3)_2·4H_2O$，此电铸液具有铸层内应力低、力学性质佳、沉积速率快、电着性均匀等优点。表 6-7 为镍电铸液组成及操作条件。

表 6-7　镍电铸液组成及操作条件

组成	胺基硫酸镍	硼酸	润湿剂	应力降低剂	电流密度	温度	PH	过滤尺寸
操作条件	400~450 g/L	40g/L	2~3mL/L	3~5g/L	1~10A/dm^2	50~60℃	3.5~4.0	0.2μm

要提高电铸结构的品质，除了控制电铸液的 pH、温度、镍金属盐浓度及选择适当的电流密度外，也须控制缓冲电铸液 pH 变化的硼酸浓度，并添加应力降低剂以降低电铸层内应力。另外，为增进电铸液与光阻结构间的亲和性，促使电铸液能深入狭窄的孔道，还需添加润湿剂。润湿剂可降低电铸液的表面张力，使阴极产生之氢气与氢氧化物胶体不易附着于铸层表面，减低铸层产生针孔及凹洞的机会，故又称为针孔抑制剂。

(2) 电铸铜。铜虽然比镍便宜，但因为铜的力学性质较镍差，并且对许多工作环境中的抗腐蚀性较差，所以应用受限制。

电铸铜最常使用的电铸液就是硫酸铜溶液，其组成成分为：70~250 g/L $CuSO_4·5H_2O$、50~200g/L H_2SO_4。硫酸铜电铸液性质稳定，容易操作，并且可以获得内应力极低的电铸件。但含高浓度硫酸的电铸液对设备及操作者皆具强烈的腐蚀性。

使用硫酸铜电铸铜时，使用钝性阳极(阳极本身不产生电解反应)，电铸液中的铜离子由铜金属颗粒溶解产生补充以保持铜离子浓度。使用钝性阳极，可精确地控制阳极与阴极间的微小间距，降低电铸的能量消耗及杂质的产生。

硫酸铜电铸液也可以添加一些有机添加剂，让电铸件产生表面光亮的效果。

氰化铜溶液同样也可以当作电铸铜的电铸液，但必须考虑使用氰化铜电铸液电铸件的内应力会大过使用硫酸铜电铸液。同时，使用氰化铜溶液电铸液还需考虑氰化物毒性及污染的问题，以及氰化铜溶液电铸液在使用过程中因氰化物化学特性所衍生出来较复杂的控制问题。尽管如此，氰化铜溶液电铸液用在使用周期反向电流电铸加工中。这种加工产生的铸件材料分布较均匀，常被用作电铸镍模的表面电铸。

4) 衬背及脱模

在加工某些电铸件如塑料模具和翻制印刷线路板等时，电铸成形之后还需要用其他材料作衬背处理，然后再机械加工到预定尺寸。

塑料模具电铸件的衬背方法常为浇铸铝或铅锡低熔合金；翻制印制线路板则常用热固性塑料等。

电铸件的脱模分离方法视原模材料不同而异，包括捶击、加热或冷却胀缩分离、加热熔化、化学溶解、用压机或螺旋缓慢地推拉、用薄刀尖分离等。

5) 铸件检测

电铸件除了外观尺寸外，其内应力及力学性质都是电铸件合格与否的关键。因此电铸件检测的项目包括成分比例、力学性质、表面特性以及复制精确度等。

5. 电铸加工的应用

1) 激光视盘

目前，电铸加工是唯一能满足生产光盘原模所需复制精度的工艺技术。

2) 电铸薄膜

电铸薄膜是生产厚度薄、面积广并且要求尺寸精度高元件的最经济的制造方法。电铸镍薄膜主要应用在抗腐蚀元件、PCB板的焊接点、无石棉衬垫及防火薄膜。另外，一种电铸的墨化镍薄膜被用作太阳能吸收元件。

3) 电铸网状元件

电铸网状元件是指包含规则孔洞图案的薄膜元件。这种电铸制造被广泛的用在咖啡及糖的滤网、电动刮胡刀具和筛子。此外，电铸网状元件还常用在印刷业。

4) 微型电铸件

LIGA制造可以利用电铸制造生产原模，再以微成形技术大量翻制微型构件。也可以直接电铸微型构件，包括微齿轮、微悬臂梁、薄膜等各式各样的元件，进一步组装微电机、微机械臂、微型阀等。

6.4.2 电刷镀加工

1. 电刷镀技术的原理及特点

电刷镀技术简称刷镀，又称涂镀或选择镀技术，是在金属工件表面局部快速电化学沉积金属的工艺技术，其基本工艺过程如图6.19所示。

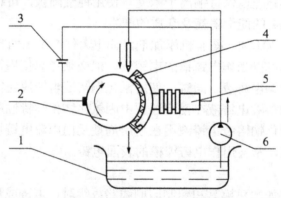

图6.19 电刷镀工艺过程示意图

1—镀液盆；2—工件；3—电源；4—包套；5—刷镀笔；6—输液泵

电刷镀加工时，工件接电源的负极，刷镀笔接电源的正极。裹有绝缘包套，浸渍特种镀液的刷镀笔"贴合"在工件的被镀部位并作相对运动。在阴极工件上，镀液中的金属离子在电场作用下与电子结合，还原为金属原子而沉积形成镀层。

与有槽电镀相比，电刷镀加工有以下特点。

(1) 不需要镀槽，可以对局部表面直接刷镀，设备简单，操作方便，可在现场使用，不易受工件大小、形状的限制。

(2) 刷镀液的种类及可刷镀的金属多，易于实现复合镀层，一套设备可刷镀金、银、铜、铁、锡、镍、钨、铟等多种金属。

(3) 目前可以使用电刷镀技术的基体材料几乎包括了所有的金属结构材料，如碳钢、合金钢、铸铁、不锈钢、镍基合金、铜基合金、铝基合金等，镀层与基体金属的结合牢固，刷镀速度快。

(4) 刷镀笔与工件之间必须保持一定的相对运动，因而一般都须人工操作，难以实现大批量及自动化生产。

2. 电刷镀基本设备

电刷镀基本设备包括刷镀电源、刷镀笔、刷镀液。

1) 刷镀电源

目前使用的刷镀电源有直流电源及脉冲电源两种，以下重点介绍使用较多的直流电源，这种电源有硅整流、可控硅整流及开关电流等几种形式，为平流外特性，即随着负载电流增大，其电压下降不多，一般均具有以下功能。

(1) 设有安时计或镀层厚度计，显示和监控刷镀层的厚度。

(2) 可正负极转换，以满足刷镀、活化及电净不同工序的需要。

(3) 过载保护和报警装置，保护电源在超过额定输出电流或两极短路时，快速切断电源。

2) 刷镀笔

刷镀笔由导电手柄和阳极组成，两者通常用螺纹连接，而对小功率刷镀笔可用紧配式连接。目前已生产供应的刷镀笔有五种型号，即 TDB-1~TDB-5。

(1) 阳极材料。刷镀通常都使用不溶性阳极，它要求阳极材料化学稳定性好，不污染镀液，工作时不形成高电阻膜而影响导电。

常用的不溶性阳极材料有石墨阳极、铂-铱(含铱 10%)阳极、不锈钢(适用于中性或碱性溶液)和镀铂的钛-铂阳极。

作阳极的石墨材料应致密而均匀，纯度高。含有铜粉的石墨和炼钢作电极用的石墨因质地疏松都不适用于做阳极。

某些场合也可采用可溶性阳极，如刷镀铁、镍时，可用铁或镍作可溶性阳极，刷镀铜和锡也可采用可溶性阳极。

(2) 包套。阳极须包裹一层或两层涤纶绒布的包套，它起着储存溶液，防止阳极与镀件直接接触的作用(否则阴阳极短路，会产生电弧而烧伤镀件表面)，并对阳极表面产生的石墨粒子或盐类起一定的过滤作用。

3) 刷镀液

根据所镀金属和用途不同，刷镀液有很多种类，由金属络合物水溶液及少量添加剂组成。为了对待镀表面进行预处理，刷镀液中还包括电净液和活化液等。

对于小型工件表面或不规则工件表面，用刷镀笔蘸浸刷镀液即可进行刷镀；对于大型表面或回转体工件表面，常用小型离心泵把刷镀液浇注到刷镀笔与工件之间。

3. 电刷镀加工工艺过程

电刷镀加工工艺过程包括如下步骤。

(1) 表面预加工，去除表面的毛刺、平面度等，使表面粗糙度达到 $R_a \leqslant 2.5 \mu m$。

(2) 除油、除锈。

(3) 电净处理，对零件表面进行电化学脱脂。

(4) 活化处理，对零件进行电化学浸蚀，将零件表面的锈蚀、氧化皮、污物等清除干净，使表面呈活化状态。

(5) 镀底层，主要目的是为了提高镀层与基材的结合强度。

(6) 镀尺寸镀层和夹心镀层。当零件磨损表面需要恢复的尺寸高于单一镀层所允许的安全厚度时，往往在恢复尺寸镀层中间夹镀一种或几种其他性质的夹心镀层，即几种镀层交替叠加。

(7) 镀工作层。主要类别有耐磨和减摩镀层、抗高温氧化镀层、防粘镀层、非晶态镀层、导电镀层、磁性镀层、热处理用镀层、可焊性镀层、装饰镀层、吸光和吸热镀层、耐腐蚀镀层等。

(8) 镀后清洗及防锈处理。

4. 电刷镀加工的应用

目前，电刷镀加工的应用范围几乎遍及国民经济建设和国防建设的各个行业，包括航空、军工、船舰、能源、石化、铁路、建筑、冶金、采矿、汽车、印刷及轻工等。具体应用如下。

(1) 修复失效的零部件表面，恢复尺寸和几何形状，设施超差品补救。例如各种轴、轴瓦、轴承座、缸体、活塞、套类零件、高强度紧固件、旋转叶片、枪或炮管膛线、紧配合组件，摩擦副组件等磨损后，或者在加工中尺寸超差时，均可用刷镀修复。

(2) 填补零件表面上的划伤、凹坑、点蚀等缺陷，例如机床导轨、活塞液压缸缸套及柱塞、密封部件、模具型腔、印刷辊及吸墨鼓、造纸辊光辊及烘缸等的修补。

(3) 大型、复杂、单件小批量工件的表面局部刷镀镍、铜、锌、镉、钨、金、银等防护层，改善表面性能。例如各种包装品、塑料和橡胶制品、玻璃器皿、食品及医药片剂、建筑砖料及饰面材料、有色金属压铸及挤压品、钢材冷冲成形及热锻件的模具表面刷镀后，提高模具耐腐蚀、抗冲刷性能的同时，产品的外形平整光滑，而且易于脱模、延长模具寿命。

小 结

1. 电化学加工种类

(1) 利用电化学阳极溶解的原理去除工件材料。这一类加工属于减材加工，主要包括电解加工和电解抛光两类。

(2) 利用电化学阴极沉积的原理进行镀覆加工。这一类加工属于增材加工，主要包括电铸、电镀和电刷镀三类。

(3) 利用电化学加工与其他加工方法相结合的电化学复合加工。主要包括三类：电解磨削，电解研磨，电解珩磨；电解电火花复合加工；电化学阳极机械加工。

2. 电化学加工基本原理

(1) 在阴、阳极表面发生得失电子的化学反应称为电化学反应。

(2) 利用电化学反应作用加工金属的方法就是电化学加工。

(3) 金属插入含该金属离子的水溶液中，就形成电极电位。

(4) 标准电极电位、平衡电极电位。平衡电极电位计算可以用能斯特方程式。

(5) 有电流通过电极时，电极上会发生极化。极化分为浓差极化、电化学极化和电阻极化三种类型。

(6) 金属的阳极极化有钝化和活化两种状态。

3. 电解加工

(1) 电解加工是利用金属在电解液中发生电化学阳极溶解的原理将工件加工成形的一种特种加工方法。

① 电解加工具有其特点和局限性。

② 电解加工过程中必须具备特定工艺条件。

③ 电解加工中会发生电极反应。

④ 电解加工中，阳极金属溶解量与通过的电量符合法拉第定律。

通常的大多数电解加工条件下，电流效率 η 小于或接近于 100%；对于少量特殊情况，也可能 $\eta > 100\%$。

在电解加工过程中，当电解液和工件材料选定后，加工速度与电流密度成正比，即 $v_a = \eta \omega i$。

(2) 加工间隙可分为底面间隙、侧面间隙和法向间隙三种。

① 底面平衡间隙 $\Delta_b = \dfrac{\eta \omega \kappa U_R}{v_c}$。

② 法向平衡间隙 $\Delta_n = \dfrac{\Delta_b}{\cos \theta}$

③ 侧面间隙 $\Delta_s = \sqrt{2\Delta_b h + x_0^2}$ 或 $\Delta_s = \Delta_b \sqrt{\dfrac{2b}{\Delta_b} + 1}$

(3) 电解加工过程中，电解液起重要作用。对电解液有基本要求，要有针对性地根据被加工材料的特性及主要加工要求选择电解液的类型、组分及浓度。

(4) 常用的电解液为中性电解液中的 $NaCl$、$NaNO_3$ 及 $NaClO_3$ 三种。

(5) 电解液流动形式包括正向流动、反向流动和侧向流动三种。

(6) 电解加工设备要满足其基本要求。

(7) 电解加工机床有多种类型，它主要由床身、工作箱、主轴头、进给系统和导电系统组成。

(8) 电解加工电源有直流电源和脉冲电源两种。根据整流方式的不同，直流电源又可分为直流发电机组、硅整流电源、可控硅整流电源三类。

(9) 电解液系统主要由泵、电解液槽、过滤器、管道、阀、流量计、热交换器等组成。

(10) 电解加工控制系统包括参数控制、循环控制、保护和连锁三个组成部分。

(11) 电解加工被广泛应用于模具型腔、叶片型面、型孔及小孔、枪炮管膛线、整体叶轮、数控展成及微精加工，倒棱和去毛刺等。

4. 电铸及电刷镀加工

(1) 电铸及电刷镀加工是利用电化学阴极沉积的原理进行的镀覆加工(增材加工)。
(2) 电铸制造的工艺过程包括原模制作、表面处理、电铸、衬背及脱模、铸件检测等。
(3) 电铸加工可用于制造激光视盘、电铸薄膜、电铸网状元件及微型电铸件等。
(4) 电刷镀加工工艺过程包括表面预加工，除油、除锈，电净处理，活化处理，镀底层，镀尺寸镀层和夹心镀层，镀工作层，镀后清洗及防锈处理等。
(5) 电刷镀加工可用于复失效的零部件表面，恢复尺寸和几何形状，设施超差品补救；填补零件表面上的划伤、凹坑、点蚀等缺陷；在大型、复杂、单件小批量工件的表面局部刷镀金属防护层，改善表面性能等。

思 考 题

1. 按其作用原理，电化学加工分为哪几类？各包括哪些加工方法？有何用途？
2. 什么叫电极电位、标准电极电位和平衡电极电位？
3. "电解加工时通过调整进给速度改变电流大小，通过调整加工电压改变加工间隙大小。"试分析其理论根据。
4. 电解加工的加工间隙有哪几种？决定型孔尺寸和精度的是哪种间隙？
5. 电解液按酸碱度分为几大类，最常用的电解液有哪几种？各有什么主要特点？
6. 电解加工中电解液的作用如何？对电解液有哪些基本要求？
7. 电解加工机床有哪些基本要求？
8. 选用电解加工工艺应考虑的基本原则是什么？电解加工主要应用在哪些方面？
9. 电铸及电刷镀加工利用的是什么原理？分别阐述其加工工艺过程？

第 7 章　激光加工技术

教学提示： 本章从介绍激光的原理和特点开始，简单介绍了激光器后，重点介绍了在工业上应用比较广泛的几种激光加工技术，并且概括介绍了激光的其他加工方法。

教学要求： 本章要求学生了解激光的原理和特点，掌握激光切割和激光焊接的一些基本知识，了解激光器，了解激光的其他加工方法。

7.1　激光原理与特点

7.1.1　激光的产生

激光最初被译作"莱塞"，即英语"Laser"，是"Light amplification by stimulated emission of radiation"(意为"辐射的受激发射光放大")的缩写。后来在 20 世纪 60 年代初期，由钱学森建议，把光受激发射器改称为"激光"或"激光器"。

世界上第一台红宝石激光器由美国科学家梅曼于 1960 年发明成功，随后各种激光器不断涌现，我国科学家王之江也于 1961 年在长春光机所研究成功我国第一台激光器。激光器作为 20 世纪四大发明之一，它为人们科学研究、生产提供一个新的方法，也给人类的生活提供了很大方便，特别在是进入 20 世纪 80 年代以来，激光加工技术在工业上获得广泛的应用，成为工业上不可缺少的一种方法。

原子是由一个带正电的原子核和围绕它运动的 Z 个电子组成。就像太阳系一样，原子核相当于太阳，电子相当于周围的行星。电子公转轨道称为电子壳层，不同的电子壳层的电子能量 E 不相同，从而形成了分立的能级结构，电子在不同能级之间发生跃迁，就会伴随光的吸收或发射。

1. 光的自发辐射

由于电子在原子外层的不同分布，具有不同的内部能量，从而形成所谓的能级。若原子处于内部能量最低的状态，则称原子处于基态。其他比基态能量高的状态，都称激发态。在热平衡情况下，绝大多数原子都处于基态。处于基态的原子，从外界吸收能量以后，将跃迁到能量较高的激发态。

当原子被激发到高能级 E_2 时，它在高能级上是不稳定的，即使在没有任何外界作用的情况下，它也有可能从高能级 E_2 跃迁到低能级 E_1，并把相应的能量释放出来，如图 7.1 所示。这种在没有外界作用的情况下，原子从高能级向低能级的跃迁过程中释放的能量是通过光辐射形式放出，这种跃迁过程称为自发辐射。

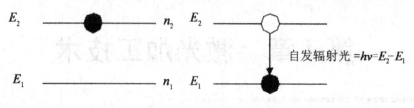

图 7.1 光的自发辐射

2. 光的受激吸收

当原子受到外来的能量为 $h\nu_{21}$ 的光子作用(激励)下，处于低能级 E_1 上的原子由于吸收一个能量为 $h\nu_{21}$ 的光子而受到激发，跃迁到高能级 E_2 上去，这种过程称为光的受激吸收，如图 7.2 所示。

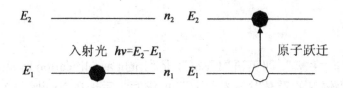

图 7.2 光的受激吸收

3. 光的受激辐射

当原子受到外来的能量为 $h\nu$ 的光子作用(激励)时，处在高能级 E_2 上的原子也会在能量为 $h\nu$ 的光子诱发下，从高能级 E_2 跃迁到低能级 E_1，这时原子发射一个与外来光子一模一样的光子，这种过程称为光的受激辐射，如图 7.3 所示。

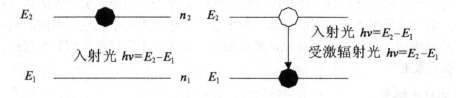

图 7.3 光的受激辐射

7.1.2 激光工作原理

要使受激辐射起主要作用而产生激光，必须具备三个前提条件：
(1) 有提供放大作用的增益介质作为激光工作物质；
(2) 有外界激励源，使激光上下能级之间产生粒子数反转；
(3) 有激光谐振腔，使受激辐射的光能够在谐振腔内维持振荡。概括来说：粒子数反转和光学谐振腔是激光形成的两个基本条件。

1. 粒子数反转

在物质处于热平衡状态，高能级上的粒子数总是小于低能级的粒子数。由于外界能源的激励(光泵或放电激励)，破坏了热平衡，有可能使得处于高能级 E_2 上的粒子数 n_2 大大增加，达到 $n_2 > n_1$。这种情况称为粒子数反转分布。一般可把原子从低能级 n_1 激励到高能级 n_2 以使在某两个能级之间实现粒子数反转的过程称为泵浦(或抽运)。泵浦装置实质上是激光器的外来能源，提供光能、电能、热能、化学反应能或原子核能等。激光泵浦装置的作用，是通过适当的方式，将一定的能量传送到工作物质，使其中的发光原子(或分子、离子)跃迁到激发态上，形成粒子数反转分布状态。

2. 谐振腔

光学谐振腔装有两面反射镜，分置在工作物质的两端并与光的行进方向严格垂直。反射镜对光有一定的透过率，便于激光输出；但又有一定的反射率，便于进行正反馈。由于两反射镜严格平行，使在两镜间(即谐振腔内)往返振荡的光有高度的平行性，因而激光有好的方向性。

3. 激光振荡

处于粒子数反转状态的激光工作物质，一旦发生受激发射，由于在激光工作物质的两端装上反射镜，光就在反射镜间多次来回反射。于是在反射镜之间光强度增大，有效地产生受激发射，形成急剧的放大。若事先使一端的反射镜稍微透光，则放大后的一部分激光就能输出到腔外，这种情况如图 7.4 所示。

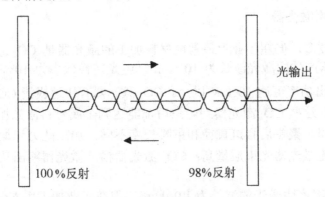

图 7.4 光学谐振腔的激光振荡

4. 激光放大

处于激活状态的激光工作物质，当有一束能量为 $E = h\nu_{21} = E_2 - E_1$ 的入射光子通过该激活物质，这时光的受激辐射过程将超过受激吸收过程，而使受激辐射占主导地位。在这种情况下，光在激活物质内部将越走越强，使该激光工作物质输出的光能量超过入射光的能量，这就是光的放大过程。其实，这样一段激活物质就是一个放大器。

7.1.3 激光特性

激光器具有与普通光源很不相同的特性，一般称为激光的四性：方向性好、单色性好、相干性好以及高亮度。激光的这些特性不是彼此独立的，它们相互之间有联系。实际上，正是由于激光的受激辐射本质决定了它是一个相干光源，因此其单色性和方向性好，能量集中。

(1) 方向性：光源的方向性由光束的发散角 θ 来描述的，普通光源发出的光是各向传播的，发散角很大。激光的发散角却很小，它几乎是一束平行光。在各类激光器中，气体激光器的方向性最好，固体激光器次之，半导体激光器最差。

(2) 单色性：光源的单色性由光源谱线的绝对线宽 Δv 来描述。一般光源的线宽是相当宽的，即使是单色性好的氪灯，线宽也有 10^4~10^6Hz。而激光的线宽相当窄，如氦氖激光器的线宽极限可以达到约 10^{-4} Hz 的数量级，显然这是极高的单色性。

(3) 相干性：激光器的相干性能比普通光源要强得多，一般称激光为相干光，普通光为非相干光。

(4) 高亮度：光的辐射亮度是指单位立体角内光的强度。普通光源所发出的光是连续的，并且射向四面八方，能量非常分散，故亮度不高。激光器发出的激光方向性好，能量在空间高度集中。因此，激光器的光亮度远比普通光源要高得多。此外，激光还可以用透镜进行聚焦，将全部的激光能量集中在极小的范围内，产生几千摄氏度乃至上万摄氏度的高温。激光的高亮度也就是能量的高度集中性使它广泛用于机械加工、激光武器及激光医疗等领域中。

7.2 材料加工用激光器简介

7.2.1 激光加工常用激光器

激光器种类比较多，但在工业上最常用材料加工的激光器是 CO_2 激光器和 Nd：YAG 激光器。CO_2 激光器产生的激光波长为 10.6μm，电光转换效率为 10%~15%。目前工业加工用 CO_2 激光器输出功率可达 10 kW 以上。CO_2 激光器有快速横流 CO_2 激光器、RF 激励轴流 CO_2 激光器等，这些 CO_2 激光器经聚焦后都能达到金属材料激光加工的功率密度，但它们的光束质量不同，聚焦后腰斑直径和束腰长度不同，加工能力和加工质量有较大的差别。CO_2 激光器轴流激光器光束质量高；CO_2 激光器横流激光器输出功率高，但光束质量受限。

Nd：YAG 激光器产生激光的波长为 1.061μm。现在工业加工用 Nd：YAG 激光器的功率可达 5 kW 以上。Nd：YAG 激光器的激光增益介质为 Nd^{3+} 离子，存在于掺钕的钇铝石榴石(YAG)固体晶体材料内。由于激光增益介质为固体，此类激光器常称为固体激光器。Nd：YAG 激光器有灯泵浦 Nd：YAG 激光器、半导体泵浦棒状 Nd：YAG 激光器，这些 Nd：YAG 激光器经聚焦后都能达到金属材料激光加工的功率密度，它们的光束质量不同，半导体泵浦棒状 Nd：YAG 激光器光束质量高。工业加工用 Nd：YAG 激光器有连续和脉冲两类。脉冲 Nd：YAG 激光器产生的脉冲功率高，此类激光器运行在 500W 的平均功率，而峰值功率可高达 10kW，可用于高反射率材料和厚材料的加工。比较 CO_2 激光器和 Nd：YAG 激光器，固体激光器具有结构简单、便于使用与维护和寿命长等特点，但气体激光器的电光转换效率约为 20%，固体激光器的电光转换效率小于 5%。对金属材料进行激光加工，Nd：YAG 激光波长更利于材料的吸收，固体激光的使用效率比气体激光高；固体激光器输出的激光可以在光纤中传输，可用机械手控制光纤输出头，实现柔性大范围、立体三维加工，激光传输系统简单。气体激光器输出的激光只能在空气中传输，激光束的控制只能通过沿光路的光学元件完成，光学传输系统复杂，不利于大范围、立体三维的加工，另外，气体激光器在使用过程中需消耗多种气体，有的气体由于纯度高，非常昂贵。

7.2.2 激光加工基本设备的组成

激光加工的基本设备包括激光器、电源、光学系统及机械系统等四大部分。
(1) 激光器：是激光加工的核心设备，它是把电能转换成光能，产生激光束。
(2) 激光器电源：为激光器提供电能以及实现激光器和机械系统自动控制。
(3) 光学系统：主要包括聚焦系统和观察瞄准系统。
(4) 机械系统：包括床身、数控工作台和数控系统等。

图 7.5 和图 7.6 所示是 Nd：YAG 激光加工系统实物图和固体激光器结构示意图。

图 7.5 Nd：YAG 激光加工系统实物图

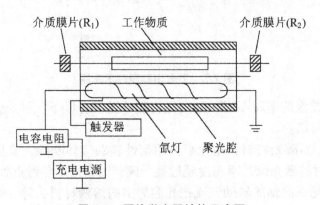

图 7.6 固体激光器结构示意图

7.3 激光切割和打孔技术

7.3.1 激光切割

与传统的机械切割方式和其他切割方式(如等离子切割、水切割、氧溶剂电弧切割、冲裁等)相比，激光切割具有如下优点。

(1) 切缝细小，可以实现几乎任意轮廓线的切割。

(2) 切割速度高。

(3) 切口的垂直度和平行度好，表面粗糙度好。

(4) 热影响区非常小，工件变形小。

(5) 几乎没有氧化层。

(6) 几乎不受切割材料的限制，能切割易碎的脆性材料和极软、极硬的材料，既可以切割金属，也可以切割非金属如玻璃、陶瓷以及木材、布料、纸张等。

(7) 无力接触式加工，没有"刀具"磨损，也不会破坏精密工件的表面。

(8) 具有高度的适应性、加工柔性高，可以实现小批量、多品种的高效自动化加工。

(9) 噪声小，无公害。

1. 激光切割的基本原理与分类

图 7.7 展示了激光切割的原理。激光切割是一个热加工的过程，在这一过程中，激光束经透镜被聚焦于材料表面或以下，聚焦光斑的直径大小为 0.1~0.3mm，聚焦光斑处获得的能量密度很高，焦点以下的材料瞬间受热后部分汽化、部分熔化，与激光束同轴的辅助气体经切割喷嘴将熔融的材料从切割区域去除掉。随着激光束与材料相对移动，形成宽度很窄的切缝。

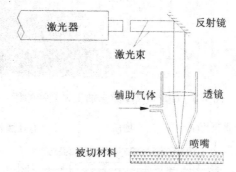

图 7.7 激光切割原理示意图

根据激光切割过程的本质不同，除汽化切割外通常有以下三种形式：熔化切割、氧化助熔切割和控制断裂切割。

(1) 熔化切割。当激光将材料熔化后，用惰性辅助气体吹除。金属材料的熔化切割机制可概括为：当入射的激光束功率密度超过某一阈值时，光束照射点处材料内部开始蒸发，形成孔洞，然后与光束同轴的辅助气流把孔洞周围的熔融材料去除。熔化切割机制所需的激光功率密度大约在 $10^7 W/cm^2$。熔化切割主要应用切割铝合金、钛合金、不锈钢等材料。

(2) 氧化助熔切割。如果使用氧气辅助气体，材料在激光照射下被点燃，与氧气发生激烈放热反应，如在切割钢时，发生下述反应：

$$Fe + 0.5O_2 = FeO + 64.3 kcal/mol$$

$$2Fe + 1.5O_2 = Fe_2O_3 + 198.5 kcal/mol$$

$$3Fe + 2O_2 = Fe_3O_4 + 266.9 kcal/mol$$

放出的热量为后续切割提供热量，钢在纯氧中燃烧所放出的能量占全部热量的 60%。另外，氧气流对切口起冲刷作用，能将燃烧生成的熔融氧化物吹掉，并对达不到燃烧温度的部分起冷却作用，降低热影响区的温度。这种方法主要用于钢切割，也可以用于不锈钢的切割，是应用最广的切割方法。

(3) 控制断裂切割。激光束加热材料后会引起大的热应力梯度，变形导致脆性材料形成裂纹。利用这一特点，激光束就可以引导裂纹在任何需要的方向产生，进行控制断裂切割，这是切割玻璃之类具有高膨胀系数材料的基本方法。

2. 影响激光切割质量的主要因素

影响激光切割质量的因素有很多，现在简单介绍最重要的因素如下。

(1) 激光的波长和输出功率。波长是影响激光束聚焦特性的因素之一。在激光切割中聚焦光斑越小在焦点处得到的能量密度越高，高能量密度小聚焦光斑是获得最佳切割质量的保证。短波长的激光比长波长的激光具有更好的聚焦能力，因此脉冲的 Nd：YAG 激光比连续的 CO_2 激光更适合于切割精密、细小的工件。另外，材料对激光能量的吸收也与波长有关，Nd：YAG 激光比 CO_2 激光更容易被材料吸收。激光的输出功率直接影响到切割速度和质量，只有选择合适的激光输出功率，才能保证激光切割质量。

(2) 切割速度。切割速度与被切割材料的特性密切相关。材料与氧气发生放热反应的能力、对激光的吸收率及其热扩散性都是影响切割速度的重要因素。另外，切割速度要与激光功率相对应。对于相同厚度的材料，激光功率和切割速度可以有几种组合，均可以得到良好的切割质量。通常在一定范围内切割速度可以随激光功率的增加而提高，随材料的厚度的加大而降低（见图 7.8）。切割速度过高，则切口清渣不净或切不透；切割速度过低，则材料过烧，切口宽度和材料热影响区过大。

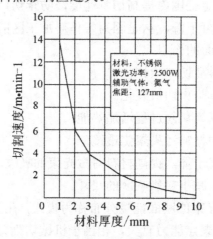

图 7.8 切割速度与厚度的关系

(3) 焦点位置。焦点位置对激光加工质量有很大的影响，与焦点位置紧密相关的是焦深，焦深是描述聚焦光斑特性的一个参数，定义为聚焦光斑直径 d 增加 5%是在焦距方向上相应的变化范围，如图 7.9 所示，图 7.9 中 Z 即为焦深。在聚焦光斑直径 d 变化 5%的范围内也即在焦深范围内，功率密度减小不超过 9.3%，可以看出，焦深随焦距的变小而变小，也随入射激光束直径的增加而减小，焦深是影响激光加工零件定位要求的主要因素之一。对于切割质量来说，焦点位置是一个非常重要的参数。然而在实际的加工中对于正确的焦点位置并没有一个通用的设置规则。在实际应用中需要通过试验找到被切割材料的最佳焦点位置。焦点位置位于工件表面或略低于工件表面时，可以获得最大的切割深度和较小的切缝宽度。切割低碳钢时一般将焦点置于距材料表面等于材料厚度 1/3~1/2 的位置，高压切割不锈钢时焦点位置则在材料的下表面之下。

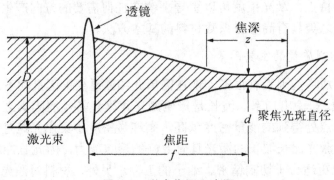

图 7.9 激光焦深示意图

(4) 辅助气体。辅助气体包括气体种类和压力。辅助气体在激光切割的过程中扮演着不同的角色，要根据被切割材料的种类和所要求的切割质量选择不同种类的气体。氧气一般用于低碳钢的切割，在切割过程中与高温金属熔液发生放热反应，增加能量输入，从而可以提高最大切割速度或切割厚度。过高的氧气压力会使切口表面发生强烈的自燃，从而增加切口表面的粗糙度；压力太小又不足以获得足够的动能将熔融的材料从切缝处吹掉，这样会产生黏渣。钛合金和铝合金的切割通常使用高压氮气作为辅助气体。高速切割薄板时，增加气体压力可以在一定范围内提高切割速度，防止切口背面黏渣。当材料厚度增加时，压力过大会引起切割速度下降，这是因为气体对加工区的冷却效应得到。在激光切割的过程中辅助气体有几个方面的作用。

① 将熔化和汽化的材料从切口吹掉。
② 惰性的辅助气体可以防止切口氧化。
③ 活性的辅助气体可以为切割过程增加热能。
④ 防止从切缝溅射出的材料污染聚焦透镜。
⑤ 去除材料表面的等离子体，提高材料对激光束的吸收。
⑥ 冷却切割临近区域以减小热影响区的尺寸。

(5) 激光束的模式。激光束的断面能量分布称为模式，用 TEM 表示，是指横截面上电磁能分布。它直接与光束的聚焦能力有关，相当于机械切割刀具的尖锐度。激光的模式一般用符号 TEM_{mn} 来标记。m、n 为横模的序数，用正整数表示，一般把 $m=0$，$n=0$，TEM_{00} 称为基模，是激光的最简单结构，模的场集中在反射镜中心，而其他的横模称为高阶横模。不同横模不但振荡频率不同，在垂直于其传播方向的横向面内的场分布也不相同。对于方形镜(轴对称情况)TEM_{mn}，m 表示 x 方向的节线数，n 表示 y 方向的节线数。对圆形镜(旋转对称情况)TEM_{mn}，m 表示径向节线数，即暗环数，n 表示角向节线数，即暗直径数。

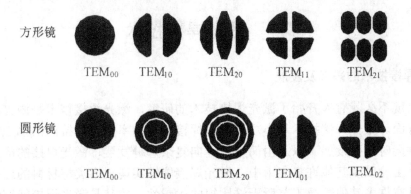

图 7.10 激光模式

7.3.2 激光打孔

1. 激光打孔的原理和方式

在所有的打孔技术中激光打孔是最新的无屑加工技术。在工业用脉冲激光器中，光泵浦的 Nd：YAG 固体激光器调制后输出的脉冲峰值功率是比较高的。聚焦后焦点处的功率密度达到 $10^7 W/cm^2$ 的量级。如此高的能量密度足以汽化任何已知的材料。激光打孔分为五个阶段：表面加热、表面熔化、汽化、气态物质喷射和液态物质喷射，如图 7.11 所示。

根据加工过程的不同，激光打孔可以分为四类：

(1) 单脉冲打孔。孔是由单个脉冲产生的。

(2) 多脉冲打孔。这种方式比单脉冲制孔可以获得更大的孔深。

(3) 套料制孔。为了获得比聚焦光斑直径更大孔径的孔或非圆孔，激光束与工件要做相对运动，或者移动聚焦透镜。

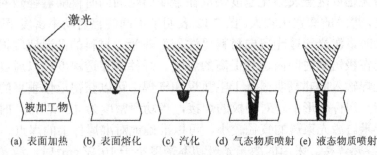

(a) 表面加热　(b) 表面熔化　(c) 汽化　(d) 气态物质喷射　(e) 液态物质喷射

图 7.11 激光打孔过程示意图

2. 激光打孔的特点及应用

激光打孔的特点是速度快、效率高，现在最快每秒可以实现打 100 孔；打孔的孔径可以从几微米到任意孔径；可以实现在任何材料上打孔，如宝石、金刚石、陶瓷、金属、半导体、聚合物和纸等；不需要工具，也就不存在工具磨损和更换工具，因此特别适合自动化打孔。另外，激光还可以打斜孔，如航空发动机上大量的斜孔加工。与其他高能束打孔相比，激光打孔不需要抽真空，能够在大气中进行打孔。

7.4 激光焊接技术

7.4.1 激光焊接技术的兴起及发展

在激光出现不久就有人开始了激光焊接技术的研究,激光焊接技术是激光在工业应用的一个重要方面。激光焊接技术从小功率薄板焊接到大功率厚件焊接,由单工件加工向多工作台多工件同时焊接发展,以及由简单焊缝向复杂焊缝发展,激光焊接的应用也在不断发展。在航空工业以及其他许多应用中,激光焊接能够实现很多类型材料的连接,而且激光焊接通常具有许多其他熔焊工艺所无法比拟的优越性,尤其是激光焊接能够连接航空与汽车工业中比较难焊的薄板合金材料,如铝合金等,并且构件的变形小,接头质量高,重现性好。激光加工的另一项具有吸引力的应用方面是利用了激光能够实现局部小范围加热的特性,激光所具有的这种特点使其非常适合于印制电路板一类的电子器件的焊接。目前激光焊接技术已经广泛应用于武器制造、船舶工业、汽车制造、压力容器制造、民用及医用等多个领域。激光焊接主要使用 CO_2 激光器和 Nd:YAG 激光器。Nd:YAG 激光器由于具有较高的平均功率,在它出现之后就成为激光点焊和激光缝焊的优选设备。

7.4.2 激光焊接的原理及特点

1. 激光焊接原理

按激光束的输出方式的不同,可以把激光焊接分为脉冲激光焊接和连续激光焊接;若根据激光焊接时焊缝的形成特点,又可以把激光焊接分为热传导焊接和深熔焊接。前者使用激光功率低,熔池形成时间长,且熔深浅,多用于小型零件的焊接;后者使用的激光功率密度高,激光辐射区金属熔化速度快,在金属熔化的同时伴随着强烈的汽化,能获得熔深较大的焊缝,焊缝的深宽比较大。图 7.12 表明了不同的辐射功率密度下熔化过程的演变。

激光焊接时,激光通过光斑向材料"注入"热量,材料的升温速度很快,表面以下较深处的材料能在极短的时间内达到很高的温度。焊件的穿透深度可以通过激光的功率密度来控制。激光焊输入的热量明显低于电弧焊和气焊,可以获得近似垂直的深而窄的焊缝,且热影响区窄,焊件变形小。对钢板的焊接,当功率密度为 $10^4 W/mm^2$ 时焊接速度可以达到每分钟数十米。激光束斑的直径较小,可以准确地对准焊件上的焊点。

(1) 热传导热焊接。采用的激光光斑功率密度小于 $10^5 W/cm^2$ 时,激光将金属表面加热到熔点和沸点之间。焊接时,金属材料表面将所吸收的激光能转变为热能,使金属表面温度升高而熔化,然后通过热传导方式把热能传向金属内部,使熔化区逐渐扩大,凝固后形成焊点或焊缝,这种焊接机理称为热传导热焊。其特点是:激光光斑的功率密度小,很大一部分光被金属表面所反射,光的吸收率较低,焊接熔深浅,焊接速度慢。主要用于薄、小工件的焊接加工。

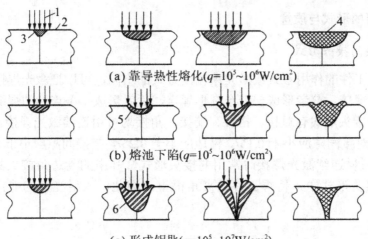

图 7.12　在不同的辐射功率密度下熔化过程的演变

(2) 激光深熔焊接。当激光光斑上的功率密度大于 $10^6 W/cm^2$ 时，金属在激光的照射下被迅速加热，其表面温度在极短的时间内升高到沸点，使金属熔化或汽化，产生的金属蒸气以一定速度离开熔池，逸出的蒸气对熔化液态金属产生一个附加压力，使熔池金属表面向下凹陷，在激光光斑下产生一个小凹坑。当光束在小孔底部继续加热时，所产生的金属蒸气一方面压迫坑底的液态金属使小坑进一步加深；另一方面，坑外飞出的蒸气将熔化的金属挤向熔池四周，此过程连续进行下去，便在液态金属中形成一个细长的孔洞而进行焊接，因此称之为激光深熔焊。

2. 激光焊接的特点

激光焊接以高能量密度的激光作为光源，对金属进行熔化形成焊接接头。与一般焊接方法相比激光焊接具有以下特点。

(1) 激光加热范围小，在同等功率和焊接厚度条件下，焊接速度高，热输入小，热影响区小，焊接应力和变形小。

(2) 激光可通过光导纤维、棱镜等光学方法弯曲传输、偏转、聚焦，特别适合于微型零件和远距离或一些难以接近的部位的焊接。

(3) 一台激光器可供多个工作台进行不同的工作，既可用于焊接，又可用于切割、合金化和热处理，一机多用。

(4) 激光在大气中损耗不大，可以穿过玻璃等透明物体，适用于在玻璃制成的密封容器里焊接能对人体产生副作用的材料；激光不受电磁场影响，不存在 X 射线防护，也不需要真空保护。

(5) 可以焊一般焊接方法难以焊接的材料，如高熔点金属等，甚至可用于非金属材料的焊接，如陶瓷、有机玻璃；焊后无需热处理，适合于某些对热输入敏感的材料的焊接。

(6) 属于非接触焊接；由于激光焊接的焊接接头没有严重的应力集中，表现出良好的抗疲劳性能和高的抗拉强度。

7.4.3 激光焊接的形式与质量

1. 激光焊接的接头形式

根据激光对工件的作用方式或激光束输出方式的不同，可以把激光焊接分为脉冲激光焊接和连续激光焊接。前者形成一个个圆形焊点，后者形成一条连续的焊缝。

激光焊接的接头形式有对接、搭接、端接、角接均可用连续激光焊接。接头设计准则类同电子束焊：对接间隙应小于 $0.15t$，错边应小于 $0.25t$，搭接间隙应小于 $0.25t$（t 为板厚）。图 7.13 给出了板材连续激光焊接时常用的接头形式，其中的卷边角接头具有良好的连接刚性。在焊接接头形式中，待焊工件的夹角很小，因此，入射光束的能量可以绝大部分被吸收。

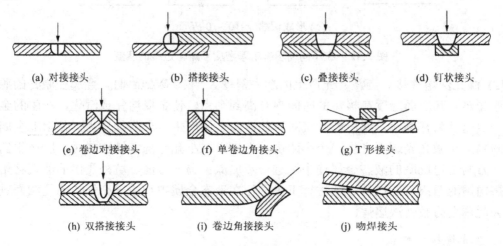

图 7.13 板材常用的焊接接头形式

2. 影响焊接质量的工艺参数

影响激光焊接质量的工艺参数如下。

(1) 脉冲能量 E 和功率密度。进行激光焊接加工，脉冲能量 E 主要影响金属的熔化量，当能量增大时，焊点的熔深和直径增加。功率密度是最关键的参数之一，在热传导型激光焊接中，功率密度的范围在 $10^4 \sim 10^6 \text{W/cm}^2$。激光深熔焊接时，激光功率同时控制熔深和焊接速度。焊接熔深直接与光束功率密度有关，一般来说，对一定直径的激光束，熔深随着光束功率提高而增加。

(2) 激光脉冲宽度。对于采用脉冲激光束进行焊接加工时，脉宽也是脉冲激光焊接的一个重要参数之一，它既是区别于材料去除和材料熔化的重要参数，也是决定加工设备造价及体积的关键参数。在多数情况下，脉宽根据熔深要求确定，对于同一金属，达到同样的熔深，脉宽短，则需功率密度高。

(3) 离焦量。焊接通常需要一定的离焦量，因为激光焦点处光斑中心的功率密度过高，容易蒸发成孔。离焦方式有两种：正离焦和负离焦。焦平面位于工件上方的为正离焦，反之为负离焦。一般在实际应用中，当要求熔池较大时，采用负离焦；焊接薄材料时，宜采用正离焦。离焦量的大小影响材料表面熔化斑点的半径以及熔化池的径深比。在大多数激光深熔焊接场合，通常将焦点位置设置在工件表面下大约所需熔深的 1/4 处。

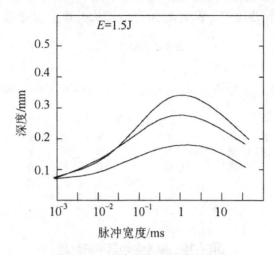

图 7.14 脉冲宽度对深度的影响

(4) 光束直径。光束斑点大小是激光焊接的最重要变量之一，因为它决定着功率密度。

(5) 焊接速度。对一定激光功率和一定厚度的某特定材料都有一个合适的焊接速度范围，焊接速度对熔深影响较大，提高速度会使熔深变浅，但速度过低又会导致材料过度熔化、工件焊穿。

(6) 保护气体。激光焊接过程中常采用氦、氮等惰性气体来保护熔池，使工件在焊接过程中免受氧化。保护气体还起到保护聚焦透镜免受金属蒸气污染和液体熔滴的溅射。另外，高功率激光焊接时易产生等离子云，如等离子云存在过多，熔深变浅。保护气体对驱散等离子云屏蔽很有效。氦气不易电离，可让激光束顺利通过，光束能量不受阻地到达工件表面。这是激光焊接时使用最有效的保护气体。

3. 采用填充材料的激光焊接

焊接大厚度板或接头存在较大间隙时，可以采用填充焊丝或粉末来填补缝隙，熔化的焊丝材料填满间隙而获得均匀连续的焊缝。高强铝合金焊接时，也需要采用填充焊丝来调节焊缝成分以消除焊接热裂纹。

7.5 激光表面技术

7.5.1 激光表面技术分类

采用激光高能束流集中作用在金属表面，通过表面扫描或伴随有附加填充材料的加热，使金属表面由于加热、熔化、汽化而产生冶金的、物理的、化学的或相结构的转变，达到了金属表面改性的目的，这种加工技术称为激光表面技术。据激光加热和处理工艺方法的特征，激光表面处理的种类很多，图 7.15 列出了几种典型工艺。

常用的表面处理方法有四种，即相变硬化、激光重熔、激光合金化和激光熔覆。图 7.16(a)是表面硬化示意图，这种工艺仅适用于黑色金属，并且在工件的处理过程中，表面的温度必须低于其熔点。图 7.16(b)是表面重熔示意图，是要把材料表面加热到熔点以上，并在材料表面生成一个重熔层。图 7.16(c)所示是激光熔覆的示意图，其特点是激光加热是在伴随有新材料的填充所进行的,激光表面合金化从机理上也是属于这个范畴。

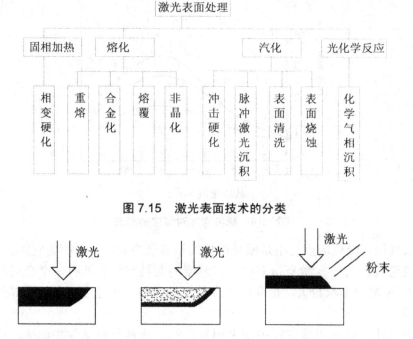

图 7.15 激光表面技术的分类

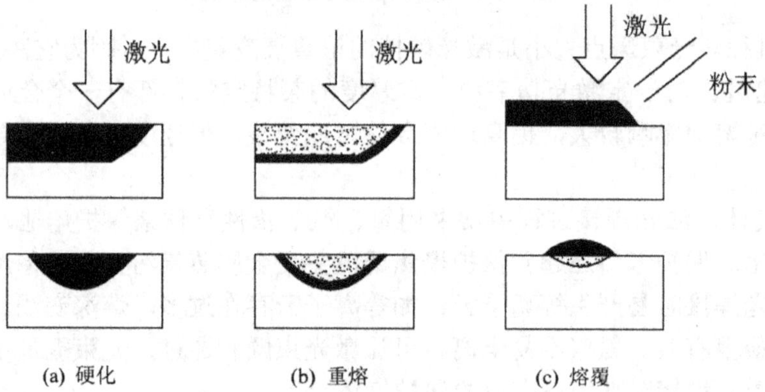

图 7.16 激光表面处理示意图

7.5.2 激光相变硬化

1. 激光相变硬化的原理

激光相变硬化也称为激光淬火,是利于激光辐照的能量把金属材料表面快速加热至相变温度与熔点温度之间,然后利用材料本身对加热表面进行快速冷却使其发生固态相变产生硬化层的一种工艺方法。当高功率密度聚焦激光束作用于金属表面时,金属表面吸收激光能量并以极高的加热速度(可以高达 10^{10}K/s)被加热。由于热效应只是集中在材料表面很薄的局部区域内,因此在被加热的表层与金属基体之间将形成极高的温度梯度。当激光停止作用时,金属的良好导热性将导致表面以高达 $10^4 \sim 10^8$K/s 的速度冷却。其原理是在激光作用下使材料表面快速加热至奥氏体化温度,随后通过热量往基体内部的传导,使被加热表面以很快的速度冷却,从而获得细小的马氏体组织,提高材料表面的硬度,提高零件表面的耐磨性,它还可以通过在材料表面产生压应力来提高表面的疲劳强度。

激光硬化从本质上讲与传统的高频感应线圈加热硬化(高频淬火)类似。材料表面吸收激光束辐照的光能,并在瞬间把它转变成为热能,通过将热量在基材上的快速传导实现被处理材料表面的自淬火。激光硬化是自淬火,它与传统淬火的最大不同点是在整个激光硬化的过程中不需要使用任何的冷却介质。

2. 激光相变硬化的特点

激光相变硬化是快速进行材料表面局部淬火的一种新技术,主要用于强化材料的表面,可以提高金属材料及零件的表面硬度、耐磨性、耐蚀性以及强度和高温性能;并且在强化的同时,可以使零件心部保持较好的韧性,所以,激光硬化可以大幅度提高产品的质量,成倍提高产品的使用寿命,具有显著的经济效益,受到国内外的普遍重视,得到比较广泛的应用。

激光束硬化与传统的硬化方法相比,主要的特点有:
(1) 加热冷却速度快,处理效率高。
(2) 激光能量、光斑大小和形状以及激光作用时间可以精确控制,处理效果好。
(3) 只在需要的部位进行处理。
(4) 工件热变形小甚至基本无变形。
(5) 激光束易于传输和导向,因此可以对复杂零件表面进行处理,如深孔和沟槽表面。
(6) 易于实现自动化控制,劳动生产率高。
(7) 节省能源,不产生环境污染。

3. 激光相变硬化的应用

激光相变硬化的应用很多,如平面类零件,导轨、刀片、叶片以及板状零件;圆环类零件,活塞环、汽缸涨圈、汽室涨圈、油封座、进气门、排气门、缸盖座口、各类轴承环等,以提高硬度和耐磨性为目的;套筒类零件,有汽车、拖拉机、船舶等发动机缸套或缸体、汽阀导管、电锤套筒、各类衬套和泵筒等;各种轴类、长杆导柱等,异型类零件,如齿轮、模具、针布、钟表的擒纵叉、发动机飞锤、刀具、离合器连接件、花键套等。

7.6 激光重熔

1. 激光表面重熔的原理和特点

激光重熔是在激光作用下使材料表面局部区域快速加热至熔化,随后借助于冷态的金属基体的热传导作用,使熔化区域快速凝固,形成结构极其细小的非平衡铸态组织的工艺技术。经激光重熔的零件表面硬度高,耐磨抗蚀性好。

重熔的主要目的是改善材料的原始组织,特别是获得弥散细化效应。通过激光重熔,材料表面层可获得细晶组织,并使显微组织中的沉淀相等,诸如炭化物、石墨或氧化物,部分或全部溶解,快速结晶使它们不再沉淀,因而得到过饱和的固溶体。后一效应对抗腐蚀性特别重要。而有色金属一般以重熔硬化的方式有效地实现表面硬化。当扫描速度很快或激光作用时间很短时,对于有些合金,熔化层快速凝固后将得到非晶表面,具有极好的耐磨损和抗腐蚀性能,这就是激光非晶化,有时也称激光玻璃化。

2. 激光表面重熔的应用

激光重熔硬化在含有铬的碳钢、工具钢、包括高速钢以及结构不锈钢和轴承钢的应用上具有明显的优越性。激光重熔硬化对改善材料性能具有明显的效果,工作寿命可相应延长数倍。在特殊情况下，这种工作寿命的延长可达 10 倍。经预热处理后激光重熔硬化的高速钢其耐磨损性能是原来的 1.5~3 倍。激光重熔硬化可以对铸态合金零部件作表面处理，如灰铸铁、球墨铸铁、铸态铝合金等。灰铸铁重熔硬化广泛应用于汽车工业，用以强化滑动环和发动机汽缸、汽轮机部件、凸轮和齿轮，使得工作寿命延长数倍。

铝合金的激光重熔硬化主要应用于铸态铝合金组织细化。目前，采用激光重熔硬化处理的铸造铝合金主要是铝-硅系合金。一方面是这类合金综合性能好，应用广泛；另一方面是由于这些近共晶成分的合金经激光重熔后可以获得显著的强化效果。

7.7 激光合金化

1. 激光合金化的原理和特点

激光合金化是在激光重熔的基础上通过向熔化区内添加一些合金元素，熔化的基体材料和添加的合金元素由于激光熔池的运动而得到混合，凝固后形成以基体成分为基础而又不同于基体成分的新的合金层，以达到所要求的使用性能的工艺技术。通常按合金元素的加入方式将其分成三大类，即预置式激光合金化、送粉式激光合金化和气体激光合金化。

预置式激光合金化就是把要添加的合金元素先置于基材合金化部位，然后再激光辐照熔化。预置式合金化的方法主要有：热喷涂法，化学黏结法，电镀法，溅射法，离子注入法。一般来说，前两种方法适于较厚层合金化，而最后两种方法则适合薄层或超薄层合金化。激光合金化工艺具有以下的特点：没有改变基体材料的性质；激光合金化具有很高的冷却速度，这种快速冷却的非平衡过程可使合金元素在凝固后的组织达到极高的过饱和度，形成普通合金化方法很难获得的化合物，且晶粒极其细小；激光合金化既可以在合金元素用量很小的情况下获得具有高性能的合金化表层，也可以获得合金含量高、常规方法无法获得或不可逆转获得的具有特殊性能的合金层。因此，激光合金化为创造新的合金表层提供了广泛的可能性。

2. 激光合金化的应用

有资料表明，为了提高中碳低合金钢的耐腐蚀性能，可以采用 Cr-Mo 粉末进行激光合金化处理。将 Cr 粉与 Mo 粉按 Cr∶Mo=4∶1 比例混合，用等离子喷涂在基材表面，形成约 200μm 厚的预置涂层。采用 2kW CO_2 横流激光器，光斑直径 1.75mm，功率密度 $6.25×10^4 W/cm^2$，扫描速度 5~45mm/s，进行多道搭接扫描。钛和钛合金的激光气体表面氮化是一种提高材料耐腐蚀性能的常用技术。采用 5 kW 横流 CO_2 激光器，同轴送 N_2 合金化气并加 N_2 保护激光熔池。激光合金化层厚度达 0.5mm，合金层的组织为富氮的基体，并分布 TiN 枝晶。

7.8 激光熔覆

1. 激光熔覆的原理

激光熔覆是利用高能密度激光束将具有不同成分、性能的合金与基材表面快速熔化，在基材表面形成与基材具有完全不同成分和性能的合金层的工艺技术，是材料表面改性技术的一种重要方法。根据合金供应方式的不同，激光熔覆可以分为两种(见图 7.17)，即合金预置法和合金同步供应法。

合金预置法是指将待熔覆的合金材料以某种方法预先覆盖在基材表面，然后采用激光束在合金预覆层表面扫描，使整个合金预覆层及一部分基材熔化，激光束离开后，熔化的金属快速凝固而在基材表面形成冶金结合的合金熔覆层。合金同步供应法是指采用专门的送料系统在激光熔覆过程中将合金材料直接送入激光作用区，在激光的作用下合金材料和基体材料的一部分同时熔化，然后冷却结晶形成合金熔覆层。合金同步供应法工艺过程简单，合金材料利用率高，可控性好，可以熔覆甚至直接成形复杂三维形状的部件，是熔覆技术工业应用的首选方法。激光熔覆所使用的合金材料也可以是粉末、丝材或板材。

图 7.17 激光熔覆的原理示意图

2. 激光熔覆的特点与应用

激光熔覆的主要目的是在廉价金属材料表面形成高性能的合金层，达到降低成本、提高零件表面耐磨、耐蚀及耐高温抗氧化等的综合性能。激光熔覆的合金材料包括自熔性合金材料、炭化物弥散或复合材料、陶瓷材料等。这类材料具有优异的耐磨、耐蚀等性能，通常以粉末的形式使用。在激光熔覆工艺中还有单道、多道、单层、多层等多种形式。通过多道搭界和多层叠加，可以实现宽度和厚度的增加。激光熔覆时常出现气孔和裂纹等现象，应尽量防止。激光熔覆目前已经广泛用于各种大型轴类零件、大型轧辊、大型铸件和汽轮机叶片的修复。

7.9 其他激光加工简介

7.9.1 激光铣削技术与应用

当聚焦的高能激光束作用于物体微小区域，瞬间可使任何材料熔化或者蒸发，激光铣削就是利用激光束按规定的图案，一层一层扫描剥离(或称烧蚀)材料，就像机械铣削过程一样对材料进行成形加工，这类似机械铣削加工，可以形象地把它称为激光铣削。利用激光铣削加工可以直接进行零件的成形加工，激光铣削加工具有很大的柔性，特别适合单件小批量生产。图 7.18 所示为激光铣削原理示意图。利用激光铣削，理论上可以铣削任何固体材料至所要求的尺寸。利用脉冲激光来进行激光铣削，其实质是利用激光光斑部分重叠的单脉冲形成的密集孔群(见图 7.19)，来一层一层剥离材料而达到成形的目的。

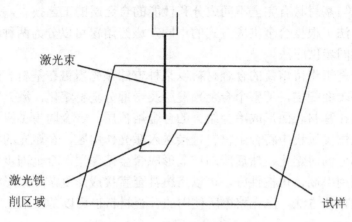

图 7.18 激光铣削原理示意图

图 7.19 激光致重叠孔群示意图

激光精密铣削技术可以对难加工材料硬质合金和氧化铝陶瓷进行激光铣削加工。图 7.20 是利用激光铣削的矩形槽照片，利用大能量还可以较快速在硬质合金板铣出质量较好的通孔，图 7.21 为利用固体激光器在硬质合金材料上铣削出复杂槽状结构的照片，图 7.22 是利用激光在氧化铝陶瓷上铣削的盲孔。

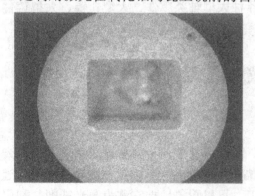

图 7.20 硬质合金 3mm×5mm 矩形槽

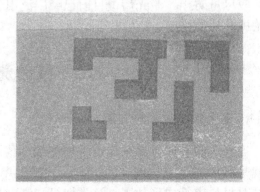

图 7.21 硬质合金复杂结构

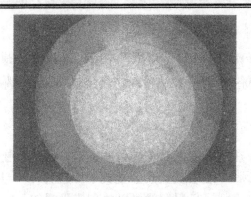

图 7.22 氧化铝陶瓷盲孔

7.9.2 激光快速成形技术

激光快速成形技术包括激光快速原型制造、激光快速制造金属零件、激光微成形和激光热成形四部分。

1. 激光快速原型制造技术

激光快速原型制造技术是指通过三维模型和体积单元叠加的方法生产制造模型或者零件的工艺，也定义为加成技术。其制造原理是在计算机上生成零件的 CAD 模型，通过特殊的软件对 CAD 模型进行切片处理，使一个复杂的三维零件转变成一系列的二维平面图形，计算机由此获得扫描轨迹指令。根据 CAD 给出的路线，数控系统控制激光束来回扫描，便可形成逐层堆积而形成的任意形状的实体模型。其类型主要有液体材料的固化(光敏树脂固化如 SLA)的点-线-面、实体叠层制造(LOM)和区域选择激光烧结(SLS)，其工作原理如图 7.23 所示。

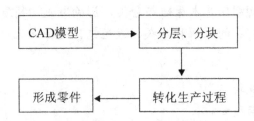

图 7.23 快速原型制造工作原理

2. 激光直接制造金属零件

激光直接制造金属零件与区域选择激光烧结技术相似，其区别在于：使用单组元粉末材料和在过程中粉末材料完全熔化。借助送粉器将一种或多种金属粉末经送粉喷嘴汇集送到激光形成的小熔池中，粉末熔化凝固后形成一个金属点。根据 CAD 给出的路线，用数控系统控制激光束来回扫描，便可形成金属线、金属面并逐层熔覆堆积出任意形状的金属实体零件。

由于粉末材料在加工的过程中完全熔化，生成模型或零件的致密度高，一般接近于 100%。另外由于该过程使用单组元粉末材料，其为工程材料，能满足工程的技术性能要求，所以采用该技术生产的零件可直接用于生产。

3. 激光微细立体光刻

激光微细立体光刻是把立体光刻技术(SLA)应用到微制造领域衍生出来的一种加工技术。它的特点是不受 MEMS 器件或系统结构形状的限制，可以加工包含自由曲面在内的任意三维结构。

4. 激光热成形

其原理是利用激光束在短时间内对工件的中间进行加热，工件受热要膨胀，但工件承受了周围的阻力而不能膨胀，结果在受热区受到了压应力，一旦压应力达到了屈服极限，就会形成永久变形，如果控制好其变形就可以达到成形目的。

小　　结

1. 激光原理与特点

(1) 激光的产生：光的自发辐射、光的受激吸收、光的受激辐射。
(2) 激光的产生原理：粒子数反转、谐振腔、激光振荡、激光放大。
(3) 激光的特性：方向性、单色性、相干性、高亮度。

2. 激光器简单介绍

(1) 激光加工常用激光器。
(2) 激光加工机的组成。

3. 激光切割和打孔技术

(1) 激光切割：激光切割的基本原理与分类、影响激光切割质量的主要因素。
(2) 激光打孔：激光打孔的原理和方式、激光打孔的特点及应用。

4. 激光焊接技术

(1) 激光焊接的原理及特点。
(2) 激光焊接的形式与质量。

5. 激光表面技术

激光表面技术主要有激光相变硬化、激光重熔、激光合金化、激光熔覆。

6. 激光铣削技术与应用、激光快速成形技术。

思　考　题

1. 激光产生的原理和加工的特性？
2. 查相关文献了解激光器的发展过程与应用现状。
3. 简述激光切割或者激光焊接的激光与材料的作用过程。
4. 查相关文献全面了解激光加工及其应用情况。

第8章 电子束加工和离子束加工

教学提示：本章介绍了电子束加工和离子束加工的基本原理、加工设备组成、特点以及应用。

教学要求：本章要求学生理解电子束加工和离子束加工的基本原理，掌握电子束加工和离子束加工的特点和应用场合。

电子束加工和离子束加工是近年来得到较大发展的新兴特种加工，它们在精密加工方面，尤其是在微电子学领域得到较多的应用。目前，离子束被认为是最具有前途的超精密加工和微细加工方法。

8.1 电子束加工

8.1.1 电子束加工的基本原理

如图 8.1 所示，在真空条件下，电子枪射出高速运动的电子束，电子束通过一极或多极汇聚形成高能束流，经电磁透镜聚焦后轰击工件表面，由于高能束流冲击工件表面时，电子的动能瞬间大部分转变为热能。由于光斑直径极小(其直径在微米级或更小)，在轰击处形成局部高温，可使被冲击部分的材料在几分之一微秒内，温度升高到几千摄氏度以上，使材料局部快速汽化、蒸发而实现加工目的。所以电子束加工是通过热效应进行的。

电磁透镜实质上只是一个通直流电流的多匝线圈，其作用与光学玻璃透镜相似，当线圈通过电流后形成磁场。利用磁场，可迫使电子束按照加工的需要作相应的偏转。

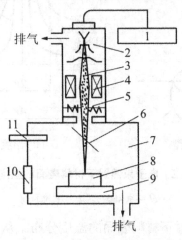

图 8.1 电子束加工原理示意图

1—高速加压；2—电子枪；3—电子束；4—电磁透镜；5—偏转器；6—反射镜；7—加工室；8—工件；
9—工作台及驱动系统；10—窗口；11—观察系统

电子束的加工过程是一个热效应过程。这是因为电子是一个非常小的粒子(半径为$2.8×10^{-12}$ mm)，质量很小($9×10^{-29}$ kg)，但其能量很高，可达几千电子伏。电子束可以聚焦到直径为 1~2 μm，因此有很高的能量密度，可达 $10^9 W/cm^2$。高速高能量密度的电子束冲击到工件上时，在几分之一微秒的瞬时，入射电子与原子相互作用(碰撞)，在发生能量变换的同时，有些电子向材料内部深入，有些电子发生弹性碰撞被反射出去，成为反射电子。在电子与原子的碰撞中，使原子振动产生发热现象，虽然还产生二次电子、荧光、X 射线等，占用了一部分能量，但可以认为几乎所有的能量变成了热能。由于电子束的能量密度高、作用时间短，所产生的热量来不及传导扩散就将工件被冲击部分局部熔化、汽化、蒸发成为雾状粒子而飞散，这是电子束的热效应。

但是要实现电子束对材料的打孔、切槽等工作，除了和电子束能量密度有关以外，还和电子束连续照射材料表面的时间长短有关。

设工件为半无限大物体，热学常数为定值，在电子束连续照射无限长时，其中心部分达到热平衡温度，称饱和温度θ_0，其关系式为

$$\theta_0 = \phi / \pi \lambda r \tag{8-1}$$

式中，θ_0 为饱和温度(℃)；

ϕ 为电子束输入热流量(W)；

λ 为材料热导率($W/m·K$)；

r 为电子束斑半径(m)。

式(8-2)中，λ 的温度单位是表示温度差和温度间隔，故 1K=1℃。

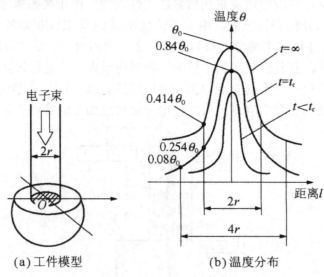

(a) 工件模型　　(b) 温度分布

图 8.2　电子束照射下材料表面的温度分布

θ—饱和温度；t_c—基准时间

图 8.2(b)所示为电子束照射下材料表面的温度分布。从图中可以看出，经过 t_c 时间后，工件被照中心部分的温度将上升到饱和温度的 84%，而在离中心两倍束斑半径的地方，温度上升甚少，只有饱和温度的 8%，这样就可以做到只使电子束照射区(2r)蒸发，而其他地方保持较低的温度。时间 t_c 称之为基准时间，其关系式为

$$t_c = \pi r^2 \rho c / \lambda \tag{8-2}$$

式中，t_c 为电子束照射基准时间(s)；

ρ 为材料相对密度(kg/m³)；

c 为材料比热容(J/(kg·K))，该单位可以转换为 W·s/(kg·K)。

电子束加工所需的功率密度和基准时间与工件材料有关，如电子束斑半径为 0.01cm，加工玻璃时要求功率密度为 $3.6×10^6$W/cm²，照射基准时间为 0.55ms；加工铜时功率密度为 $1.4×10^6$W/cm²，照射基准时间为 0.3ms。

图 8.3 所示为利用电子束热效应进行的各种加工。在低功率密度时，电子束中心部分的饱和温度在熔化温度附近，这时熔化坑较大，可作电子束熔凝处理。中等功率密度照射时，出现熔化、汽化和蒸发，可用于电子束焊接。用高功率密度照射时，电子束中心部分的饱和温度远远超过蒸发温度，使材料从电子束的入口处排除出去，并有效地向深度方向加工，这就是电子束打孔加工。高功率密度电子束除打孔、切槽外，在集成电路薄膜元件制作中，利用蒸发可获得高纯度的沉积薄膜。

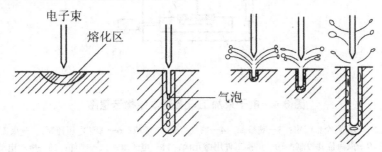

(a) 低功率密度照射　(b) 中等功率密度照射　(c) 高功率密度照射

图 8.3　利用电子束热效应的加工

8.1.2　电子束加工的特点

电子束加工有如下特点：

(1) 束斑极小。由于电子束能够极其微细地聚焦，甚至聚焦到 0.1μm，加工面积可以很小，是一种精密微细的加工方法。微型机械中的光刻技术，可达到亚微米级宽度。

(2) 能量密度很高。能达到 $10^7 \sim 10^9$W/cm²，使照射部分的温度超过材料的熔化和汽化温度。去除材料主要靠瞬时蒸发，是一种非接触式加工。适合于加工精微深孔和狭缝等，速度快，效率高。

(3) 可控性好。可以通过磁场或电场对电子束的强度、位置、聚焦等进行直接控制，可加工出斜孔、弯孔及特殊表面，便于实现自动化生产。位置控制精度能准确到 0.1μm 左右，强度和斑束尺寸可达到 1%的控制精度。

(4) 生产率很高。电子束的能量密度高，而且能量利用率可达 90%以上，所以加工生产率很高。

(5) 无污染。由于电子束加工是在真空中进行，因而污染少，加工表面不氧化，特别适用于加工易氧化的金属及合金材料，以及纯度要求极高的半导体材料。

(6) 电子束加工有一定的局限性，一般只用来加工小孔、小缝及微小的特形表面，且需要一套专用设备和数万伏的高压真空系统，价格较贵，生产应用有一定局限性。

8.1.3 电子束加工设备

电子束加工设备的基本结构如图 8.4 所示，它主要由电子枪、真空系统、控制系统和电源等部分组成。

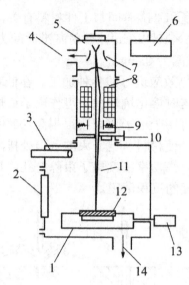

图 8.4 电子束加工设备基本结构示意图

1—移动工作台；2—带窗真空室门窗；3—观察筒；4—抽气；5—电子枪；6—加速电压控制；7—束流强度控制板；8—束流聚焦控制；9—束流位置控制；10—更换工件用截止阀；11—电子束；12—工件；13—驱动电动机；14—抽气

1. 电子枪(见图 8.5)

电子枪是获得电子束的装置，它包括电子发射阴极、控制栅极和加速阳极等。阴极经过加工电流加热发射电子，带负电荷的电子高速飞向高电位的阳极，在飞向阳极的过程中，经过加速极加速，又通过电磁透镜把电子束聚焦成很小的束斑。

发射阳极一般用钨或钽制成，在加热状态下发射大量电子。控制栅极为一中间有孔的圆筒形，在其上加以较阴极更强的负偏压，既能控制电子束的强弱，又有初步的聚焦作用。加速阳极通常接地，而阴极为很高的负电压，所以能驱使电子的加速。

2. 真空系统

为避免电子与气体分子之间的碰撞，确保电子的高速运动，电子束加工时应维持 $1.33×10^{-4}$~$1.33×10^{-2}$ 真空度。此外加工时金属蒸气会影响电子发射，产生不稳定现象，因此需要不断地把加工中产生的金属蒸气抽出去。

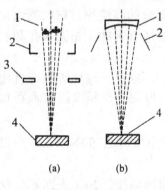

图 8.5 电子枪

1—发射电子的阴极；2—控制栅极；3—加速阳极；4—工件

3. 控制系统

控制系统的作用是控制流通断时间、束流强度、束流聚焦、束流位置、束流电流强度、束流偏转、电磁透镜以及工作台位置，从而实现所需要的加工。

4. 电源系统

电子束加工装置对电源电压的稳定性要求较高，常用稳压设备，这是因为电子束聚焦以及阴极的发射强度与电压波动有密切关系。各种控制电压以及加速电压，由升压整流或超高压直流发电机供给。

8.1.4 电子束加工应用

电子束加工按其加功率密度和能量注入时间的不同，可用于打孔、焊接、热处理、刻蚀等多方面。

1. 打孔

电子束打孔已在生产中实际应用。目前，电子束打孔的最小直径已达 1μm。孔径在 0.5~0.9mm 时，其最大孔深已超过 10mm，即孔深径比大于 15∶1。打孔的速度主要取决于板厚和孔径，通常每秒可加工几十至几万个孔，而且有时还可以改变孔径。

在喷气发动机燃烧室罩、机翼的吸附屏、化纤喷丝头、人造革透气孔、塑料上的孔，不但用电子束来加工，而且效率高。例如零件材料为钴基耐热合金，厚度 4.3~6.3mm。共有 11 766 个直径为 0.81mm 的化纤喷丝头通孔，孔径公差 ±0.03mm。零件置于真空室中，安装在夹具上作连续转动。加工时以 16ms 的单脉冲方式工作，脉冲频率 5Hz。打孔过程中电子束随工件同步偏转，每打一个孔，电子束跳回原位。加工一件只需要 40min，而用电火花加工则需要 30h，用激光加工也要 3h 才能完成，而且公差要优于激光加工，且无喇叭孔。图 8.6 所示为电子束加工的喷丝头异型孔截面的一些实例。

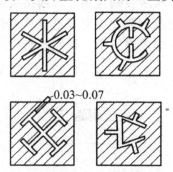

图 8.6 电子束加工的喷丝头异型孔截面的实例

电子束不仅可以加工各种直的型孔和型面，而且也可以加工弯孔和曲面，如图 8.7 所示。这是利用磁场对电子束方向进行偏转，控制合适的曲率半径，从而得到所需的弯孔或弯缝。

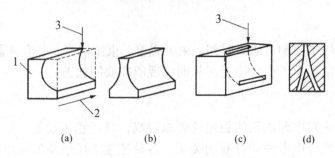

图8.7 电子束加工曲面、弯缝

1—工件；2—工件运动方向；3—电子束

再举一个与人们生活直接有关的例子就是电子束加工在人造革上的应用。现在人造革已很普及，但人造革透气性很差，穿着很不舒服。用电子束在人造革上打孔可以达到相当好的效果。如以天然革穿着的舒适度为100，微孔聚氨酯革只有55，而用电子束打孔的PVC革可达85。电子束打孔成本比天然革成本低，可替代天然革。加工时，用一组钨杆将电子枪产生的单个电子束分割为200个孔，效率非常高。因为对孔型无严格要求，人造革在滚筒上旋转时，电子束无须随之转动。如1.5mm厚革加工时，脉冲频率为25Hz，打孔速率为5 000/s，滚筒转速为6r/min。

2. 焊接

电子束焊接是电子束加工技术中发展最快、应用最广的一种，已经成为工业生产中不可缺少的焊接方法。电子束焊接是利用电子束作为热源的一种焊接工艺，焊接过程不需要填充物(焊条)，焊接过程又是在真空中完成。因此焊缝中的化学成分纯净，焊接接头的强度往往高于母材。

电子束焊接可以焊接普通的金属如碳钢、不锈钢等，也能焊接难熔金属如铜、钼、铝等，还可以焊接钛、铀等化学性质活泼的金属。焊接接头形式有各种各样(见图8.8)。在焊接厚度较大的金属件时，其真空室的真空度对熔透深度有较大的影响。当真空度发生变化时，熔透深度也随之波动，因此焊接过程中，焊室的真空度应保持不变。

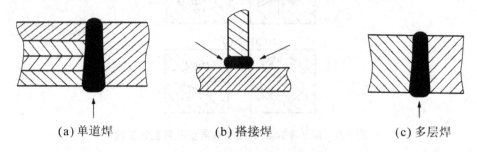

图8.8 电子束焊接接头形式

对于异种金属的焊接，一般焊接无法实现，但是电子束焊接能够实现加工。如在航空航天业，需要将GH4169和GH907两种高温合金零件焊接在一体。因两种材料线膨胀系数相差极大，GH4169是镍基高温合金，而GH907是铁基高温合金。常温下GH4169无磁性，而GH907有磁性，可能影响焊接对中。通过适当工艺参数和工艺措施，能够满足这两种异种材料的焊接。

利用电子束焊接，还能够降低工件的质量和加工成本。如可变后掠翼飞机的中翼盒长达 6.7m，壁厚 12.7~57mm，钛合金小零件可以用电子束焊接制成，共 70 道焊缝，仅此一项工艺就减轻飞机质量 270kg。大型涡轮风扇发动机钛合金机匣，壁厚 1.8~69.8mm，外径 2.4m，是发动机中最大、加工最复杂、成本最高的部件，采用电子束焊接后，节约了材料和工时，成本降低了 40%。

对于常规的机械结构设计，由于电子束焊接的应用，电子束焊接具有焊接应力小、变形小等优点，大大改进了设计。如大型齿轮组件，传统结构常规方法是用整体加工或分体加工再用螺栓组合，费工费料且结构笨重。电子束焊接的出现，可将齿轮分别加工出来，然后用电子束焊接总成。不仅组件精度提高，而且啮合好、噪声小，传输扭矩大。

图 8.9 所示是某种设备的传动鼓轮，材料为 40Cr。常规方法焊接加工时，切削量很大，成品质量仅为毛坯的 1/4。采用分解为两个零件加工时，而后用电子束焊接的方法可以省工省料。

另外，电子束焊接还常用于传感器以及电器元件的连接和封接，尤其一些耐压、耐腐蚀的小型器件在特殊环境工作时，电子束焊接有很大优越性。电子束焊接在厚壁压力容器、造船工业等也有良好的应用前景。

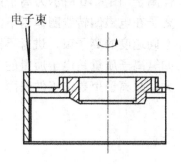

图 8.9　电子束焊传动鼓轮

3．热处理

电子束热处理也是把电子束作为热源，但适当控制电子束的功率密度，使金属表面加热而不熔化，达到热处理的目的。电子束热处理的加热速度和冷却速度都很高，在相变过程中，奥氏体化时间很短，只有几分之一秒乃至千分之一秒，奥氏体晶粒来不及长大，从而能获得一种超细晶粒组织，可使工件获得用常规热处理不能达到的硬度，硬化深度可达 0.3~0.8mm。焊接时，可以在金属熔化区加入适当的元素，使焊接区形成合金层，从而得到比原来金属更好的物理力学性能。如铝、钛、镍的各种合金几乎全可进行添加元素处理，从而得到很好的耐磨性能。所以电子束热处理工艺很有发展前途。

4．刻蚀

集成电子器件、集成光学器件、表面声波器以及微机械元器件的图形制作技术中，为制造多层固体组件，可用电子束刻出许多微细沟槽和孔。例如通过计算机自动控制，可以完成在硅片上加工 2.5μm，深 0.25μm 的槽；在铜制滚筒上可以刻出直径为 70~120μm，深度为 5~40μm 的凹坑。

电子束刻蚀工艺过程如下：

(1) 工件预处理。刻蚀前，在工件表面涂上抗蚀剂，厚度≤0.01μm，此图层为掩模层。

(2) 电子束扫描曝光。即用聚焦后电子束斑直径为 0.3~1μm，可在 0.5~5mm 范围内扫描。由于照射区与未照射区化学性质及相对分子质量的差异，故在掩模层上形成"潜图"。

(3) 显影。将曝光后的掩模层放入显影液中，则可得到电子束扫描的图形。

随着电子束加工设备、工艺的进一步研究、应用和完善，电子束加工的应用前景将更加广阔。

8.2 离子束加工

8.2.1 离子束加工的基本原理

离子束加工的原理与电子束加工类似，也是在真空条件下，将氩、氪、氙等惰性气体，通过离子源产生离子束并经过加速、集束、聚焦后，以其动能轰击工件表面的加工部位，实现去除材料的加工。该方法所用的是氩(Ar)离子或其他带有 10keV 数量级动能的惰性气体离子。图 8.10 所示为离子束加工原理示意图。惰性气体在高速电子撞击下被电离为离子，离子在电磁偏转线圈作用下，形成数百个直径为 0.3mm 的离子束。调整加速电压可以得到不同速度的离子束，进行不同的加工。该种方法所用的离子质量是电子质量的千万倍，例如氢离子质量是电子质量的 1 840 倍，氩离子质量是电子质量的 7.2 万倍。由于离子的质量大，故离子束轰击工件表面，比电子束具有更大的能量。

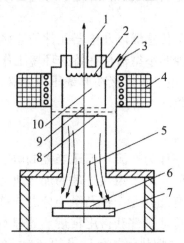

图 8.10 离子束加工原理示意图

1—真空抽气孔；2—灯丝；3—惰性气体注入口；4—电磁线圈；
5—离子束流；6—工件；7、8—阴极；9—阳极；10—电力室

实验表明，离子束加工主要是一种无热过程。当入射离子碰到工件材料时，撞击原子、分子，由于核制动作用使离子失去能量。因离子与原子之间的碰撞接近于弹性碰撞，使离子所损失的能量传递给原子、分子。其中一部分能量使工件产生溅射、抛出，其余能量转变为材料晶格的振动能。

在碰撞的过程中，入射离子与原子、分子碰撞进行运动能量交换，可以分为一次碰撞或多次碰撞，一次碰撞可以认为是最简单的直线弹性碰撞，共传递能量可用式(8-3)表示

$$E_2 = E_1 \cdot 4m_1m_2/(m_1+m_2)^2 \tag{8-3}$$

式中，E_1 为传递给原子分子的能量(eV)；

E_2 为入射离子的能量(eV)；

m_1 为入射离子的质量(g)；

m_2为被撞原子或分子的质量(g)；

由式(8-3)可知，当$m_1 \approx m_2$，$E_1 \approx E_2$，这种情况加工效果最好。

另外，加工效果除了与入射离子的质量、被撞原子或分子有关以外，还与离子入射角的大小有关。入射角为零(垂直与工件表面)时，溅射率最低。入射角大于60°时，溅射率急速增加。所以，进行溅射加工时，要选择合适的入射角。

8.2.2 离子束加工的特点

离子加工技术是作为一种微细加工手段出现，成为制造技术的一个补充，随着微电子工业和微机械的发展获得了成功的应用，其特点如下：

(1) 易于精确控制，加工精度高。离子束可通过离子光学系统进行聚焦扫描，使微离子束的聚焦光斑直径在1μm以内进行加工，并能精确控制离子束流密度、深度、含量等，以获得精密的加工效果，可以对材料实行"原子级加工"或"微毫米加工"。

(2) 加工应力小、变形小。离子束加工是依靠离子撞击工件表面的原子而实现的，是一种微观作用，其宏观作用力极小，加工应力、变形也极小，故对脆件、极薄、半导体、高分子等各种材料、低刚度工件进行微细加工，加工的适应性好。

(3) 加工所产生的污染少。因为离子束加工是在较高真空中进行的，所以污染少，特别适合易氧化的金属、合金材料及半导体材料的精密加工。但是，要增加抽真空装置，不仅投资费用较大，而且维护也麻烦。

(4) 离子束加工是靠离子轰击材料表面的原子来实现的，它是一种微观作用，宏观应力很小，所以加工应力、变形等极小，加工质量高，适合于各种材料和低刚度零件的加工。

8.2.3 离子束加工装置

离子束加工装置可分为离子源系统、真空系统、控制系统和电源系统。其中离子源系统与电子束加工装置不同，其余系统均类似。

离子源(又称离子枪)的作用是产生离子束流。其基本工作原理是将气态原子注入离子室，然后使气体原子经受高频放电、电弧放电、等离子体放电或电子轰击被电离成等离子体，并在电场作用下将正离子从离子源出口引出而成为离子束。根据离子产生的方式和用途离子源有多种形式。常用的有考夫曼型离子源、双等离子体离子源、高频放电离子源。

考夫曼型离子源已成功地应用于离子推进器和离子束微细加工领域。它是发射的离子源束流直径可达50~300mm，是一种大口径离子源。该离子源设备虽然束径但是尺寸紧凑，结构简单。工作参数时：真空度133.32×10^{-4}Pa，电压1 000eV，束流强度0.85mA/cm^2，束流直径50mm，离子入射角为75°。

双等离子体型离子源可获得高效率、高密度的等离子体，是一种高亮度的离子源。其电离效率高达50%~90%，等离子体密度高达10^{14}离子数/cm^3。目前，双等离子体源的应用比较广泛。

高频放电离子源是由高频振荡器在放电室内产生高频磁场，加速自由电子与气体原子进行碰撞电离而产生等离子体。图8.8所示为高频离子源结构图。该种离子源特点是：

① 采用高频电场或磁场激励放电；

② 可以获得金属离子或化学性质活泼的气体离子；

③ 束流强度低，一般在 100μA~100mA 之间，当采用高频脉冲放电时，束流强度可达 1A。

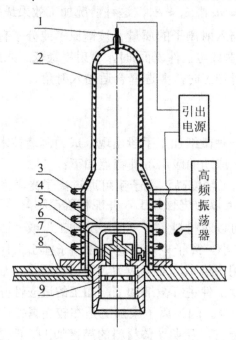

图 8.11 高频放电离子源

1—阴极探针；2—放电管；3—感应线圈；4—大屏蔽罩；5—小屏蔽罩；6—引出电极；7—引出电极座；
8—进气管道；9—光栅

8.2.4 离子束加工的应用

离子束加工的应用范围正在日益扩大。目前用于改变零件尺寸和表面物理力学性能的离子束加工，用于从工件上做去除加工的离子刻蚀加工，用于给工件表面添加的离子镀膜加工，用于表面改性的离子注入加工等。

1. 离子刻蚀

离子刻蚀是从工件上去除材的溅射过程。当离子束轰击工件，入射离子的动量传递到工件表面的原子，传递能量超过了原子间的镀合力时，原子就从工件表面撞击溅射出来，达到刻蚀的目的。该种方法是一种微细加工，可完成多种加工。如加工致薄材料镍箔(厚度仅有 10μm)，可加工出直径为 20μm 的孔；在厚度为 0.04~0.3μm 的钽、铜、金、铝、铬、银等薄膜上加工直径为 30~10dμm 的孔。

又如，采用一种带有机械摆动机构的离子束微细加工装置的等离子体型离子源，可实现非球面透镜的加工。透镜加工时，用电子计算机控制整个加工过程，既可绕自身轴线回转，又要摆动一个角度 θ，并用光学干涉仪对加工表面形状进行检测，已加工出最大直径为 61cm 的抛物镜面，其精度是其他加工方法无法达到的。离子刻蚀用于加工陀螺仪空气轴承和动压马达上的沟槽，分辨率高，精度好。

离子束刻蚀应用的另一个方面是刻蚀高精度的图形，如集成电路、声表面波器件、磁泡器件、光电器件和光集成器件等微电子学器件亚微米图形。

在半导体工业中，把所需的图形曝光、显像并制成抗蚀膜后，可用氩离子束代替化学腐蚀进行离子束蚀刻，可大大提高蚀刻精度。

用离子束抛光超声波压电晶体，可以大大提高其固有频率。用离子束抛光并减薄探测器的探头，可大大提高其灵敏度。

2. 离子镀覆

离子镀覆时工件不仅接受靶材溅射来的原子，同时还受到离子的轰击，这使离子镀覆有许多独特的优点：镀覆面积大(所有被暴露在外的表面均能被镀覆)、镀膜附着力强、膜层不易脱落、提高或改变材料的使用性能。可在金属或非金属、各种合金、化合物、某些合成材料、半导体材料、高熔点材料均可镀覆，使用广泛，如工具上覆盖高硬度的碳化钛、可以大大提高其使用寿命。钢的表面热处理，进行离子氮化，以强化表面层，可以大大提高耐磨性。

3. 离子注入

离子注入是将所需要的元素进行电离，并进行加速，把离子直接注入工件表面，它不受热力学限制，可以注入任何离子，且注入量可以精确控制，注入的离子是固溶在工件材料中，含量可达10%~40%，注入深度可达1μm甚至更深。

离子注入是半导体参杂的一种新工艺，在国内外都很普遍。已广泛应用于微波低噪声晶体管、雪崩管、场效应管、太阳能电池、集成电路等制造中。

金属表面注入某些离子，可以形成超过常态固溶浓度的具有特殊性能的表面层，或在表面形成新的结构，以改善材料的性能。如将用硼、磷等"杂质"离子注入半导体，用以改变导电形式(P型或N型)和制造PN结，制造一些通常用热扩散难以获得的各种特殊要求的半导体器件。由于离子注入的数量、PN结的含量、注入的区域都可以精确控制，所以成为制作半导体器件和大面积集成电路的重要手段。

离子注入加工改善金属表面性能的应用已经用到很多方面。如为了提高材料Cu的耐腐蚀性能，把Cr注入Cu，能得到一种新的亚稳态的表面相，从而改善了耐蚀性能。同时还能改善金属的抗氧化性能。为了改善低碳钢的耐磨性能，可注入N、B、Mo等，在磨损过程中，表面局部温升形成温度梯度，使注入离子向衬底扩散，同时注入离子又被表面的位错网络普及，不能推移很深。这样，在材料磨损过程中，不断在表面形成硬化层，提高了耐磨性。

总之，作为一种新兴技术，离子束加工技术的应用范围正在日益扩大，可将材料的原子一层一层地铣削下来，从而实现"原子级加工"、"纳米加工"。

小　　结

1. 电子束加工

(1) 原理：电子束加工是利用电子的热效应进行的。在真空条件下，电子枪发射出高速运动的电子汇集成很小的电子束，束流冲击工件表面，电子的动能瞬间大部分转变为热能，在轰击处形成局部高温，在极短的时间内，被冲击材料迅速升温，使材料局部快速汽化、蒸发而实现加工目的。

(2) 特点：电子束能够极其微细地聚焦，因此束斑极小，是一种极微细加工；功率密度能达到 $10^7 \sim 10^9 \text{W/cm}^2$，功率密度很高，是一种非接触式加工；可以通过磁场或电场对电子束的强度、位置、聚焦等进行直接控制，可控性好，可加工出斜孔、弯孔及特殊表面，便于实现自动化生产，生产率很高；在真空中进行，污染少，加工表面不氧化；价格较贵，生产应用有一定局限性。

(3) 设备组成：主要由电子枪、真空系统、控制系统和电源等部分组成。

(4) 应用：打孔，焊接，热处理，刻蚀。

2. 离子束加工

(1) 原理：在真空条件下，将氩、氪、氙等惰性气体，通过离子源产生离子束并经加速、集束、聚焦后，以其动能轰击工件表面的加工部位，实现去除材料的加工。

(2) 特点：易于精确控制，加工精度高；加工应力小，变形小；加工所产生的污染少。

(3) 设备组成：主要由离子源系统、真空系统、控制系统、电源系统。

(4) 应用：离子刻蚀，离子镀覆，离子注入。

思 考 题

试述电子束加工和离子束加工的基本原理、加工特点及其应用场合？两者分别有什么不同？为什么？

第9章　超声波加工和超高压水射流加工

教学提示： 本章介绍了超声波加工和超高压水射流加工的基本原理及其加工的特点和加工设备，介绍了其在生产中常见的应用。

教学要求： 本章要求学生了解超声波加工和超高压水射流加工的基本原理，了解加工机床的组成，掌握加工特点及其应用。

9.1　超声波加工

近十几年来，超声波加工与传统的切削加工技术相结合而形成的超声波振动切削技术得到迅速的发展，并且在实际生产中得到广泛的应用。特别是对于难加工材料的加工取得良好的效果，使加工精度、表面质量得到显著提高。尤其是有色金属、不锈钢材料、刚性差的工件的加工中，体现其独特的优越性。

超高压水射流加工又称液力加工、水喷射加工或液体喷射加工，是20世纪70年代发展起来的一门高新技术，开始时只是用在大理石、玻璃等非金属材料的加工，现在已发展成为切割复杂三维形状的工艺方法。该项技术是一种"绿色"加工方法，在国内外得到了广泛的应用。目前在机械、建筑、国防、轻工、纺织等领域，正发挥着日益重要的作用。

9.1.1　超声波特性及其加工的基本原理

1. 超声波及其特性

声波是人耳能感受的一种纵波，它的频率在16~16 000Hz，当频率低于16Hz的称为次声波，超过16 000Hz的，就称为超声波。

超声波和声波一样，可以在气体、液体和固体介质中传播，主要具有下列性质：

(1) 超声波能传递很强的能量。超声波的作用主要是对其传播方向上的障碍物施加压力(声压)，以这个压力的大小来表示超声波的强度，传播的波动能量越强，则压力也越大。由于超声波的频率 f 很高，其能量密度可达 $100W/cm^2$ 以上。在液体或固体中传播超声波时，由于介质密度 ρ 和振动频率都比空气中传播声波时高许多倍，因此同一振幅时，液体、固体中的超声波强度、功率、能量密度要比空气中的声波高千万倍。

(2) 当超声波经液体介质传播时，将以极高的频率压迫液体质点振动，在液体介质中连续地形成压缩和稀疏区域。由于液体基本上不可压缩，由此产生压力正、负交变的液压冲击和空化现象。由于这一过程时间极短，液体空腔闭合压力可达几十个标准大气压，并产生巨大的液压冲击。这一交变的脉冲压力作用在邻近的零件表面上会使其破坏，引起固体物质分散、破碎等效应。

(3) 超声波通过不同介质时，在界面上发生波速突变，产生波的反射和折射现象。能量反射的大小决定于两种介质的波阻抗(密度与波速的乘积 ρc 称为波阻抗)。介质的波阻抗相差愈大,超声波通过界面时能量的反射率愈高。当超声波从液体或固体传入到空气或者从空气传入液体或固体的情况下,反射率都接近100%,此外空气有可压缩性,更碍阻了超声波的传播。为了改善超声波在相邻介质中的传递条件,往往在声学部件的各连接面间加入机油、凡士林作为传递介质以消除空气及因它引起的衰减。

(4) 超声波在一定条件下,会产生波的干涉和共振现象。

2. 超声波加工的基本原理

超声波加工是利用工具端面作超声频振荡,再将这种超声频振荡,通过磨料悬浮液传递到一定形状的工具头上,加工脆硬材料的一种成形方法。加工原理示意如图 9.1 所示。加工时,工具1的超声频振荡将通过磨料悬浮液6的作用,剧烈冲击位于工具下方工件的被加工表面,使部分材料被击碎成细小颗粒,由磨料悬浮液带走。加工中的振动还强迫磨料液在加工区工件和工具的间隙中流动,使变钝了的磨粒能及时更新。随着工具沿加工方向以一定速度移动,实现有控制的加工,逐渐将工具形状"复印"在工件上(成形加工时)。

在工作中,工具头的振动还使悬浮液产生空腔,空腔不断扩大直至破裂,或不断被压缩至闭合。这一过程时间极短,空腔闭合压力可达几百兆帕,爆炸时可产生水压冲击,引起加工表面破碎,形成粉末。同时悬浮液在超声振动下,形成的冲击波还使钝化的磨料崩碎,产生新的刃口,进一步提高加工效率。

由此可见,超声波加工是磨粒在超声振动作用下的机械撞击和抛磨作用以及超声空化作用的综合结果,其中磨粒的撞击作用是主要的。

既然超声波加工是基于局部撞击作用,因此就不难理解,越是脆硬的材料,受撞击作用遭受的破坏越大,越易超声加工。相反,脆性和硬度不大的韧性材料,由于它的缓冲作用而难以加工。根据这个道理,人们可以合理选择工具材料,使之既能撞击磨粒,又不致使自身受到很大破坏,例如用45钢作工具即可满足上述要求。

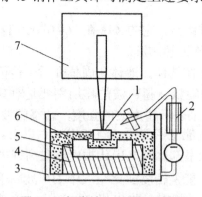

图 9.1 超声波加工原理示意图

1—工具;2—冷却器;3—加工槽;4—夹具;5—工件;6—磨料悬浮液;7—振动头

9.1.2 超声波加工的特点

超声波加工的特点如下:

(1) 适合于加工各种不导电的硬脆材料,例如玻璃、陶瓷(氧化铝、氮化硅等)、石英、锗、硅、玛瑙、宝石、金刚石等。对于导电的硬质金属材料如淬火钢、硬质合金等，也能进行加工，但加工生产率较低。对于橡胶则不可进行加工。

(2) 加工精度较高。由于去除加工材料是靠磨料对工件表面撞击作用，故工件表面的宏观切削力很小，切削应力、切削热很小，不会引起变形及烧伤，表面粗糙度也较好，公差可达 0.008mm 之内，表面粗糙度 R_a 值一般在 0.1~0.4μm 之间。

(3) 由于工具和工件不做复杂相对运动，工具与工件不用旋转，因此易于加工出各种与工具形状相一致的复杂形状内表面和成形表面。超声波加工机床的结构也比较简单，只需一个方向轻压进给，操作、维修方便。

(4) 超声波加工面积不大，工具头磨损较大，故生产率较低。

9.1.3 超声波加工设备

超声波加工设备又称超声波加工装置，它们的功率大小和结构形状虽有所不同，但其组成部分基本相同，一般包括超声波发生器、超声振动系统、磨料工作液及循环系统和机床本体四部分组成。

1. 超声波发生器

超声波发生器也称超声或超声频发生器，其作用是将 50Hz 的交流电转变为有一定功率输出的 16 000Hz 以上的超声高频电振荡，以提供工具端面往复振动和去除被加工材料的能量。其基本要求是输出功率和频率在一定范围内连续可调，最好能具有对共振频率自动跟踪和自动微调的功能，此外要求结构简单、工作可靠、价格便宜、体积小等。

超声波发生器有电子管和晶体管两种类型。前者不仅功率大，而且频率稳定，在大中型超声波加工设备中用得较多。后者体积小，能量损耗小，因而发展较快，并有取代前者的趋势。

2. 超声振动系统

超声振动系统的作用是把高频电能转变为机械能，使工具端面作高频率小振幅的振动，并将振幅扩大到一定范围(0.01~0.15mm)以进行加工。它是超声波加工机床中很重要的部件。由换能器、变幅杆(振幅扩大棒)及工具组成。

换能器的作用是将高频电振荡转换成机械振动，目前实现这一目的可利用压电效应和磁致伸缩效应两种方法。

变幅杆又称振幅扩大棒。超声机械振动振幅很小，一般只有 0.005~0.01mm，不足以直接用来加工，因此必须通过一个上粗下细的棒杆将振幅加以扩大，此杆称为振幅扩大棒或变幅杆。通过变幅杆可以增大到 0.01~0.15mm，固定在振幅扩大棒端头的工具即产生超声振动。变幅杆的形状如图 9.2 所示。

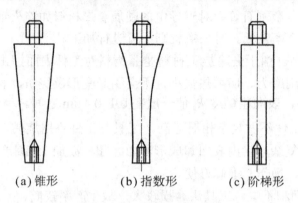

(a) 锥形　　　　(b) 指数形　　　　(c) 阶梯形

图 9.2　几种变幅杆的形状

变幅杆之所以扩大振幅，是由于通过它的每一截面的振动能量是不变的(略去传播损耗)、截面小的地方能量密度大，能量密度 J 正比于振幅 A 的平方，即

$$A^2 = \frac{2J}{\rho c \omega^2}$$

所以
$$A = \sqrt{\frac{2J}{K}}$$

式中，ω 为振动的频率(Hz)；

　　　A 为振动的振幅(mm)；

　　　ρ 为弹性介质的密度(kg/m³)；

　　　c 为弹性介质中的波速(m/s)；

　　　$K = \rho c \omega^2$ 是常数。

由上式可知，截面越小，能量密度就越大，振动振幅也就越大。

为了获得较大的振幅，也应使变幅杆的固有频率和外激振动频率相等，处于共振状态。为此，在设计、制造变幅杆时，应使其长度 L 等于超声波振动的半波长或其整数倍。

超声波的机械振动经变幅杆放大后即传给工具，使磨粒和工作液以一定的能量冲击工件，并加工出一定的尺寸和形状。

工具安装在变幅杆的细小端。机械振动经变幅杆放大之后即传给工具，而工具端面的振动将使磨粒和工作液以一定的能量冲击工件，并加工出一定的形状和尺寸。因而工具的形状和尺寸决定于被加工表面的形状和尺寸，两者只相差一个加工间隙。为减少工具损耗，宜选有一定弹性的钢作工具材料。工具长度要考虑声学部分半个波长的共振条件。

工具的形状和尺寸决定于被加工表面的形状和尺寸，它们相差一个"加工间隙"(稍大于平均的磨粒直径)。当加工表面积较小时，工具和变幅杆做成一个整体，否则可将工具用焊接或螺纹连接等方法固定在变幅杆下端。当工具不大时，可以忽略工具对振动的影响，但当工具较重时，会减低声学头的共振频率。工具较长时，应对变幅杆进行修正，使满足半个波长的共振条件。

3. 磨料工作液及循环系统

对于简单的超声波加工装置，其磨料是靠人工输送和更换的，即在加工前将悬浮磨料的工作液浇注堆积在加工区，加工过程中定时抬起工具并补充磨料。也可利用小型离心泵使磨料悬浮液搅拌后注入加工间隙中去。对于较深的加工表面，应将工具定时抬起以利于磨料的更换和补充。大型超声波加工机床采用流量泵自动向加工区供给磨料悬浮液，且品质好，循环也好。

效果较好而又最常用的工作液是水，为了提高表面质量，有时也用煤油或机油当作工作液。磨料常用碳化硼、碳化硅或氧化铝等。其粒度大小是根据加工生产率和精度等要求选定的，颗粒大的生产率高，但加工精度及表面粗糙度则较差。

4. 机床本体

超声波加工机床一般比较简单，机床本体就是把超声波发生器、超声波振动系统、磨料工作液及其循环系统、工具及工件按照所需要位置和运动组成一体。还包括支撑声学部件的机架及工作台、使工具以一定压力作用在工件上的进给机构及床体等部分。图9.3所示是国产CSJ—2型超声波加工机床简图。图中，4、5、6为声学部件，安装在一根能上下移动的导轨上，导轨由上下两组滚动导轮定位，使导轨能灵活精密地上下移动。工具的向下进给及对工件施加压力依靠声学部件自重，为了能调节压力大小，在机床后部有可加减的平衡重锤2，也有采用弹簧或其他办法加压的。

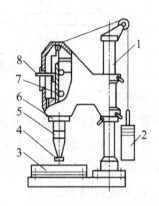

图9.3　CSJ—2型超声波加工机床简图

1—支架；2—平衡重锤；3—工作台；4—工具；
5—变幅杆；6—换能器；7—导轨；8—标尺

9.1.4　超声波加工的应用

超声波加工从20世纪50年代开始研究以来，其应用日益广泛。随着科技和材料科学的发展，将发挥更大的作用。目前，生产上主要有以下用途。

1. 成形加工

超声波加工目前在各工业部门中主要用于对脆硬材料加工圆孔、型孔、型腔、套料、微细孔、弯曲孔、刻槽、落料、复杂沟槽等，部分举例如图9.4所示。

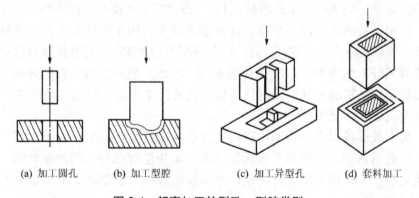

(a) 加工圆孔　　(b) 加工型腔　　(c) 加工异型孔　　(d) 套料加工

图9.4　超声加工的型孔、型腔类型

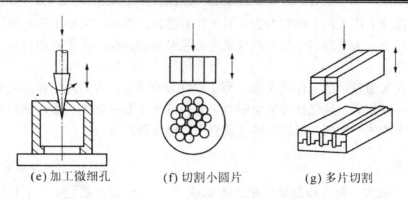

续图 9.4 超声加工的型孔、型腔类型

2. 切割加工

一般加工方法用于普通机械加工切割脆硬的半导体材料是很困难的，采用超声波切割则较为有效，而且超声波精密切割半导体、氧化铁、石英等，精度高、生产率高、经济性好，并且可以利用多刃刀具，切割单晶硅片，一次可以切割加工 10~20 片。

3. 超声波焊接加工

超声波焊接是利用超声频振动作用，使被焊接工件的两个表面在高速振动撞击下，去除工件表面的氧化膜，使该表面摩擦发热黏结在一起。因此它不仅可以加工金属，而且可以加工尼龙、塑料等制品。例如在机械制造业中，利用超声波焊接加工的双联齿轮。由于该种加工方法不需要外加热和焊剂，热影响小、外加压力也小，不产生污染，工艺性和经济性也好。因此，该种方法可焊接直径或厚度很小的材料(可达 0.015~0.03mm)，焊接材料不仅仅限于金属，还可以焊接塑料、纤维等制品。目前在大规模的集成电路制造中已广泛采用该中加工方法。

4. 超声波清洗

超声波清洗的原理主要是基于清洗液在超声波的振动作用下，使液体分子产生往复高频振动，引起空化效应的结果。空化效应使液体中急剧生长微小空化气泡并瞬时强烈闭合，产生的微冲击波使被清洗物表面的污物遭到破坏，并从被清洗表面脱落下来。在污物溶解于清洗液的情况下，空化效应加速溶解过程，即使是被清洗物上的窄缝、细小深孔、弯孔中的污物，也很易被清洗干净。所以，超声波清洗主要用于形状复杂、清洗质量高的中、小精密零件，特别是深孔、弯曲孔、盲孔、沟槽等特殊部位，采用其他方法效果差，采用该方法清洗效果好，生产率高，净化程度也高。因此，超声波加工在半导体、集成电路元件、光学元件、精密机械零件、放射性污染等的清洗中得到了较为广泛的应用。图 9.5 所示为超声波清洗装置示意图。

另外，超声波还可以用来雕刻、研磨、探伤和进行复合加工。图 9.6 所示是超声波电解复合加工深孔示意图。工件加工表面除了发生阳极溶解以外，超声振动的工具和磨料会破坏阳极钝化膜，空化作用会加速钝化，从而使阳极加工速度和加工质量大大提高。

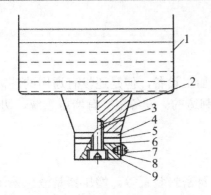
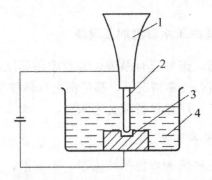

图9.5 超声波清洗装置

1—清洗槽；2—变幅杆；3—压紧螺钉；4—压电陶瓷换能器；5—镍片(+)；6—镍片；7—接线螺钉；8—垫圈；9—钢垫块

图9.6 超声波电解复合加工深孔示意图

1—变幅杆；2—工具头；3—工件；4—电解液

9.2 超高压水射流加工

9.2.1 超高压水射流加工原理

超高压水射流加工是利用高速水流对工件的冲击作用来去除材料的，如图9.7所示。储存在水箱1中的水或加入添加剂的水液体，经过过滤器2处理后，由水泵3抽出送至蓄能器5中，使高压液体流动平稳。液压机构4驱动增压器10，使水压增高到70~400MPa。高压水经控制器6、阀门7和喷嘴8喷射到工件9上的加工部位，进行切割。切割过程中产生的切屑和水混合在一起，排入水槽。

超高压水射流本身具有较高的刚性，流束的能量密度可达 $10^{10}W/mm^2$，流量为7.5L/min，在与工件发生碰撞时，会产生极高的冲击动压和涡流，具有固体的加工作用。

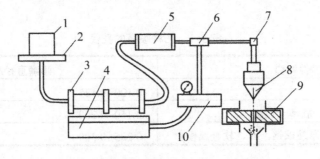

图9.7 超高压水射流加工原理图

1—水箱；2—过滤器；3—水泵；4—液压机构；5—蓄能器；6—控制器；7—阀门；8—喷嘴；9—工件；10—增压器

材料被加工的过程是一个动态断裂过程。对于脆性材料(如石材)，主要是以裂纹破坏及扩散为主；而对于塑性材料(如钢板)，遵循最大的拉应力瞬时断裂准则，即一旦材料中某点的法向拉应力达到或超过某一临界值时，该点即发生断裂。根据弹塑性力学理论，动态断裂强度与静态断裂强度相比，要高出一个数量级左右。主要原因是动态应力作用时间短，材料中裂纹来不及发展，因而动态断裂不仅与应力水平有关，而且还与拉应力作用的时间长短相关。

9.2.2 超高压水射流加工设备

目前,国外已有系列化的数控超高压水射流加工设备,但是还没有通用的超高压水射流加工机。通常情况下,都是根据具体要求设计制造的。设备主要有增压系统、切割系统、控制系统、过滤设备和机床床身。

1. 增压系统

增压系统主要包括增压器、控制器、泵、阀及密封装置等。增压器是液压系统中重要的设备,要求增压器使液体的工作压力达到 100~400MPa,以保证加工的需要。高出普通液压传动装置液体工作压力的 10 倍以上,因此系统中的管路和密封是否可靠,对保障切割过程的稳定性、安全性具有重要意义。对于增压水管采用高强度不锈钢厚壁无缝管或双层不锈钢管,接头处采用金属弹性密封结构。

2. 切割系统

喷嘴是切割系统最重要的零件。喷嘴应具有良好的射流特性和较长的使用寿命。喷嘴的结构取决于加工要求、常用的喷嘴有单孔和分叉两种。

喷嘴的直径、长度、锥角及孔壁表面质量对加工性能有很大影响,通常要根据工件材料性能合理选择(见表 9-1)。喷嘴的材料应具有良好的耐磨性、耐腐蚀性和承受高压的性能。常用的喷嘴材料有硬质合金、蓝宝石、红宝石和金刚石。其中,金刚石喷嘴的寿命最高,可达 1 500h,但加工困难、成本高。此外,喷嘴位置应可调,以适应加工的需要。

影响喷嘴使用寿命的因素较多,除了喷嘴结构、材料、制造、装配、水压、磨料种类以外,提高水介质的过滤精度和处理质量,将有助于提高喷嘴寿命。通常,水的 pH 值为 6~8,并精滤到 0.1μm 以下。另外,选择合适的磨料种类和粒度,对提高喷嘴的使用寿命也至关重要。

表 9-1 几种喷嘴的孔径

工件材料	喷嘴直径/mm
塑料、纸板、地毯	0.100~0.125
复合材料、玻璃钢、软薄金属板	0.150~0.200
厚而难加工材料(如厚玻璃钢,厚、软金属板)	0.225~0.300

3. 控制系统

可根据具体情况选择机械、气压和液压控制。工作台应能纵、横向灵活移动,适应大面积和各种型面加工的需要。当采用程序控制和数字控制系统是理想的。目前,已出现程序控制液体加工机,其工作台尺寸为 1.2m×1.5m,移动速度为 380mm/s。

4. 过滤设备

在进行超高压水射流加工时,对工业用水进行必要的处理和过滤有着重要意义:延长增压系统密封装置、宝石喷嘴等的寿命,提高切割质量,提高运行的可靠性。因此要求过滤器很好的滤除液体中的尘埃、微粒、矿物质沉淀物，过滤后的微粒应小于 0.45μm。液体经过过滤以后，可以减少对喷嘴的腐蚀。切削时摩擦阻尼很小，夹具简单。当配有多个喷嘴时，还可以采用多路切削，提高切削速度。

5. 机床床身

机床床身结构通常采用龙门式或悬臂式机架结构，一般都是固定不动的。为了保证喷嘴与工件距离的恒定，以保证加工质量，因此要在切削头上安装一只传感器。为了实现加工三维复杂形状零件，切削头和关节式机器人手臂或三轴的数控系统控制结合，可以加工出复杂的立体形状。

9.2.3 超高压水射流加工的工作参数及其对加工的影响

超高压水射流加工的工作参数主要包括：流速与流量、水压、能量密度、喷射距离、喷射角度，喷嘴直径。以下分别介绍这些参数对加工的影响。

(1) 流速与流量。水喷射加工采用高速水流，速度可高达每秒数百米，是声速的 2~3 倍。超高压水射流加工的流量可达 7.5L/min。流速和流量越大对，加工效率越大。

(2) 水压。加工时，在由喷嘴喷射到工件加工面之前，水的压力经增压器作用变为超高压，可高达 700MPa。提高水压，将有利于提高切割深度和切割速度。但会增加超高压水发生装置及超高压密封的技术难度，增加设备成本。目前，常用超高压水射流切割设备的最高压力一般控制在 400MPa 以内。

(3) 能量密度。即高压水从喷嘴喷射到工件单位面积上的功率，也称功率密度，可达 $10^{10}W/m^2$。

(4) 喷射距离。指从喷嘴到加工工件的距离，根据不同的加工条件，喷射距离有一个最佳值。一般范围为 2.5~50mm，常用范围为 3mm。

(5) 喷射角度。喷射角度可用正前角来表示。水喷射加工时喷嘴喷射方向与工件加工面的垂线之间的夹角称为正前角。超高压水喷射加工时一般正前角为 0°~30°。喷射距离与切割深度有密切关系，在具体加工条件下，喷射距离有一个最佳值，可经过试验来寻求。

(6) 喷嘴直径。用于加工的喷嘴直径一般小于 1mm，常用的直径为 0.05~0.38mm。增大喷嘴直径可以提高加工速度。

切缝质量受材料性质的影响很大。软质材料可以获得光滑表面，塑性好的材料可以切割出高质量的切边。水压对切缝质量影响很大，水压过低，会降低切边质量，尤其对于复合材料，容易引起材料离层或起鳞，这时需要选择合适的加工前角。

加工厚度较大的工件，需要采用高压水切割。此时，断面质量随切割深度发生变化：上部断面平整、光洁，质量好；中间过渡区域存在较浅的波纹；在断面的下部，由于切割能量降低，由于弯曲波纹的产生，质量降低。

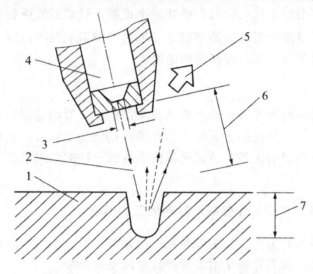

图 9.8　超高压水射流加工的有关工作参数

1—工件；2—射流速度；3—喷嘴直径；4—出口压力；5—进给方向；6—喷射距离；7—穿透深度

9.2.4　超高压水射流加工的特点

超高压水射流使用廉价的水作为工作介质，是一种冷态切割新工艺，属于"绿色"加工范畴，是目前世界上先进的加工工艺方法之一。它可以加工各种金属、非金属材料，各种硬、脆、韧件材料，在石材加工等领域，具有其他工艺方法无法比拟的技术优势。

(1) 切割时工件材料不会受热变形，切边质量较好：切口平整，无毛刺，切缝窄，宽度为 0.075~0.40mm。材料利用率高，使用水量也不多(液体可以循环利用)，降低了成本。

(2) 加工过程中，作为"刀具"的高速水流不会变"钝"，各个方向都有切削作用，因而切割过程稳定。

(3) 切割加工过程中，温度较低，无热变形、烟尘、渣土等，加工产物随液体排除，故可以用来切割加工木材、纸张等易燃材料及制品。

(4) 由于切割加工温度低，不会造成火灾。"切屑"混在水中一起流出，加工过程中不会产生粉尘污染，因而有利于满足安全和环保的要求。

(5) 加工材料范围广，既可用来加工非金属材料，也可以加工金属材料，而且更适宜于加工切割薄的和软的材料。

(6) 加工开始时不需退刀槽、孔，工件上的任何位置都可以作为加工开始和结束的位置，与数控加工系统相结合，可以进行复杂形状的自动加工。

(7) 液力加工过程中，"切屑"混入液体中，故不存在灰尘，不会有爆炸或火灾的危险。对某些材料，夹裹在射流束中的空气将增加噪声，噪声随压射距离的增加而增加。在液体中加入添加剂或调整到合适的正前角，可以降低噪声，噪声分贝值一般低于标准规定。

目前，超高压射水流加工存在的主要问题是：喷嘴的成本较高，使用寿命、切割速度和精度仍有待进一步提高。

9.2.5 超高压水射流加工的应用

超高压水射流加工的流束直径为 0.05~0.38mm，可以加工很薄、很软的金属和非金属材料，也可以加工较厚的材料，最大厚度达 125mm。如今，该技术在国内外许多工业部门得到了广泛应用。以下举例说明。

在建筑装潢方面，可以用于切割大理石、花岗岩，雕刻出精美的花鸟虫鱼、生肖艺术拼花图案，呈现出五彩缤纷的图案而进入千家万户。

在汽车制造方面，用于切割仪表盘、内外饰件、门板、窗玻璃，不需要模具，可提高生产线的加工柔性。

在航空航天工方面，用于切割纤维、碳纤维等复合材料，切割时不产生分层，无热聚集，工件切割边缘质量高。

在食品方面，用于切割松碎食品、菜、肉等，可减少细胞组织的破坏，增加存放期。

在纺织工方面，用于切割多层布条，可提高切割效率，减少边端损伤。

总之，超高压水射流加工技术的应用范围在日益扩展，潜力巨大。随着设备成本的不断降低，其应用的普遍程度将进一步得到提高。

小　　结

1. 超声波加工

(1) 加工原理：利用超声波发生器产生 16 000Hz 以上的超声电振荡，利用振荡头带动工具振荡，利用工具端面作超声频振荡，再将这种超声频振荡，通过磨料悬浮液传递到一定形状的工具头上，加工脆硬材料的一种成形方法。

(2) 特点：适合于加工各种不导电的硬脆材料；加工精度较高；易于加工出各种与工具形状相一致的复杂形状内表面和成形表面。

(3) 设备组成：一般由超声波发生器、超声振动系统、磨料工作液及循环系统和机床本体四部分组成。

(4) 应用：各工业部门脆硬材料的圆孔、型孔、型腔、套料、微细孔、弯曲孔、刻槽、落料、复杂沟槽等成形加工；切割半导体、氧化铁、石英等，精度高、生产率高、经济性好；焊接塑料、纤维、集成电路等。

2. 超高压水射流加工

(1) 加工原理：利用高速水流对工件的冲击作用来去除材料的。水射流高速冲击工件材料，当冲击力超过材料的动态断裂强度，材料就被切割下来。

(2) 特点：切割质量较好，材料利用率高，成本低；切割过程稳定；温度较低，无热变形、烟尘、渣土等，可切割易燃材料及制品；加工材料范围广，既可用来加工非金属材料，也可以加工金属材料；可自动加工复杂的形状；环境污染小。

(3) 设备组成：主要有增压系统、切割系统、控制系统、过滤设备和机床床身。

(4) 应用：加工材料已达到 80 多种，广泛应用到许多工业部门。

思 考 题

1. 超声波有何特性？
2. 试述超声波加工、超高压水射流加工原理、工艺特点及其应用。
3. 超声波和超高压水射流加工设备各有哪几部分组成？
4. 超声波为什么能"强化"工艺过程？

第10章 复合加工

教学提示：本章介绍了几种复合加工方法的基本原理、特点以及应用，并概括介绍了复合加工的技术发展趋势。

教学要求：本章要求学生了解几种复合加工方法的基本原理、特点以及其应用。

10.1 概　述

随着工业的发展和科技的进步，人们已不满足于采用单一的特种加工方法加工各种难加工材料的状况，而是希望在生产率、加工精度和适用性等方面比目前有更进一步的突破。目前，常用的手段就是把几种不同的加工方法(可以全部是特种加工或特种加工与常规加工)复合在一起，使之相辅相成，实现在加工工艺上的新突破。

复合加工是指用多种能源组合进行材料去除的工艺方法，以便能提高加工效率或获得很高的尺寸精度、形状精度和表面完整性。对于陶瓷、玻璃和半导体等高脆性材料，复合加工是经济、可靠地实现高的成形精度和极低的(可达 10nm 级范围)表面粗糙度，并是使表层和亚表层的晶体结构组织的损伤减少至最低程度的有效方法。

复合加工的方法大多是在机械加工的同时应用流体力学、化学、光学、电力、磁力和声波等能源进行综合加工。早期出现的复合加工都是用来解决难切削材料的加工以及提高其加工效率的，20 世纪 70 年代后期以来的研究则大多着眼于改善加工质量。

最普遍使用的复合加工大多是在定形切削刃的切削加工、非定形切削刃的磨料加工和电火花及电解加工等常规加工方法基础上，同时或反复使用其他能量的加工方法。此外，也有不用上述常规的加工方法而仅依靠化学、光学和液动力等作用的复合加工。

目前，复合加工由于集多种加工方法之优势，已显示出很好的综合应用效果，发展比较迅速，但并不是所有的复合加工都会取得相辅相成、互相促进的效果。因为两种加工复合在一起，会有互相促进的一面，也会有互相制约的一面。合理的、切实可行的复合加工工艺，还需要人们在不断的科学实践中创造并完善起来。

10.2 复合切削加工(切削复合加工)

它主要以改善切屑形成过程为目标，常用的有以下两种。

(1) 加热切削通过对工件局部瞬时加热，改变其物理力学性能和表层的个相组织以降低工件在切削区材料的强度，提高其塑性使切削加工性能改善。它是对铸造高锰钢、无磁钢和不锈钢等难切材料进行高效切削的一种方法。常用的有等离子弧加热辅助车削和激光辅助车削。下面分别加以介绍。

等离子弧加热辅助车削是用等离子弧发生器产生的等离子弧实现对工件加热。将该发生器安装于切削刀具前的合适位置，并始终与刀具同步运动，在适当电参数及切削用量等条件配合下，不断使待切削材料层预先加热至高温，达到易切削的目的。

此方法的优点是：切削速度高，效果好，用陶瓷刀具更能提高切削效果。缺点是：必须对弧光加以保护，设备复杂，费用较高。

激光辅助车削(LAT)是应用激光将金属工件局部加热，以改善其车削加工性，它是加热车削的一种新的形式。

典型的 LAT 装置如图 10.1 所示。激光束经可转动的反射镜 M_1 的反射，沿着与车床主轴回转轴线平行方向射向床鞍上的反射镜 M_2，再经 X 向横滑鞍上的反射镜 M_3 及邻近工件的反射镜 M_4，最后聚射于工件上。其聚焦点始终位于车刀切削刃上方如图中距 δ 处，经激光局部加热位于切屑形成区的剪切面上的材料。

激光加热的优点是可加热大部分剪切面处材料，而不会对切削刃或刀具前面的切屑显著地加热，因而不会使刀具加热而降低耐用度。

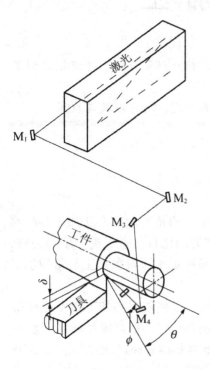

图 10.1 激光辅助车削装置示意图

通过激光的局部加热可获得：

① 流线的连续切屑，并可减少形成积屑瘤的可能性，从而改善被加工表面的质量包括表面粗糙度、残余应力和微观缺陷等；

② 切削力的降低。温度的升高使材料的屈服应力明显减少导致切削力减小，这样既使工件的弹性变形减少易于保证加工精度，又能提高刀具的耐用度，并有利于对难切材料的金属切除率的提高和加工成本的降低。如加工高强度 30NiCrMo166 钢和 WCrCo6 合金钢用 5kW，CO_2 激光器辅助加工，切削力降低 70%，刀具磨损减少 90%，切削速度提高使金属切除率增加 2 倍。

(2) 机械超声振动复合加工。这种复合加工是指将超声振动附加在机械加工上。在切削过程中，刀具与工件周期性地接触与离开，切削速度的大小和方向在不断地变化。由于切削速度的变化和加速度的出现，使得振动切削具有切削力大大减小，切削温度明显降低，刀具寿命可以提高，加工精度和表面质量可以提高等特点，特别是在难加工材料(如耐热钢、不锈钢等硬韧性材料)加工中，收到了异乎寻常的效果：常见的有超声振动车削、超声振动钻削等，图 10.2 所示为超声振动车削原理图。

振动切削已作为精密机械加工中的一种新技术，渗透到多个领域中，形成了放电超声振动、电解超声振动等各种复合加工方法，使传统切削加工技术有了新的突破。

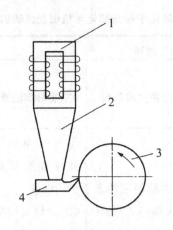

图 10.2 超声振动车削加工

1—换能器；2—变幅杆；3—工件；4—车刀

10.3 化学机械复合加工

化学机械复合加工是指化学加工和机械加工的复合，也称电解机械复合加工。所谓化学加工是利用酸、碱和盐等化学溶液对金属或某些非金属工件表面产生化学反应，腐蚀溶解而改变工件尺寸和形状的加工方法。如果仅进行局部有选择性的加工，则需对工件上的非加工表面用耐腐蚀性涂层覆盖保护起来，而仅露出需加工的部位。化学机械复合加工是一种超精密的精整加工方法，可有效地加工陶瓷、单晶蓝宝石和半导体晶片，可防止通常机械加工用硬磨料引起的表面脆性裂纹和凹痕，避免磨粒的耕犁引起的隆起以及擦滑引起的划痕，可获得光滑无缺陷的表面。化学机械复合加工中常用的有下列两种：

(1) 机械化学抛光(CMP)。机械化学抛光(CMP)的加工原理是利用比工件材料软的磨料(如对 Si_3N_4 陶瓷用 Cr_2O_3，对 Si 晶片用 SiO_2)，由于运动的磨粒本身的活性以及因磨粒与工件间在微观接触区的摩擦产生的高压、高温，使能在很短的接触时间内出现固相反应，随后这种反应生成物被运动的磨粒的机械摩擦作用去除，其去除量约可微小至 0.1nm 级。因为磨粒软于工件，故不是以磨削的作用来去除材料。如果把软质磨粒悬浮于化学溶液中进行湿式加工，则会同时出现溶液和磨粒两者生成的反应物，但因磨粒的吸水性而使其表面活性和接触点温度降低，故加工效率比单用软磨粒与适量抛光剂的干式加工为低。

(2) 化学机械抛光。化学机械抛光的工件原理是由溶液的腐蚀作用形成化学反应薄层，然后由磨粒的机械摩擦作用去除。

上述两种加工方法的工作机理、影响因素及适用范围见表 10-1。

表 10-1 机械化学抛光和化学机械抛光的加工方法比较

加工方法		加工原理			工艺条件			应用举例
		作用机理	反应物生成条件	主要影响因素	磨粒	抛光轮	加工液	
机械化学抛光	干式	磨粒与工件表面生成固相反应层,并由磨粒机械作用去除	① 磨粒与工件表面接触点产生高压高温 ② 磨粒本身的表面活性	① 单晶体或晶片出现固相反应的温度 ② 磨粒的硬度和摩擦因数 ③ 磨粒的粒径 ④ 磨粒的表面能量及它与其他物质的吸附性	软质超微粒	硬质		用 SiO_2 超微磨粒($\leq$10nm)对蓝宝石 LaB_6 单晶体和硅晶片抛光,R_a 值为 2~3nm
	湿式	磨粒的固相反应及加工液的腐蚀作用,化学生成层由磨粒机械作用去除	① 磨粒对加工表面的惯性力和摩擦力引起工件表面温升 ② 晶粒与晶片的工件表层的活性	① 抛光轮形成的摩擦热 ② 加工液的搅拌	软质超微粒	软质	对晶体能起化学腐蚀作用	① 单晶硅用碱溶液加工 ② 铁素体用酸溶液加工
化学机械抛光		加工液的腐蚀作用生成化学反应薄层,由磨粒机械作用或液体动力作用去除	① 加工表面的温度 ② 加工液的液体流动特性	——	可无磨粒或添加超微粒	硬质	对晶体能起化学腐蚀作用	砷化镓(GaAs)半导体晶片加工

采用机械化学抛光可加工直径达 300mm 的硅晶片,其加工系统如图 10.3 所示,工艺参数如下:

(1) 抛光剂:超微粒(5~7nm)的烘制石英(SiO_2)悬胶弥散于含水氢氧化钾(pH≈10.3)中,分布于抛光衬垫上。

(2) 颗粒含量:SiO_2(5~7nm)在软膏中占 20%(质量分数)。

(3) 软膏流量：50mL/min。
软膏黏度：10^8Pa·s。
(4) 晶片尺寸：200mm。
晶片压力：27~76kPa。
(5) 衬垫转速：20r/min。
保持架转速：50r/min。
(6) 衬垫材料：浸渍聚氨酯的聚酯。
(7) 衬垫的修整：转动衬垫修整器清除衬垫上已用过的软膏，并露出衬垫的纤维以供下一次加工。
(8) 加工表面粗糙度 R_a：1.3~1.9nm。

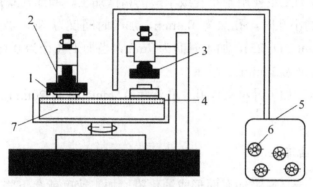

图 10.3 用机械化学抛光法加工硅晶片的简图

1—晶片；2—晶片卡持器；3—衬垫修整器；4—抛光衬垫；5—SiO_2软膏；6—SiO_2颗粒；7—抛光盘

10.4 超声电火花(电解)复合加工

10.4.1 超声电火花复合加工简介

1. 加工原理

利用电火花对小孔、窄缝进行精微加工时，及时排除加工区的蚀除产物成了保证电火花精微加工能顺利进行的关键所在。当蚀除产物逐渐增多时，电极间隙状态变得十分恶劣，电极间搭桥、短路屡屡发生，使进给系统一直处于进给—回退的非正常振荡状态，使加工不能正常进行。

如果在小孔或窄缝的电火花精微加工时在工具电极上引入超声振动，由于产生超声空化作用，则可导致一种叫微冲流的紊流产生。这种微冲流有利于电蚀产物的排除，因此，超声电火花复合加工将使加工区的间隙状况得到改善，加工平稳，有效放电脉冲比例增加，从而达到提高生产率的目的。

2. 影响超声电火花复合加工效果的因素

1) 加工面积的影响

试验证明：超声电火花复合加工只适用于小面积的穿孔或窄缝加工，当加工面积增大时，生产率反而不如普通电火花加工，这是由于在进行大面积电火花加工时，高频小振幅的超声振动并不能使电极中心部位的加工产物迅速排除，容易造成搭桥、短路等非正常放电，试验证明，一般当加工直径小于 0.5mm 时，复合加工的效果才渐趋明显。

2) 电火花放电脉冲宽度的影响

试验证明：脉冲宽度越小，复合加工的效果越显著。当采用长脉冲宽度加工时，由于超声振动的频率很高，反而会在一个放电脉宽内出现多次工具振动，造成电火花放电不稳定，使生产率下降。

3. 超声电火花复合加工的应用举例

超声电火花复合加工主要用于小孔或窄缝的精微加工。例如，采用超声-RC 发生器加工直径为 0.25mm 的小孔时，孔深为 0.4mm，加工时间仅为 8s，当加工深孔时，孔径为 0.25mm，孔深为 6mm(L/D=25)，加工时间为 7min，当加工孔径为 0.1mm，孔深为 7mm 时（L/D=70），加工时间仅为 20min。

又如利用方波脉冲加工异型喷丝孔，孔深为 0.5mm，原需 20min，加超声后，仅用 20s 即可完成。

10.4.2 超声电解复合加工

在电解加工中，一旦在工件表面形成钝化膜，加工速度就会下降，如果在电解加工中引入超声振动，钝化膜就会在超声振动的作用下遭到破坏，使电解加工能顺利进行，促进生产率的提高。另外，如果在小孔、窄缝加工中引入超声振动，则可促使电解产物的排放，同样也有利于生产率的提高。这种用超声振动改善电解加工过程的加工工艺，就是超声电解复合加工。

图 10.4 所示为超声电解加工小深孔的示意图。超声频振动的工具连接直流电源的负极，工件连接正极，工具与工件之间的直流电压为 6~18V，电流密度为 30A/cm² 以上，电解液常用 20%食盐水与磨料的混合液。加工时工件表面进行阳极溶解并生成阳极钝化膜，而超声频振动的工具和磨料则不破坏这种钝化膜，使工件表面加速阳极溶解，从而使其加工的生产率和质量均获得显著提高。

不同材料采用超声加工和超声电解复合加工时的各种加工数据见表 10-2 和表 10-3。

表 10-2 超声-电解复合加工与超声加工硬质合金时的数据对比

加工种类	孔径 /mm	孔深	生产率 /mm³·min⁻¹·kW⁻¹	工具进给量 /mm·min⁻¹	工具损耗 /%	表面粗糙度 R_a/μm
超声-电解复合加工	2~80	2~5d	302	0.7~1	5~6	3~6
超声加工	0.1~80	5~10d	40	0.1~0.2	40~50	2.5~3

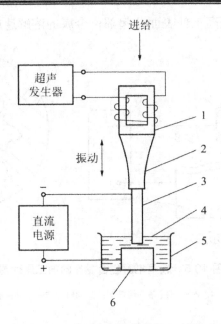

图 10.4 超声-电解复合加工简图

1—换能器；2—变幅杆；3—工具；4—混合液；5—液槽；6—工件

表 10-3 超声-电解复合加工与超声加工几种材料数据对比

工件材料	超声-电解复合加工					超声加工			
	频率 /kHz	振幅 /μm	电流密度 /A·cm^{-3}	进给量 /mm·min^{-1}	工具磨损 /%	频率 /kHz	振幅 /μm	进给量 /mm·min^{-1}	工具磨损 /%
淬火钢 5CrNiW	17.3	50	32	0.3	46	17.5	50	0.1	206
镍基耐热合金	18.1	50	32	0.24	51	18.1	50	0.13	209

注：试验条件为加工面积为 22mm^2 磨料为炭化硼 240$^\#$，磨料悬浮液含量的体积百分数为 1.25，压力为 680kPa，电解液为 30%NaCl(体积分数)。

10.4.3 超声电解复合抛光

超声电解复合抛光是超声波加工和电解加工复合而成的一种复合加工方法。它可以获得优于靠单一电解或单一超声波抛光的抛光效率和表面质量。超声电解复合抛光的加工原理图如图 10.5 所示。抛光时，工件连接正极，工具连接直流电源负极。工件与工具间通入钝化性电解液。高速流动的电解液不断在工件待加工表层生成钝化膜，工具则以极高的频率进行抛磨，不断地将工件表面凸起部位的钝化膜去掉。被去掉钝化膜的表面迅速产生阳极溶解，溶解下来的产物不断地被电解液带走。而工件凹下去部位的钝化膜，工件抛磨不到，因此不溶解。这个过程一直持续到将工件表面整平时为止。

工件在超声波振动下，不但能迅速去除钝化膜，而且在加工区域内产生的空化作用可增强电化学反应，进一步提高工件表面凸起部位金属的溶解速度。

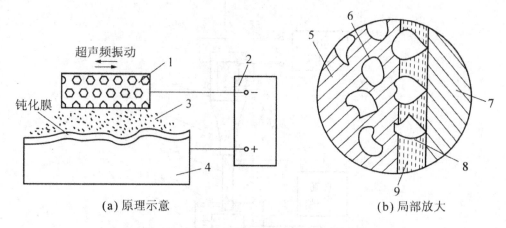

图 10.5 超声电解复合抛光的加工原理图

1—工具；2—电解电源；3—电解液；4、8—工件；5—结合剂；6—磨料；7—工件；8—阳极薄膜；9—电极间隙及电解液

10.4.4 超声电火花复合抛光

超声电火花复合抛光是超声波加工和电火花加工复合而成的一种复合加工方法。这种复合抛光的加工效率比纯超声机械抛光要高出 3 倍以上，表面粗糙度值 R_a 可达 $0.2\sim0.1\mu m$。特别适合于小孔、窄缝以及小型精密表面的抛光。超声电火花复合抛光的工作原理如图 10.6 所示。抛光时工具接脉冲电源的负极，工件接正极，在工具和工件间通乳化液作电解液。这种电解液的阳极溶解作用虽然微弱，但有利于工件的抛光。

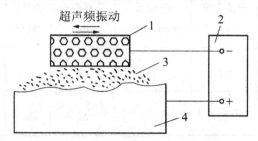

图 10.6 超声电火花复合抛光原理

1—工具；2—脉冲电源；3—乳化液；4—工件

抛光过程中，超声的空化作用一方面会使工件表面软化，有利于加速金属的剥离；另一方面使工件表面不断出现新的金属尖峰，这样不断增加了电火花放电的分散性，而且给放电加工创造了有利条件。超声波抛磨和放电交错而连续进行，不仅提高了抛光速度，而且提高了工件表面材料去除的均匀性。

10.5 电化学机械复合加工

电化学机械复合加工包括电解磨削、电解珩磨、电解研磨等加工工艺，它们的材料去除机理基本相似。

10.5.1 电解磨削复合加工

图 10.7 是电解磨削的工作原理图。导电砂轮常为电镀金刚石砂轮，或者用铜粉、石墨作黏结剂制成的砂轮。将导电砂轮接负极，工件接正极，加工时在砂轮与工件间喷入电解液，接入直流电源后，工件表面层发生电解作用，产生一层氧化物或氢氧化物薄膜，又称阳极薄膜。阳极薄膜迅速被导电砂轮中的磨料刮除，新的金属表面又被继续电解。这样，使电解作用和刮除薄膜的磨削作用交替地进行。在电解磨削过程中，金属主要靠电解作用蚀除，而导电砂轮只起刮除阳极膜和整平加工表面的作用。

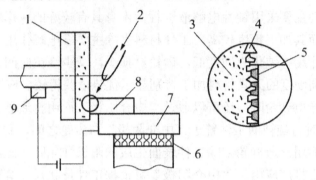

图 10.7 电解磨削的工作原理图

1—导电砂轮；2—电解液；3—导电基体；4—磨料；5—阳极膜；
6—绝缘板；7—工作台；8—工件；9—电刷

由上面分析可知：电解磨削是利用电解腐蚀和机械磨削作用相结合的一种新型磨削工艺，其中电解腐蚀起主要作用(约占 90%)，它比电解加工得到的加工精度要高，表面粗糙度值小。

电解磨削的加工特点和应用如下。

(1) 磨削效率高，只要选择合适的电解液就可以加工任何高硬度、高韧性的材料。与机械磨削相比，电解磨削生产率提高好几倍。

(2) 加工表面质量高，因磨削热及力极小，不会产生裂纹、烧伤、变形等。一般加工精度可达 0.01~0.02mm，表面粗糙度 R_a 达 0.16μm，磨削硬质合金时 R_a 可达 0.01~0.02μm，呈镜面。

(3) 砂轮损耗小，因砂轮仅起保持电解间隙和刮除阳极膜的作用，故减少了砂轮损耗，砂轮寿命比普通磨轮的使用寿命高 5~10 倍。

(4) 电解液对设备有腐蚀作用，且加工中有刺激性气体及电解液雾沫，应有抽风、吸雾设施。

(5) 电解磨削适用于加工淬硬钢、不锈钢、耐热钢、硬质合金，特别对硬质合金刀具刃磨及模具的磨削更为有利，不仅可以磨出高的精度、低的表面粗糙度，而且避免了表面裂纹，可磨出平直而锋利的切削刃，能提高刀具的耐用度。对于加工小孔、深孔、薄壁、细长零件更为适宜，还可用电解磨削原理进行电解珩磨。

电解磨削所用的设备主要为直流电源、电解液系统和电解磨床。直流电源与电解加工所用类同，使用的电压为 5~20V，电流密度为 5~200A/cm²，磨削压力为 0.1~0.3MPa，电流常在 500A 以下。粗加工时选用较大的电规准，精加工则选用较小的电规准。电解磨削所用电解液的流量和压力均不大，一般在 1kg/cm² 以内，所以采用耐蚀的小型离心泵即可。电解槽通常都带有过滤器和沉淀的净化装置。电解液常采用 $NaNO_3$、$NaNO_2$ 等钝性电解液，温度为 20~40℃以内。电解磨床同普通磨床相仿，不同之处是增加导电、绝缘和防蚀等装置，所以也可用普通磨床改装。导电砂轮一般由铜粉和 60 号粒度的金刚石或刚玉等磨料加压烧结而成，并用电解反拷法使磨粒凸出导电基体外圆，以获得一定的加工间隙 Δ，一般情况下 $\Delta=0.01~0.1mm$。

可见，电解磨削主要采用钝性电解液进行，本身具有较好的成形精度，再加上最后的机械磨削作用，因而其加工精度较高；工件材料去除主要靠电解作用，机械去除钝化膜，活化工件，起辅助作用；钝化膜硬度低，砂轮磨损少，减少修正时间，并降低加工成本。因而对硬质合金等高硬度的刀具材料加工特别显示优势，获得较多应用。

在没有专用的导电砂轮时，还可以通过"中介阴极"而用普通砂轮进行电解磨削，如图 10.8 所示。加工时将旋转的工件置于"中介阴极"与砂轮之间，利用"中介阴极"对工件进行阳极溶解，而用普通砂轮刮除工件表面生成的阳极钝化膜。此法可使机床的改装工作大为简化，有利于推广应用。"中介阴极"可根据工件形状尺寸等要求来设计，一般用黄铜制造。电解液也可由"中介阴极"型面上的小孔喷出，这样将使流场获得改善，从而提高其加工的生产率和质量，应用这种加工新技术与普通机械磨削相比，其加工成本可降低一半以上。

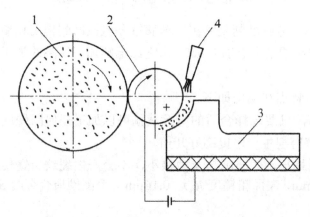

图 10.8 中介阴极法电解磨削

1—普通砂轮；2—工件；3—中间电极；4—电解液喷嘴

中介阴极法的特点是：辅助阴极的工作面积与导电砂轮相比，要大得多，故生产率较高，采用普通砂轮，降低了生产费用，加工直径改变时，辅助阴极也要更换。

电解磨削可用于磨削外圆、内圆、平面及成形表面，如图 10.9 所示，为了使磨削过程正常进行，所供给的电解液必须充分而适当。表 10-4 列出了各种磨削形式的电解液供应量。

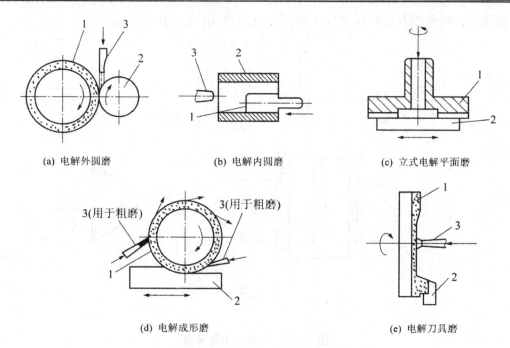

图 10.9 各种电解磨削形式及电解液供给方式

1—导电砂轮；2—工件；3—电解喷液嘴

表 10-4 各种电解磨削形式的电解液供给量

磨削形式		电解液供给量/L·min^{-1}
内外圆磨削		1~6
立式平面磨削		5~15
硬质合金刀具	一般	1
	精磨刃口	0.01~0.05

10.5.2 电解珩磨复合加工

电解珩磨的原理如图 10.10 所示。在普通珩磨机上增设直流电源和电解液循环系统，加工时将工件接电源的正极，工具珩磨头接电源的负极并作旋转及往复运动。电解液通过工件与工具之间的间隙循环流动，使工件表面产生阳极溶解，同时，生成的阳极钝化膜则被珩磨条不断刮除。经过一定时间的电解珩磨，切断电解电源，再行机械珩磨几秒后停机，以提高其表面质量。

珩磨头用导电性能好的金属如黄铜来制造，不导电的珩磨条凸出导电体外圆一定的距离。电解液与电解磨削所用的电解液相同，使用的电规准较小，电压一般为 3~30V，电流密度为 1A/cm^2 以下。

电解珩磨主要用于高硬度、高强度等难加工的材料，以及孔径在 ϕ10~150mm 受热易变形的内孔零件等加工。同普通机械珩磨相比，电解珩磨的加工生产率要高 3~5 倍，加工质量好，加工精度可达 0.01mm，圆度小于 5μm，工件表面无烧伤裂纹、划痕及毛刺，表面粗糙度 R_a 可达 0.05μm。同时，珩磨条相对损耗小，延长了其使用寿命。电解珩磨现已在小径深孔、薄壁筒及齿轮等零件的加工中获得较为广泛的应用。

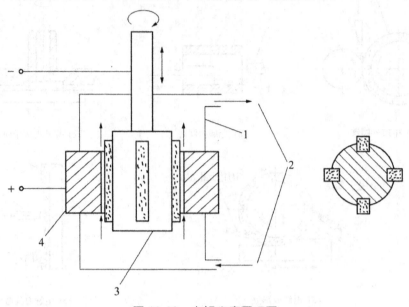

图 10.10 电解珩磨原理图

1—电解液箱；2—电解液；3—珩磨头；4—工件

10.5.3 电解研磨复合加工

电解研磨是将电解加工与机械研磨相结合的一种复合加工方法，用来对外圆、内孔、平面进行表面光整加工以至镜面加工。

电解研磨又称电解超精加工，其加工原理如图 10.11 所示。在普通研磨机上增设电解电源、电解液系统和弧形"中介阴极"，加工时工件旋转并连接电源的正极，中介阳极连接电源的负极，在喷注电解液的作用下使工件表面产生阳极溶解。同时，生成的阳极钝化膜则被加压并作往复振动的研磨条不断刮除，加工到最后阶段切断电解电源，再行机械研磨几秒后停机，以提高加工的表面质量。

按照研磨方式，本法可分为固定磨料加工及流动磨料加工两大类。当采用固定磨料加工时，研磨材料可选用浮动的、具有一定研磨压力的油石或直接选用弹性研磨材料(把磨料黏结在合成纤维毡或无纺布上制成)；当选用流动磨料加工时，极细的磨料混入电解液中注入加工区，利用与弹性合成纤维毡短暂的接触时间对工件的钝化膜进行机械研磨去除。由于可以实现微量的金属去除，因此，流动磨料电解研磨复合加工可以实现超镜面($R_a<0.012\ 5\ \mu m$)的加工。

电解研磨可以对碳钢、合金钢、不锈钢进行加工。一般选用加 20%$NaNO_3$(体积分数)作电解液，电解间隙取 1mm 左右，电流密度一般在 1~2A/cm^2 之间。实践证明，当 $NaNO_3$ 的体积分数低于 10%时，金属表面光泽将下降。

电解研磨复合加工目前已应用在金属冷轧轧辊、大型船用柴油机轴类零件、大型不锈钢化工容器内壁以及不锈钢太阳能电池基板的加工。

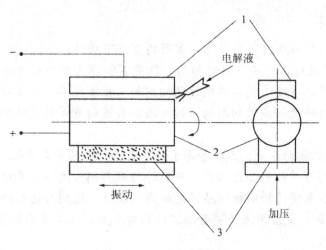

图 10.11 电解研磨原理图
1—弧形阴极；2—工件；3—研磨条

10.6 复合加工的技术发展趋势

复合加工是对传统中常用的单一的机械加工、电加工和激光加工等方法的重要发展和补充。随着精密机械大量使用脆性材料(如陶瓷、光学玻璃和宝石晶体等)以及电子工业要求超精密的晶体材料(如超大规模集成电路的半导体晶片、电子枪的单晶体 LaB_4 和蓝宝石等)，将促使对其他能量形式的加工机理进行深入研究，并发展出多种多样的适用于各类特殊需求的最佳复合加工方法。

发展虚拟制造技术。在实验基础上，应用计算机仿真模拟和有限元分析方法来精确优化工艺参数。由于脆性材料的物理化学特性的多样性。例如玻璃为无定形的非晶体，而大多数陶瓷又是共价结合或离子结合的晶体材料，它们都只具有有限的塑性滑移系。但是在高的液体压力或磨料接触压力下，除了常见的脆性裂纹外，还会因无定形的非晶体玻璃的致密化或半导体材料(Si、Ge)的结构变态等因素影响到塑性变形特性，故必须予以周密的考虑，才能开发出对脆性材料进行无微细裂纹且经济性高的有效的工艺，并可预测出各种不同的复合加工工艺的物理参数和磨料特性下的表面精整质量、形状精度和材料去除率，以利于对加工过程进行优化控制。

小 结

本章重点阐述了等离子弧加热辅助车削、激光辅助车削、机械超声振动复合加工、机械化学抛光、化学机械抛光、超声电火花复合加工、超声电解复合加工、超声电解复合抛光、超声电火花复合抛光、电解磨削复合加工、电解珩磨复合加工、电解研磨复合加工等的基本原理、特点、设备和在加工方面的实际应用，并对其主要的工艺因素进行系统的分析，揭示其基本规律，以利于学生掌握和运用。具体总结如下。

1. 复合切削加工

它主要以改善切屑形成过程为目标，常用的有以下两种：

(1) 加热切削通过对工件局部瞬时加热，改变其物理力学性能和表层的个相组织以降低工件在切削区材料的强度，提高其塑性使切削加工性能改善。它是对铸造高锰钢、无磁钢和不锈钢等难切材料进行高效切削的一种方法。常用的有等离子弧加热辅助车削和激光辅助车削。

① 等离子弧加热辅助车削：是用等离子弧发生器产生的等离子弧实现对工件加热。将该发生器安装于切削刀具前的合适位置，并始终与刀具同步运动，在适当电参数及切削用量等条件配合下，不断使待切削材料层预先加热至高温，达到易切削的目的。

② 激光辅助车削：是应用激光将金属工件局部加热，以改善其车削加工性，它是加热车削的一种新的形式。

(2) 机械超声振动复合加工：是指将超声振动附加在机械加工上，使得振动切削具有切削力大大减小，切削温度明显降低，刀具寿命可以提高，加工精度和表面质量可以提高等特点，特别是在难加工材料(如耐热钢、不锈钢等硬韧性材料)加工中，收到了异乎寻常的效果。

2. 化学机械复合加工

它是指化学加工和机械加工的复合。所谓化学加工是利用酸、碱和盐等化学溶液对金属或某些非金属工件表面产生化学反应，腐蚀溶解而改变工件尺寸和形状的加工方法。化学机械复合加工是一种超精密的精整加工方法，是可有效地加工陶瓷、单晶蓝宝石和半导体晶片，它可防止通常机械加工用硬磨料引起的表面脆性裂纹和凹痕，避免磨粒的耕犁引起的隆起以及擦滑引起的划痕，可获得光滑无缺陷的表面。化学机械复合加工中常用的有下列两种。

(1) 机械化学抛光(CMP)：是利用比工件材料软的磨料(如对 Si_3N_4 陶瓷用 Cr_2O_3，对 Si 晶片用 SiO_2)，磨粒与工件表面生成固相反应层或磨粒的固相反应及加工液的腐蚀作用层，并由磨粒机械作用去除。

(2) 化学机械抛光：是由溶液的腐蚀作用形成化学反应薄层，然后由磨粒的机械摩擦作用去除。

3. 超声电火花(电解)复合加工

(1) 超声电火花复合加工：精微加工小孔或窄缝的电火花时，在工具电极上引入超声振动，由于产生超声空化作用，则可导致一种叫微冲流的紊流产生。这种微冲流有利于电蚀产物的排除，因此，超声电火花复合加工将使加工区的间隙状况得到改善，加工平稳，有效放电脉冲比例增加，从而达到提高生产率的目的。

(2) 超声电解复合加工：在电解加工中引入超声振动，使工件表面形成的钝化膜在超声振动的作用下遭到破坏，使电解加工能顺利进行，促进生产率和质量均获得显著提高。

(3) 超声电解复合抛光：是超声波加工和电解加工复合而成的一种复合加工方法。它可以获得优于靠单一电解或单一超声波抛光的抛光效率和表面质量。

(4) 超声电火花复合抛光：是超声波加工和电火花加工复合而成的一种复合加工方法。

加工中超声波抛磨和放电交错而连续进行,不仅提高了抛光速度,而且提高了工件表面材料去除的均匀性。

4. 电化学机械复合加工

电化学机械加工包括电解磨削、电解珩磨、电解研磨等加工工艺,它们的材料去除机理基本相似。

(1) 电解磨削复合加工:是电解作用和刮除薄膜的磨削作用交替进行的一种复合加工,其中电解腐蚀起主要作用(约占 90%),而砂轮只起刮除阳极膜和整平加工表面的作用,它比电解加工得到的加工精度要高,表面粗糙度值小。

(2) 电解珩磨复合加工:在普通珩磨机上增设直流电源和电解液循环系统,使接电源正极的工件表面产生阳极溶解,同时,生成的阳极钝化膜则被珩磨条不断刮除,以提高加工面的表面质量。

(3) 电解研磨复合加工:在普通研磨机上增设电解电源、电解液系统和弧形"中介阴极",加工时工件旋转并接电源的正极,中介阳极接电源的负极,在喷注电解液的作用下使工件表面产生阳极溶解。同时,生成的阳极钝化膜则被加压并作往复振动的研磨条不断刮除,加工到最后阶段切断电解电源,再行机械研磨几秒后停机,以提高加工的表面质量。

思 考 题

1. 什么是复合加工?复合加工尤其适合加工何种材料?复合加工是否在任何情况下都比单一加工方法优越?
2. 等离子弧加热辅助车削的原理如何?此方法的优、缺点是什么?
3. 何为机械超声振动复合加工?常见的有哪些具体的加工方法?
4. 机械化学抛光(CMP)的加工原理是什么?化学机械抛光的工作原理是什么?试列表对以上两种加工方法加以比较。
5. 超声电火花复合加工的加工原理是什么?试举例说明。
6. 什么是超声电解复合加工?什么是超声电解复合抛光?什么是超声电火花复合抛光?
7. 电化学机械复合加工包括哪几种具体的加工工艺?电解磨削的加工特点如何?中介阴极法的特点是什么?
8. 电解珩磨的原理如何?电解研磨的原理如何?试绘图加以分别说明。
9. 复合加工的技术发展趋势如何?

第 11 章　其他精密与特种加工技术

教学提示：本章主要介绍其他的精密与特种加工技术，其中包括功率超声光整加工、化学加工、水射流加工、等离子体加工、挤压珩磨、光刻技术以及磁性磨料加工等加工技术的基本知识。

教学要求：通过本章的学习，要求学生在普通加工技术的基础上，了解这些精密与特种加工方法的基本原理、基本设备、工艺规律、主要特点及应用范围。

11.1　功率超声光整加工

11.1.1　功率超声珩磨

普通珩磨时，油石易堵塞，加工效率低，尤其是在珩磨铜、铝、钛合金等韧性材料管件时，油石极易堵塞，使油石寿命减小，加工表面质量差、效率低。采用功率超声珩磨则珩磨力小、珩磨温度低、油石不易堵塞、加工质量好、效率高，零件滑动面耐磨性高，能够解决上述普通珩磨存在的主要问题。

功率超声珩磨装置有立式和卧式两种，根据油石的振动方向又可分为纵向和弯曲振动两种功率超声珩磨装置。功率超声珩磨装置由珩磨头体、珩磨杆、浮动机构、油石胀开机构和功率超声振动系统等组成。功率超声振动系统由换能器、变幅杆、弯曲振动圆盘、挠性杆—油石座和油石组成纵振动功率超声珩磨装置，如图 11.1 所示。换能器将功率超声频电源提供的电能转变为功率超声纵向振动，经变幅杆放大后传给弯曲振动圆盘、挠性杆再将弯曲振动圆盘的弯曲振动转变成纵向振动后传给油石座，油石座带动与其连接在一起的油石进行纵向振动，同时油石与箭头 C、B 所指的回转及直线往复运动叠加在一起进行功率超声珩磨加工。

图 11.2 所示是弯曲振动功率超声珩磨装置示意图。1 是扭转振动夹心式压电换能器，2 是变幅杆，3 是扭转振动圆盘。在该盘的外圆附近，等距离地固定挠性杆 4，与 4 相连的是弯曲振动油石座 5，珩磨杆 9 按箭头 A 所指的方向振动，珩磨头体 13 套在珩磨杆上并固定顶销 11、14 通过锥套 10 上的斜面给工件内壁施加珩磨压力，箭头 B、C 为功率超声珩磨装置的直线往复和回转运动方向。

油石和油石座的连接方法有粘接、热压成形、银焊和锡焊四种方法。

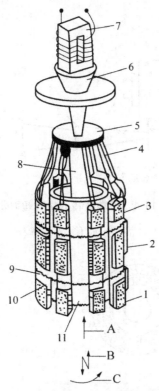 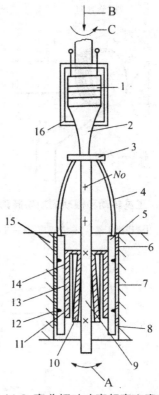

图 11.1　纵向振动功率超声珩磨装置　　图 11.2　弯曲振动功率超声珩磨装置

1、2、3—珩磨油石；4—挠性杆；
5—弯曲振动圆盘；6—变幅杆；7—换能器；
8—珩磨杆；9—弹簧；10—油石座；
11—珩磨头体；14—顶销；15—工件；
16—换能器罩体；A—油石振动方向；
B、C—往复运动和回转运动方向

1—扭转振动夹心式压电换能器；2—变幅杆；
3—扭转振动圆盘；4—挠性杆；5—油石座；
6、7、8—油石；9—珩磨杆；10—锥套；11—衬垫；
12—弹簧；13—珩磨头体；14—顶销；15—工件；
16—换能器罩体；A—珩磨杆的扭转振动方向；
B、C—直线往复运动和回转运动方向

11.1.2　功率超声研磨

　　功率超声研磨是在研磨工具或工件上施加功率超声振动以改善研磨效果的一种新工艺。与普通机械研磨相比，具有效率高、表面粗糙度低的优点。

　　功率超声研磨装置由功率超声发生器，功率超声振动系统(包括换能器、变幅杆和研磨工具)，机械加压冷却或磨料供给系统组成。有研磨工具转动并振动的装置如图 11.3 所示，工件旋转,研磨工具作纵向振动的装置如图 11.4 所示,研磨工具作径向振动的装置如图 11.5 所示。作径向振动的装置是利用一圆盘形聚能器把换能器产生的纵向振动转换成圆盘的径向振动，从而使紧密装配在盘形聚能器上的环形研磨工具做径向振动。

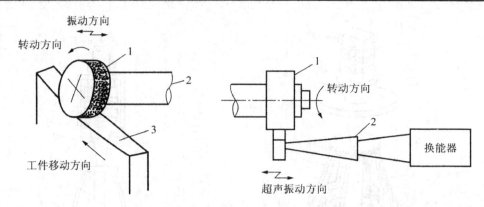

图 11.3 工具转动和振动的功率超声研磨装置　　图 11.4 工件旋转的功率超声研磨装置

1—研磨工具；2—变幅杆；3—工件　　　　　　　　1—工件；2—变幅杆

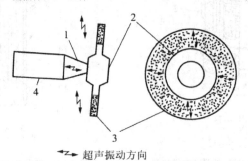

图 11.5 径向振动的功率超声研磨装置

1—变幅杆；2—盘形聚能器；3—圆环形研磨工具；4—换能器

功率超声研磨参数主要有：功率、频率和位移振幅等声学参数。工艺参数主要有：研磨速度、研磨时间、磨粒大小、移动速度、转速、加工压力和研磨液等。粗研磨宜用较低频率而较大位移振幅；而精研磨则宜用较高频率而较小的振幅。频率一般采用 20kHz 左右，而位移振幅在 60μm 以下。

11.1.3 功率超声抛光

功率超声抛光的振动系统结构与研磨类似。功率超声抛光工具有两类：一类是具有磨削作用的磨具，如烧结金刚石、烧结刚玉油石等；另一类是没有磨削作用的工具，如金属棒、木片和竹片等，使用时另加抛光膏。

功率超声抛光具有很好的工艺效果。能显著降低表面粗糙度值，可达 0.1μm；可以提高已加工表面的耐磨性和耐腐蚀性；可以大大提高生产效率，如功率超声抛光小孔径的金刚钻拉丝模($\phi 0.5 \sim \phi 1.2$mm)，其提高工效见表 11-1。

表 11-1 功率超声研磨与机械研磨的比较

模孔规格/mm	机械研磨/(分/只)	功率超声研磨/(分/只)	提高工效/倍
$\phi 0.08 \sim \phi 0.02$	480	20~40	24~12
$\phi 0.21 \sim \phi 0.40$	720	30~50	24~14.4
$\phi 0.41 \sim \phi 1.20$	960	60~90	16~10.7

11.1.4 功率超声压光

功率超声压光是在传统压光工艺基础上，给工具沿工件表面法线方向上施加功率超声振动，在一定压力下工具与工件表面振动接触，从而对工件表面进行机械冷作硬化，大大提高了加工表面的硬度和耐磨性，降低表面粗糙度。图 11.6 所示是功率超声压光装置的示意图。工件的旋转运动为主运动，工具沿工件轴线方向作进给运动，调节加压器中的弹簧长度可以改变工具与工件之间的静压力。

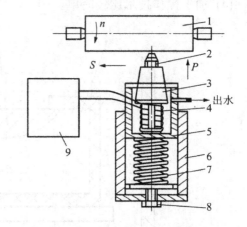

图 11.6 功率超声压光装置示意图

1—工件；2—压光头；3—变幅杆；4—镍片换能器；
5—内壳；6—外壳；7—弹簧；8—调节螺钉；9—超声发生器

功率超声压光金属表面是一种冲击式的压力光整加工。它利用金属在常温状态下的冷塑性特点，采用专门的压光工具，对工件表层金属施加一定的压力，使其产生塑性流动。其结果是将工件表面原有的微观波峰熨平，使其填入波谷，从而使表面质量得到提高。

11.2 化 学 加 工

化学加工(Chemical Machining，CHM)是利用酸、碱、盐等化学溶液对金属产生化学反应，使金属腐蚀溶解，改变工件尺寸和形状(以至表面性能)的一种加工方法。

化学加工的应用形式很多，但属于成形加工的主要有化学铣切(化学蚀刻)和光化学腐蚀加工法。属于表面加工的有化学抛光和化学镀膜等。

11.2.1 化学铣切加工

1. 化学铣切加工的原理、特点和应用范围

化学铣切(chemical milling)，实质上是较大面积和较深尺寸的化学蚀刻(chemical etching)，它的原理如图 11.7 所示。先把工件非加工表面用耐腐蚀性涂层保护起来，需要加工的表面露出来，浸入到化学溶液中进行腐蚀，使金属按特定的部位溶解去除，达到加工目的。

金属的溶解作用，不仅在垂直于工件表面的深度方向进行，而且在保护层下面的侧向也进行溶解，并呈圆弧状，如图 11.7、图 11.9 中的 H 和 R。

金属的溶解速度与工件材料的种类及溶液成分有关。

1) 化学铣切的特点

(1) 可加工任何难切削的金属材料，而不受任何硬度和强度的限制，如铝合金、钼合金、钛合金、镁合金、不锈钢等。

(2) 适于大面积加工，可同时加工多件。

(3) 加工过程中不会产生应力、裂纹、毛刺等缺陷，表面粗糙度 R_a 可达 2.5~1.25 μm。

(4) 加工操作技术比较简单。

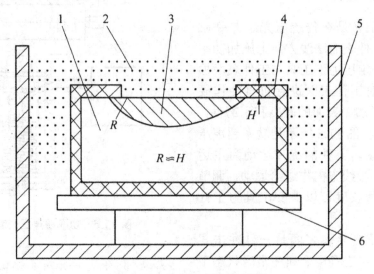

图 11.7 化学蚀刻加工原理

1—工件材料；2—化学溶液；3—化学腐蚀部分；4—保护层；5—溶液箱；6—工作台

2) 化学铣切的缺点

(1) 不适宜加工窄而深的槽和型孔等。

(2) 原材料中缺陷和表面不平度、划痕等不易消除。

(3) 腐蚀液对设备和人体有危害，故需有适当的防护性措施。

3) 化学铣切的应用范围

(1) 主要用于较大工件的金属表面厚度减薄加工。铣切厚度一般小于 13mm。如在航空和航天工业中常用于局部减小结构件的质量，对大面积或不利于机械加工的薄壁形整体壁板的工件适宜。

(2) 用于在厚度小于 1.5mm 薄壁零件上加工复杂的形孔。

2. 化学铣切工艺过程

化学铣切的主要过程如图 11.8 所示，其中主要的工序是涂保护层、刻形和化学腐蚀。

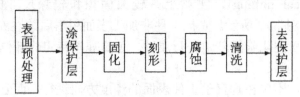

图 11.8 化学蚀刻工艺过程

1) 涂覆

在涂保护层之前，必须把工件表面的油污、氧化膜等清除干净，再在相应的腐蚀液中进行预腐蚀。在某些情况下还要先进行喷砂处理，使表面形成一定的粗糙度，以保证涂层与金属表面黏结牢固。

保护层必须具有良好的耐酸、碱性能，并在化学蚀刻过程中黏结力不能下降。常用的保护层有氯丁橡胶、丁基橡胶、丁苯橡胶等耐蚀涂料。

涂覆的方法有刷涂、喷涂、浸涂等。涂层要求均匀，不允许有杂质和气泡。涂层厚度一般控制在 0.2mm 左右。涂后需经一定时间并在适当温度下加以固化。

2) 刻形或划线

刻形是根据样板的形状和尺寸，把待加工表面的涂层去掉，以便进行腐蚀加工。刻形的方法一般采用手术刀沿样板轮廓切开保护层，再把不要的部分剥掉。刻形尺寸关系示意图如图 11.9 所示。

实验证明，当蚀刻深度达到某值时，其尺寸关系可用下式表示：

$$K = 2H/(W_2 - W_1) = H/B$$

$$H = KB$$

式中，K 为腐蚀系数，根据溶液成分、浓度、工件材料等因素，由实验确定；

H 为腐蚀深度；

B 为侧面腐蚀宽度；

W_1 为刻形尺寸；

W_2 为最终腐蚀尺寸。

刻形样板多采用 1mm 左右的硬铝板制作。

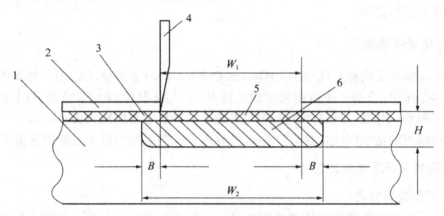

图 11.9 刻形尺寸关系示意图

1—工件材料；2—保护层；3—刻形样板；4—刻形刀；5—应切除的保护层；6—蚀除部分

3) 腐蚀

化学蚀刻的溶液随加工材料而异，其配方见表 11-2。

表 11-2 加工材料及腐蚀溶液配方

加工材料	溶液的组成	加工温度 /℃	腐蚀速度 /mm·min^{-1}
铝、铝合金	NaOH150~300g/L(Al：5~50g/L)①	70~90	0.02~0.05
	$FeCl_3$120~180g/L	50	0.025
铜、铜合金	$FeCl_3$300~400g/L	50	0.025
	$(NH_4)_2S_2O_3$200g/L	40	0.013~0.025
	$CuCl_2$200g/L	55	0.013~0.025

续表

加工材料	溶液的组成	加工温度 /℃	腐蚀速度 /mm·min^{-1}
镍、镍合金	$HNO_3$48%+$H_2SO_4$5.5%+$H_3PO_4$11%+CH_3COOH5.5%[②]	45~50	0.025
	$FeCl_3$34~38g/L	50	0.013~0.025
不锈钢	$HNO_3$3N+HCl2N+HF4N+$C_2H_4O_2$0.38N(Fe：0~60g/L)[①]	30~70	0.03
	$FeCl_3$35~38g/L	55	0.02
碳钢、合金钢	$HNO_3$20%+$H_2SO_4$5%+$H_3PO_4$5%[②]	55~70	0.018~0.025
	$FeCl_3$35~38g/L	50	0.025
	$HNO_3$10%~35%(体积)	50	0.025
钛、钛合金	HF10%~50%(体积)	30~50	0.013~0.025
	HF3N+$HNO_3$2N+HCl0.5N(Ti：5~31g/L)[①]	20~50	0.001

注：① 为溶液中金属离子的允许含量，即质量分数。
② 百分数均为体积比。

表 11-2 中所列腐蚀速度，只是在一定条件下的平均值，实际上腐蚀速度受溶液浓度和金相组织等因素的影响。

11.2.2 光化学腐蚀加工

光化学腐蚀加工简称光化学加工(Optical Chemical Machining, OCM)是光学照相制版和光刻(化学腐蚀)相结合的一种精密微细加工技术。它与化学蚀刻(化学铣削)的主要区别是不靠样板人工刻形、划线，而是用照相感光来确定工件表面要蚀除的图形、线条，因此可以加工出非常精细的文字图案，目前已在工艺美术、机制工业和电子工业中获得应用。

1. 照相制版的原理和工艺

1) 照相制版的原理

照相制版是把所需图像摄影到照相底片上，并经过光化学反应，将图像复制到涂有感光胶的铜板或锌板上，再经过坚膜固化处理，使感光胶具有一定的抗蚀能力，最后经过化学腐蚀，即可获得所需图形的金属板。

照相制版不仅是印刷工业的关键工艺，而且还可以加工一些机械加工难以解决的具有复杂图形的薄板，薄片或在金属表面上蚀刻图案、花纹等。

2) 工艺过程

图 11.10 所示为照相制版的工艺过程框图。其主要工序包括原图、照相、涂覆、曝光、显影、固膜、腐蚀等。

(1) 原图和照相。原图是将所需图形按一定比例放大描绘在纸上或刻在玻璃上，一般需放大几倍，然后通过照相，将原图按需要大小缩小在照相底片上。照相底片一般采用涂有卤化银的感光版。

第11章 其他精密与特种加工技术

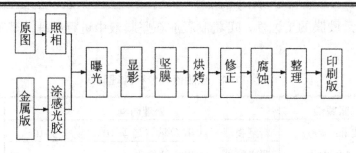

图 11.10 照相制版工艺过程框图

(2) 金属版和感光胶的涂覆。金属版多采用微晶锌版和纯铜版，但要求具有一定的硬度和耐磨性，表面光整、无杂质、无氧化层、无油垢等，以增强对感光胶膜的吸附能力。常用的感光胶有聚乙烯醇、骨胶、明胶等，其配制方法见表11-3。

表 11-3 感光胶的配方

配方	感光胶成分		方法	浓度	备注
I	甲：聚乙烯醇（聚合度(1 000~1 700)：80g 水：600mL 烷基苯磺酸钠 4~8 滴		各成分混合后放容器内蒸煮至透明	甲乙两液冷却后混合并过滤	甲乙两液约 800mL(4波美度)	放暗处
I	乙：重铬酸铵 12g 水：200mL		溶化			
II	甲：骨胶(粒状或块状)500g 水：1 500mL		在容器内搅拌蒸煮溶解	甲乙两液混合并过滤	甲液加乙液 2 300~2 500mL(8波美度)	放暗处(冬天用热水保温使用)
II	乙：重铬酸铵 75g 水：600mL		溶化			

(3) 曝光、显影和坚膜。曝光是将原图照相底片紧紧密合在已涂覆感光胶的金属版上，通过紫外光照射，使金属版上的感光胶膜按图像感光。照相底片上不透光部分，由于挡住了光线照射，胶膜不参与光化学反应，仍是水溶性的，照相底片上透光部分，由于参与了化学反应，使胶膜变成不溶于水的络合物，然后经过显影，把未感光的胶膜用水冲洗掉，使胶膜呈现出清晰的图像。其原理如图 11.11 所示。

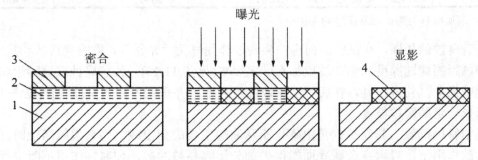

图 11.11 照相制版曝光、显影示意图

1—金属板；2—感光膜；3—照相底片；4—成像胶膜

为提高显影后胶膜的抗蚀性，可将制版放在坚膜液中进行处理，坚膜液成分和处理时间见表11-4。

表11-4 坚膜液成分和处理时间

感光胶	坚膜液	处理时间		备注
聚乙烯醇	铬酸酐：400g 水：4 000mL	新坚膜液	春、秋、冬季10s，夏季5~10s	用水冲洗晾干烘烤
		旧坚膜液	30s左右	

(4) 固化。经过感光坚膜后的胶膜，抗蚀能力仍不强，必须进一步固化。聚乙烯醇胶一般在180℃下固化15min，即呈深棕色。因固化温度还与金属版分子结构有关，微晶锌版固化温度不超过200℃，铜版固化温度不超过300℃，时间5~7min，表面呈深棕色为止。固化温度过高或时间太长，深棕色变黑，致使胶裂或炭化，丧失了抗蚀能力。

(5) 腐蚀。经固膜后的金属版，放在腐蚀液中进行腐蚀，即可获得所需图像，其原理如图11.12所示，腐蚀液成分见表11-5。

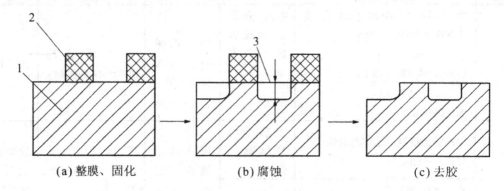

(a) 整膜、固化　　　(b) 腐蚀　　　(c) 去胶

图11.12 照相制版的腐蚀原理示意图

1—显影后的金属片；2—成像胶膜；3—腐蚀深度

表11-5 照相制版腐蚀液配方

金属版	腐蚀液成分	腐蚀温度/℃	转速/r·min^{-1}
微晶锌版	硝酸10~11.5波美度+2.5%~3%添加剂	22~25	250~300
紫铜板	$FeCl_3$27~30波美度+1.5%添加剂	20~25	250~300

注：添加剂是为防止侧壁腐蚀的保护剂。

随着腐蚀的加深，在侧壁方向也产生腐蚀作用称为"钻蚀"，影响到形状和尺寸精度。一般印刷版的腐蚀深度和侧面坡度都有一定要求(见图11.13)。为了腐蚀成这种形状，必须进行侧壁保护，其方法是，在腐蚀液中添加保护剂，并采用专用的腐蚀装置(见图11.14)，就能形成一定的腐蚀坡度。

例如腐蚀锌版，其保护剂是由磺化蓖麻油等主要成分组成。当金属版腐蚀时，在机械冲击力的作用下，吸附在金属底面的保护剂分子容易被冲散，使腐蚀作用不断进行。而吸附于侧面的保护剂分子，因不易被冲散，故形成保护层，阻碍了腐蚀作用，因此自然形成一定的腐蚀坡度，如图11.15所示。腐蚀铜版的保护剂由乙烯基硫脲和二硫化甲脒组成，在三氯化铁腐蚀液中腐蚀铜版时,能产生一层白色氧化层,可起到保护侧壁的作用。

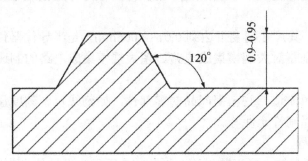

图 11.13 金属版的腐蚀坡度

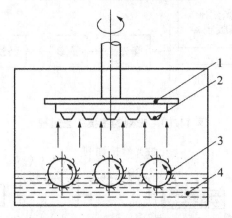

图 11.14 侧壁保护腐蚀机原理图

1—固定转盘;2—印刷机;3—液轮;4—腐蚀液

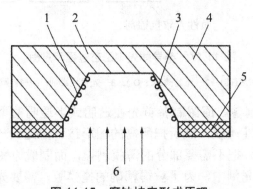

图 11.15 腐蚀坡度形成原理

1—侧面;2—底面;3—保护剂分子;4—金属版;5—胶膜;6—腐蚀液

另一种保护侧壁的方法是有粉腐蚀法,其原理是把松香粉刷嵌在腐蚀露出的图形侧壁上,加温熔化后松香粉附于侧壁表面,也能起到保护侧壁的作用。此法需重复许多次才能腐蚀到所要求的深度,操作比较费事,但设备要求简单。

2. 光刻加工的原理和工艺

1) 光刻加工的原理、特点和应用范围

光刻是利用光致抗蚀剂的光化学反应特点,将掩模版上的图形精确地印制在涂有光致抗蚀剂的衬底表面，再利用光致抗蚀剂的耐腐蚀特性，对衬底表面进行腐蚀，可获得极为复杂的精细图形。

光刻的精度甚高，其尺寸精度可达到 0.01~0.005mm，是半导体器件和集成电路制造中的关键工艺之一。特别是对大规模集成电路、超大规模集成电路的制造和发展，起了极大的推动作用。

利用光刻原理还可制造一些精密产品的零部件，如刻线尺、刻度盘、光栅、细孔金属网板、电路布线板、晶闸管元件等。

2) 光刻的工艺过程

图 11.16 所示为光刻的主要工艺过程。图 11.17 所示为半导体光刻工艺过程示意图。

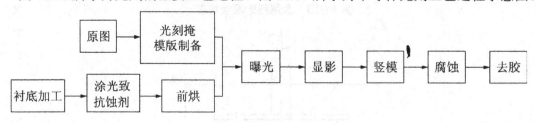

图 11.16 光刻的主要工艺过程

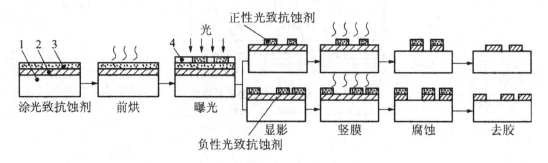

图 11.17 半导体光刻工艺过程示意图

1—衬底(硅)；2—光刻薄膜(SiO_2)；3—光致抗蚀剂；4—掩模版

(1) 原图和掩模版的制备。原图制备首先在透明或半透明的聚脂基板上，涂覆一层醋酸乙烯树脂系的红色可剥性薄膜，然后把所需的图形按一定比例放大几倍至几百倍，用绘图机绘图刻制可剥性薄膜，把不需要部分的薄膜剥掉，而制成原图。

在半导体集成电路的光刻中，为了获得精确的掩模版，需要先利用初缩照相机把原图缩小制成初缩版，然后采用分步重复照相机将初缩版精缩，使图形进一步缩小，从而获得尺寸精确的照相底版。再把照相底版用接触复印法，将图形印制到涂有光致抗蚀剂的高纯度铬薄膜板上，经过腐蚀，即获得金属薄膜图形掩模版。

(2) 涂覆光致抗蚀剂。光致抗蚀剂是光刻工艺的基础。它是一种对光敏感的高分子溶液。根据其光化学特点，可分为正性和负性两类。

凡能用显影液把感光部分溶除，而得到和掩模版上挡光图形相同的抗蚀涂层的一类光致抗蚀剂，称为正性光致抗蚀剂，反之则为负性光致抗蚀剂。

在半导体工业中常用的光致抗蚀剂有聚乙烯醇-肉桂酸脂系(负性)、双叠氮系(负性)和酯-二叠氮系(正性)等。

(3) 曝光。曝光光源的波长应与光致抗蚀剂感光范围相适应,一般采用紫外光,其波长约为 0.4μm。

曝光方式常用的有接触式曝法,即将掩模版与涂有光致抗蚀剂的衬底表面紧密接触而进行曝光。另一种曝光方式是采用光学投影曝光,此时掩模版不与衬底表面直接接触。

随着电子工业的发展,对精度要求更高的精细图形进行光刻时,其最细的线条宽度要求到 1μm 以下,紫外光已不能满足要求,需采用电子束、离子束或射线等曝光新技术。电子束曝光可以刻出宽度为 0.25μm 的细线条。

(4) 腐蚀。不同的光刻材料,需采用不同的腐蚀液。腐蚀的方法有多种,如化学腐蚀、电解腐蚀、离子腐蚀等,其中常用的是化学腐蚀法。即采用化学溶液对带有光致抗蚀剂层的衬底表面进行腐蚀。

(5) 去胶。为去除腐蚀后残留在衬底表面的抗蚀胶膜,可采用氧化去胶法,即使用强氧化剂(如硫酸-过氧化氢混合液等),将胶膜氧化破坏而去除,也可采用丙酮、甲苯等有机溶剂去胶。

11.2.3 化学抛光

化学抛光(Chemical Polishing,CP)的目的是改善工件表面粗糙度或使表面平滑化和光泽化。

1. 化学抛光的原理和特点

一般是用硝酸或磷酸等氧化剂溶液,在一定条件下,使工件表面氧化,此氧化层又能逐渐溶入溶液,表面微凸起处被氧化较快而较多,微凹处则被氧化慢而少。同样凸起处的氧化层又比凹处更多、更快地扩散、溶解于酸性溶液中,因此使加工表面逐渐被整平,达到表面平滑化和光泽化。

化学抛光的特点是:可以大表面或多件抛光薄壁、低刚度零件,可以抛光内表面和形状复杂的零件,不需外加电源、设备,操作简单、成本低。其缺点是化学抛光效果比电解抛光效果差,且抛光液用后处理较麻烦。

2. 化学抛光的工艺要求及应用

1) 金属的化学抛光

常用硝酸、磷酸、硫酸、盐酸等酸性溶液抛光铝、铝合金、钼、钼合金、碳钢及不锈钢等。有时还加入明胶或甘油之类的添加剂。

抛光时必须严格控制溶液温度和时间。温度从室温到 90℃,时间自数秒到数分钟,只有材料、溶液成分经试验后才能确定最佳值。

2) 半导体材料的化学抛光

如锗和硅等半导体基片在机械研磨平整后,还要最终用化学抛光去除表面杂质和变质层。常用氢氟酸和硝酸、硫酸的混合溶液或双氧水和氢氧化铵的水溶液。

11.2.4 化学镀膜

化学镀膜的目的是在金属或非金属表面镀上一层金属,起装饰、防腐蚀或导电等作用。

1. 化学镀膜的原理和特点

其原理是在含金属盐溶液的镀液中加入一种化学还原剂，将镀液中的金属离子还原后沉积在被镀零件表面。

其特点是：有很好的均镀能力，镀层厚度均匀，这对大表面和精密复杂零件很重要；被镀工件可为任何材料，包括非导体如玻璃、陶瓷、塑料等；不需电源，设备简单；镀液一般可连续、再生使用。

2. 化学镀膜的工艺要点及应用

化学镀铜主要用硫酸铜、镀镍主要用氯化镍、镀铬主要用溴化铬、镀钴主要用氯化钴溶液，以次磷酸钠或次硫酸钠作为还原剂，也有选用酒石酸钾钠或葡萄糖等为还原剂的。对特定的金属，需选用特定的还原剂。镀液成分、质量分数、温度和时间都对镀层质量有很大影响。镀前还应对工件表面除油、去锈等作净化处理。

应用最广的是化学镀镍、钴、铬、锌，其次是镀铜、锡。在电铸前，常在非金属的表面用化学镀膜法镀上很薄的一层银或铜作为导电层和脱模之用。

11.3 水射流及磨料流加工技术

11.3.1 水射流加工原理

水射流加工是以一束从小口径孔中射出的高速水射流作用在材料上，通过将水射流的动能变成去除材料的机械能，对材料进行清洗、剥层、切割的加工技术。水射流是喷嘴流出形成的不同形状的高速水流束，它的流速取决于喷嘴出口直径及面前后的压力差。加工机理是由射流液滴与材料的相互作用过程，以及材料的失效机理所决定的。

1. 射流液滴与材料的相互作用过程

射流液滴接触到物体表面时，速度发生突变，导致液滴状态、内部压力及接触点材料内部应力场也发生突变。在液-固接触面上存在着一个极高的压应力区域，它对材料的破坏过程起了重要的作用。射流液滴与材料的相互作用过程如图11.18所示。

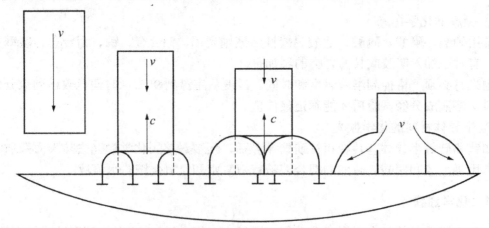

图 11.18 射流液滴与材料的相互作用过程(此处 c 指水中声速)

当液滴作用于物体表面时,仅仅在冲击的第一阶段射流才能保持平坦。液-固边缘的液体可自由径向流动。在高速液滴冲击下,材料表面受冲击区处的中心产生微变形,从而形成突增的局部压力(即水锤压力),液滴的中心则在强大的水锤压力下处于受压状态。随着液-固边缘液体的径向流动,流体压力得到释放。同时,压缩波由液-固接触面边缘向中心传播。当其达到中心后,物体表面的压力全部从最高压力降至冲击液滴的滞止压力,液体内部的受压状态消失。上述作用过程取决于液滴的大小及压缩波的传递速度,维持的时间极短,仅是微秒量级。过程中液滴内部压力随时间波动,液滴与材料相互作用过程的最高压力维持的时间也很短($1\sim2\ \mu s$),它同射流压力、射流结构及压缩波速度有关。

2. 材料的失效机理

高压水射流或高速水滴作用于物体表面,会引起材料的结构破坏,这主要是由以下作用成的:射流的机理作用、水楔作用、射流脉冲负荷引起的疲劳破坏作用、气蚀破坏作用等。这些作用在材料破坏的过程中同时起作用,但在不同工矿条件下及对不同种类的材料而言,上述作用所带来的影响各有不同。就材料的破坏形式而言,大致可分为两类:一是以金属为代表的延展性材料在切应力作用下的塑性破坏;二是以岩石为代表的脆性材料在拉应力或应力波作用下的脆性破坏。有一些材料在破坏过程中,两种破坏形式会同时发生。射流作用的初始阶段必须要有最强的破坏力。在射流打击下,材料表面中心部位所产生的高压应力是材料失效的首要原因,水射流施加在材料表面极小的区域内,会产生极高的压强,材料内应力随之而增加,发生变形(见图11.19)。最大应力点位于射流边界上,该区域内形成的切应力最大。当切应力达到临界值时(见区域Ⅰ),裂纹伴随切屑在材料的表面扩展,随着作用力进一步增加,导致材料失效,使得更大的应力集中在Ⅱ区受力角β所限制的范围内。这一过程的特征是材料微粒在射流或磨料的冲击下迅速从本体分离。

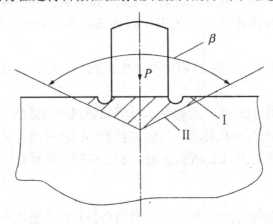

图11.19 受射流冲击的硬质材料表面的失效原理

在高压射流破坏材料的过程中,流体对材料的穿透能力也是一个重要影响因素。流体渗入微小裂缝、细小通道和微小孔隙及其他缺陷处,降低了材料的强度,有效地参与了材料的失效过程。同时,液体穿透进入微观裂缝,在材料内部造成了瞬时的强大压力,结果在拉应力作用下,微粒从大块材料上破裂出来。所有固体材料都是由不同程度的微观裂缝开始破坏的,这些裂缝对材料的强度和失效的特性有明显的影响。在射流打击应力作用下,特别是当作用应力超过材料的强度时,材料内部以及延伸到表面的裂缝数量均有所增加。裂缝的生成与扩展,最终导致了材料的失效。

从上述分析可以看出,射流冲击力是材料破坏的首要因素,而材料的力学性能(抗拉、抗压强度)和结构特性(微观裂缝、孔隙率等),以及液体对材料的渗透性等也是影响材料失效速度的重要因素。

11.3.2 水射流加工工艺及应用

水射流的压力和流量取值范围很广,形式也多种多样,因此它的应用就非常广泛。水射流的应用起源于采矿业,后来较多用于工业清洗、工业除锈和工业切割。近年来,得益于水射流压力的提高,机器人技术的发展等技术进步,其在材料切割领域的应用更为广泛。以机器人为例,它突破了二维切割的局限性,高压水管以螺旋形绕在机器人手臂上,控制机器人手臂和手腕就可使水切割头的喷嘴快速沿直线或弧线运行,实现了三维加工。

与其他高能束流加工技术相比,水射流切割技术具有独特的优越性。

(1) 切割品质优异。水射流是一种冷加工方式,"水刀"不磨损且半径很小,能加工具有锐边轮廓的小圆弧。加工无热量产生且加工力小,加工表面不会出现热影响区,自然切口处材料的组织结构不发生变化,几乎不存在机械应力与应变,切割缝隙(纯水切口为 0.1~1.1mm,砂水混流切口为 0.8~1.8 mm。随着砂刀的直径增大,其切口也就越大)及切割斜边都很小(大部分所看到好的切割品单侧斜边为 0.076~0.102 mm),无须二次加工,加工后无裂缝、无毛边、无浮渣,切割品质优良。

(2) 几乎没有材料和厚度的限制。无论是金属类如普通钢板、不锈钢、铜、钛、铝合金等,还是非金属类如石材、陶瓷、玻璃、橡胶、纸张及复合材料,皆可适用。

(3) 节约成本。该技术无须二次加工,既可钻孔也可切割,降低了切割时间及制造成本。

(4) 清洁环保无污染。在切割过程中不产生弧光、灰尘及有毒气体,操作环境整洁,符合环保要求。

由于压力不能无限制的提高,因此纯水射流的切割应用受到一定的限制。通过对工作介质的改进,已经发展出了磨料射流、气包水射流、间断射流、空化射流、电液脉冲射流等改进方法。其中,磨料流加工已成为水射流加工中的一项重要技术。

1. 磨料流加工

磨料流加工是水射流加工的一种形式。磨料射流是在水射流中混入磨料颗粒即成为磨料射流。磨料射流的引入大大提高了液体射流的作用效果,使得射流在较低压力下即可进行除锈、切割等作业;或者在同等压力下大大提高作业效率。因此,一般情况下水射流的工业切割均采用磨料射流介质。图 11.20 所示是磨料射流切割系统示意图。

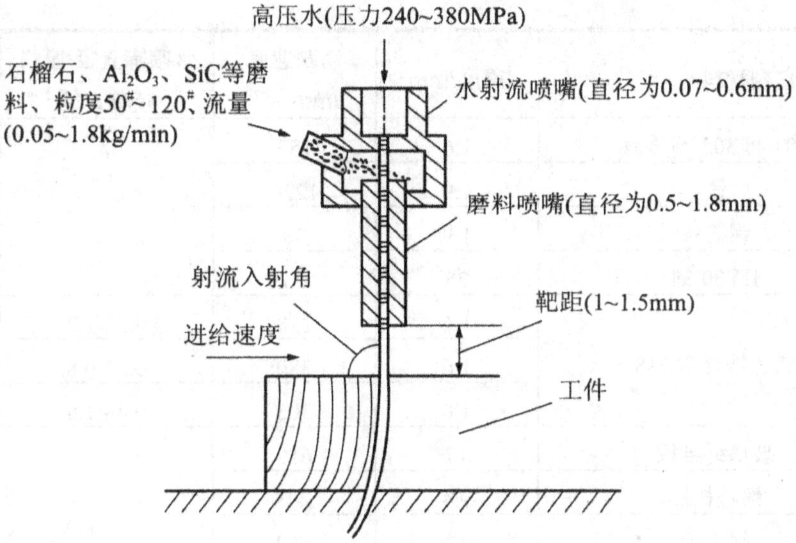

第 11 章 其他精密与特种加工技术

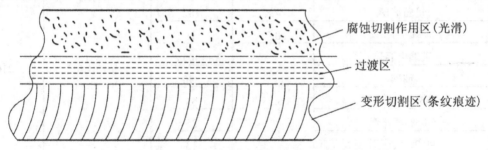

图 11.20 磨料射流切割系统示意图

射流切割材料分两个阶段。在切割的第一阶段，磨粒以小角度冲击而产生相对光滑的表面，与这种切割过程有关的材料切割现象称为磨蚀切割作用过程；第二阶段如图 11.21 所示，呈现出了带条纹痕迹的不稳定切割，称为变形切割区，这是后续穿透过程，它对在切缝底部的条纹状痕迹起主要作用，材料的切割是由磨粒以大角度冲击磨蚀造成的。表 11-6 是磨料水射流切割的一些工艺数据。图 11.22～图 11.24 所示分别为磨料水射流切割薄铝板、镍合金厚板、混凝土的实例。

图 11.21 磨料水射流切割表面特征

表 11-6 磨料水射流切割的工艺数据

	切割材料	厚度/mm	切割速度/mm·s^{-1}	水喷嘴直径/磨料喷嘴直径	水射流压力/MPa
金属	冷轧钢	20	50	0.46/1.6	210
	钼	6.35	25		
	钛	3.3	457		
	铸铁	8	152		
	铝	25	50		
	铬镍铁合金	1.1	610		

续表

切割材料		厚度/mm	切割速度/mm·s⁻¹	水喷嘴直径/磨料喷嘴直径	水射流压力/MPa
	301和302不锈钢	1.6	152		
	镁	1.9	1220		
	钢筋条	1.9	38		
	HY80钢	25	13		
	铬镍铁合金718	1.6	228	0.33/1.2	175
		1.6	380	0.23/0.8	315
		1.6	305	0.46/1.6	315
复合材料	玻璃纤维板	17	610	0.46/1.6	210
	酚醛树脂	9.4	203		
	聚丙烯	13	457		
	轮胎	13~30	305		
	碳	70	610		
	刹车片	32	305		
	木板	46	305		
	铝(质量分数15%SiC)	13	180	0.33/1.6	245
	镁(质量分数26.5%SiC)	13	119		
陶瓷和玻璃	石英玻璃	3.2	152	0.46/1.6	210
	镜面玻璃	4.8	762		
	陶瓷片	0.7	51		
	玻璃电容器	6.35	305		
	玻璃		890		
	85%氧化铝		63		
	94.5%氧化铝		25		
	99.9%氧化铝		13		

图11.22 磨料水射流切割铝板材

切割速度为355mm/min,厚度为152mm

图11.23 磨料水射流切割镍合金厚板

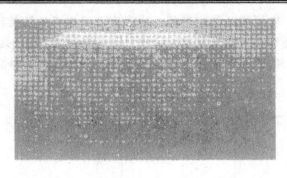 

(a) 实例一　　　　　　　　　　　　　　　(b) 实例二

图 11.24　磨料水射流切割混凝土墙体

2. 其他水射流加工技术

高压水射流及磨料射流不仅可应用于金属与非金属的切割，还可用于车削、磨削、铣削、钻孔、抛光等。射流或磨料射流可在 4 mm 薄板上加工出直径 0.4mm 的小孔，也可在金属内钻出几百毫米的长孔；可车削出内外螺纹；可在直径 20 mm 的棒材上加工出 0.15mm 的薄片；对金属或其他脆性材料进行高精度铣削，深度误差可控制在 0.025mm 以内；对硬质材料进行表面抛光等。

11.4　等离子体加工

11.4.1　基本原理

等离子体加工又称等离子电弧加工(Plasma Arc Machining，PAM)，是利用电弧放电使气体电离成过热的等离子气体流束，靠局部熔化及汽化来去除材料。等离子体被称为物质存在的第四种状态，物质通常存在的三种状态是气、液、固三态。等离子体是高温电离的气体，它由气体原子或分子在高温下获得能量电离之后，离解成带正电荷的离子和带负电荷的自由电子所组成，整体的正负离子数目和正负电荷数值仍相等，因此称为等离子体。

图 11.25 所示为等离子体加工原理示意图。该装置由直流电源供电，钨电极 5 接阴极，工件 9 接阳极。利用高频振荡或瞬时短路引弧的方法，使钨电极与工件之间形成电弧。电弧的温度很高，使工件气体的原子或分子在高温中获得很高的能量。其电子冲破了带正电的原子的束缚，成为自由的负电子，而原来呈中性的原子失去电子后成为正离子，这种电离化的气体，正负电荷的数量仍然相等，从整体看呈电中性，称之为等离子体电弧。在电弧外围不断送入工质气体，回旋的工质气流还形成与电弧柱相应的气体鞘，压缩电弧，使其电流密度和温度大大提高。采用的工质气体有氮、氩、氦、氢或是这些气体的混合。

等离子体具有极高的能量密度是由下列三种效应造成的。

(1) 机械压缩效应：电弧在被迫通过喷嘴通道喷出时，通道对电弧产生机械压缩作用，而喷嘴通道的直径和长度对机械压缩效应的影响很大。

(2) 热收缩效应：喷嘴内部通入冷却水，使喷嘴内壁受到冷却，温度降低，因而靠近内壁的气体电离度急剧下降,导电性差,电弧中心导电性好;电离度高,电弧电流被迫在电弧中心高温区通过,使电弧的有效截面缩小,电流密度大大增加。这种因冷却而形成的电弧截面缩小作用,就是热收缩效应,一般高速等离子气体流量越大,压力越大,冷却愈充分,则热收缩效应愈强烈。

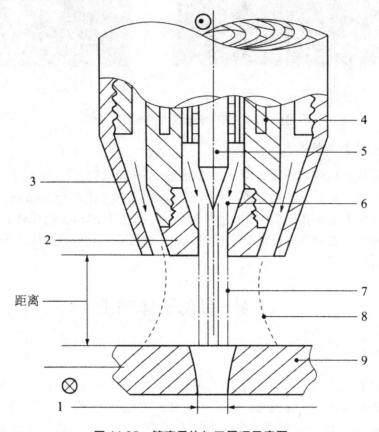

图 11.25　等离子体加工原理示意图

1—切缝;2—喷嘴;3—保护罩;4—冷却水;5—钨电极;6—工质气体;7—等离子体电弧;8—保护气体屏;9—工件

(3) 磁收缩效应:由于电弧电流周围磁场的作用,迫使电弧产生强烈的收缩作用,使电弧变得更细,电弧区中心电流密度更大,电弧更稳定而不扩散。

由于上述三种压缩效应的综合作用,使等离子体的能量高度集中,电流密度很高,等离子体电弧的温度也很高,达到 11 000~28 000℃(普通电弧仅 5 000~8 000℃),气体的电离度也随着剧增,并以极高的速度(800~2 000m/s,比声速还高)从喷嘴孔喷出,具有很大的动能和冲击力,当达到金属表面时,可以释放出大量的热能,加热和熔化金属,并将熔化了的金属材料吹除。

等离子体加工有时称为等离子体电弧加工或等离子体电弧切割。也可以把图 11.25 中的喷嘴接直流电源的阳极,钨电极接阴极,使阴极钨电极和阳极喷嘴的内壁之间发生电弧放电,吹入的工质气体受电弧作用加热膨胀从喷嘴喷出形成射流,称之为等离子体射流,使放在喷嘴前面的材料充分加热。由于等离子体电弧对材料直接加热,因而比用等离子体射流对材料的加热效果好得多。因此，等离子体射流主要用于各种材料的喷镀及热处理等方面；等离子电弧则用于金属材料的加工、切割及焊接等。

等离子体电弧不但具有温度高、能量密度大的优点，而且焰流可以控制。适当调节功率大小、气体类型、气体流量、进给速度和火焰角度，以及喷射距离等，可以利用一个电极加工不同厚度和多种材料的工件。

11.4.2　材料去除速度和加工精度

等离子体切割的速度是很高的，成形切割厚度为 25mm 的铝板时的切割速度为 760mm/min，而厚度为 6.4mm 钢板的切割速度为 4 060mm/min，采用水喷射可增加碳钢的切割速度，对厚度为 5mm 的钢板，切割速度为 6 100mm/min。

切边的斜度一般为 2°~7°，当仔细控制工艺参数时，斜度可保持在 1°~2° 之间。对厚度小于 25mm 的金属，切缝宽度通常为 2.5~5mm；厚度达 150mm 的金属，切缝宽度为 10~20mm。

等离子体加工孔的直径在 10mm 以内，钢板厚度为 4mm 时，加工精度为±0.25mm，当钢板厚度达 35mm，加工孔或槽的精度为±0.8mm。

加工后的表面粗糙度 R_a 通常为 1.6~3.2μm，热影响层分布的深度为 1~5mm，决定于工件的热学性质、加工速度、切割深度，以及所采用的加工参数。

11.4.3　设备和工具

简单的等离子体加工装置有手持等离子体切割器和小型手提式装置；比较复杂的有程序控制和数字程序控制的设备、多喷嘴的设备；还有采用光学跟踪的设备。工作台尺寸达 13.4m×25m，切割速度为 50~6 100mm/min。在大型程序控制成形切削机床上可安装先进的等离子体切割系统，并装备有喷嘴的自适应控制，以自动寻找和保持喷嘴与板材的正确距离。除了平面成形切割外，还有用于车削、开槽、钻孔和刨削的等离子体加工设备。

切割用的直流电源空载电压一般为 300V 左右，用氩气作为切割气体时空载电压可以降低为 100V 左右。常用的电极为铈钨或钍钨。用压缩空气作为工质气体切割时使用的电极为金属锆或铪。使用的喷嘴材料一般为纯铜或锆铜。

11.4.4　实际应用

等离子体加工已广泛用于切割。各种金属材料，特别是不锈钢、铜、铝的成形切割，已获得重要的工业应用。它可以快速而较整齐地切割软钢、合金钢、钛、铸铁、钨、钼等。切割不锈钢、铝及其合金的厚度一般为 3~100mm。等离子体还用于金属的穿孔加工。此外，等离子体弧还作为热辅助加工。这是一种机械切削和等离子电弧的复合加工方法，在切削过程中，用等离子电弧对工件待加工表面进行加热，使工件材料变软，强度降低，从而使切削加工具有切削力小、效率高、刀具寿命长等优点，已用于车削、开槽、刨削等。

等离子体电弧焊接已得到广泛应用，使用的气体为氩气。用直流电源可以焊接不锈钢和各种合金钢，焊接厚度一般在 1~10mm，1mm 以下的金属材料用微束等离子电弧焊接。近代又发展了交流及脉冲等离子体电弧焊铝及其合金的新技术。等离子体电弧还用于各种合金钢的熔炼，熔炼速度快，质量好。

等离子体表面加工技术近年来有了很大的发展。日本近年试制成功一种很容易加工的超塑性高速钢，就是采用这一技术实现的；采用等离子体对钢材进行预热处理和再结晶处理，使钢材内部形成微细化的金属结晶微粒。结晶微粒之间联系韧性很好，所以具有超塑性能，加工时不易碎裂。

采用等离子体表面加工技术，还可提高某些金属材料的硬度，例如使钢板表面氮化，可大大提高钢材的硬度。在氧等离子体中，采用微波放电，可使硅、铝等进行氧化，制得超高纯度的氧化硅和氧化铝。在氮等离子体中，采用无线电波放电，对钛、锆、铌等金属进行氮化，可制得氮化钛、氮化锆、氮化铌等化合物。由直流辉光放电发生的氩等离子体，使四氯化钛、氢气与甲烷发生反应，可在金属表面生成炭化钛，大大提高了材料的强度和耐磨性能。

等离子体还用于人造器官的表面加工：采用氨和氢-氮等离子体，对人造心脏表面进行加工，使其表面生成一种氨基酸，这样，人造心脏就不受人体组织排斥和血液排斥，使人造心脏植入手术更易获得成功。

等离子体加工时，会产生噪声、烟雾和强光，故要求对其工作地点进行控制和防护。常采用的方法就是采用高速流动的水屏，即高速流动的水通过一个围绕在切削头上的环喷出，这样就形成了一个水的屏幕或防护罩，从而大大减少了等离子体加工过程中产生的光、烟和噪声的不良影响。在水中混入染料，可以降低电弧的照射强度。

11.5 挤 压 珩 磨

挤压珩磨在国外称磨料流动加工(Abrasive Flow Machining，AFM)，是 20 世纪 70 年代发展起来的一项表面加工的新技术，最初主要用于去除零件内部通道或隐蔽部分的毛刺而显示出优越性，随后扩大应用到零件表面的抛光。

11.5.1 基本原理

挤压珩磨是利用一种含磨料的半流动状态的黏弹性磨料介质、在一定压力下强迫在被加工表面上流过，由磨料颗粒的刮削作用去除工件表面微观不平材料的工艺方法。图 11.26 所示为挤压珩磨加工过程的示意图。工件安装并被压紧在夹具中，夹具与上、下磨料室相连，磨料室内充以黏弹性磨料，由活塞在往复运动过程中通过黏弹性磨料对所有表面施加压力，使黏弹性磨料在一定压力作用下反复在工件待加工表面上滑移通过，类似用砂布均匀地压在工件上慢速移动那样，从而达到表面抛光或去毛刺的目的。

当下活塞对黏弹性磨料施压，推动磨料自下而上运动时，上活塞在向上运动的同时，也对磨料施压，以便在工件加工面的出口方向造成一个背压。由于有背压的存在，混在黏弹性介质中的磨料才能在挤压珩磨过程中实现切削作用，否则工件加工区将会出现加工锥度及尖角倒圆等缺陷。

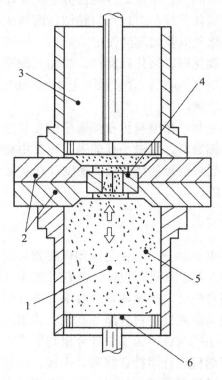

图 11.26 挤压珩磨原理图

1—黏性磨料；2—夹具；3—上部磨料室；4—工件；5—下部磨料室；6—液压操纵活塞

11.5.2 挤压珩磨的工艺特点

(1) 适用范围：由于挤压珩磨介质是一种半流动状态的黏弹性材料，它可以适应各种复杂表面的抛光和去毛刺，如各种型孔、型面，像齿轮、叶轮、交叉孔、喷嘴小孔、液压部件、各种模具等，所以它的适用范围是很广的，而且几乎能加工所有的金属材料，同时也能加工陶瓷、硬塑料等。

(2) 抛光效果：加工后的表面粗糙度与原始状态和磨料粒度等有关，一般可降低为加工前表面粗糙度值的十分之一，最低的表面粗糙度 R_a 可以达到 0.025μm。磨料流动加工可以去除在 0.025mm 深度的表面残余应力，可以去除前面工序(如电火花加工、激光加工等)形成的表面变质层和其他表面微观缺陷。

(3) 材料去除速度：挤压珩磨的材料去除量一般为 0.01~0.1mm，加工时间通常为 1~5min，最多十几分钟即可完成，与手工作业相比，加工时间可减少 90%以上，对一些小型零件，可以多件同时加工，效率可大大提高。对多件装夹的小零件的生产率每小时可达 1 000 件。

(4) 加工精度：挤压珩磨是一种表面加工技术，因此它不能修正零件的形状误差。切削均匀性可以保持在被切削量的 10%以内，因此，也不至于破坏零件原有的形状精度。由于去除量很少，可以达到较高的尺寸精度，一般尺寸精度可控制在微米的数量级。

11.5.3 黏弹性磨料介质

黏弹性磨料介质由一种半固体、半流动性的高分子聚合物和磨料颗粒均匀混合而成。这种高分子聚合物是磨料的载体，能与磨粒均匀黏结，而与金属工件则不发生黏附。它主要用于传递压力，携带磨粒流动以及起润滑作用。

磨料一般使用氧化铝、炭化硼、炭化硅磨料。当加工硬质合金等坚硬材料时，可以使用金刚石粉。磨料粒度范围是 $8^\#$~$600^\#$；含量范围为 10%~60%。应根据不同的加工对象确定具体的磨料种类、粒度、含量。

炭化硅磨料主要用于去毛刺。粗磨料可获得较快的去除速度；细磨料可以获得较好的粗糙度，故一般抛光时都用细磨料，对微小孔的抛光应使用更细的磨料。此外，还可利用细磨料($600^\#$~$800^\#$)作为添加剂来调配基体介质的稠度。在实际使用中常是几种粒度的磨料混合使用，以获得较好的性能。

11.5.4 夹具

夹具是挤压珩磨的重要组成部分，是使之达到理想效果的一个重要措施，它需要根据具体的工件形状、尺寸和加工要求而进行设计，但有时需通过试验加以确定。

夹具的主要作用除了用来安装、夹紧零件、容纳介质并引导它通过零件以外，更重要的是要控制介质的流程。因为黏弹性磨料介质和其他流体的流动一样，最容易通过那些路程最短、截面最大、阻力最小的路径。为了引导介质到所需的零件部位进行切削，可以对夹具进行特殊设计，在某些部位进行阻挡、拐弯、干扰，迫使黏弹性磨料通过所需要加工的部位。例如，为了对交叉通道表面进行加工，出口面积必须小于入口面积。为了获得理想的结果，有时必须有选择地把交叉孔封死，或有意识地设计成不同的通道截面，如加挡板、芯块等以达到各交叉孔内压力平衡，加工出均匀一致的表面。

图 11.27 所示为采用挤压珩磨对交叉孔零件进行抛光和去毛刺的夹具结构原理图，图 11.28 所示为对齿轮齿形部分进行抛光和去毛刺的夹具结构原理图，图 11.29 所示为采用挤压珩磨齿轮模具的夹具结构原理图，图 11.30 为采用挤压珩磨型腔的夹具结构原理图。夹具内部的密封必须可靠，因为微小的泄漏都将引起夹具和工件的磨损，并影响加工效果。

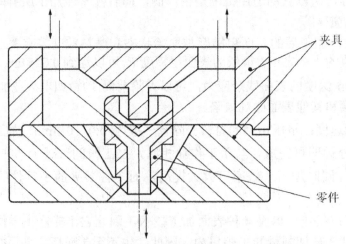

图 11.27 加工交叉孔零件的夹具结构原理图

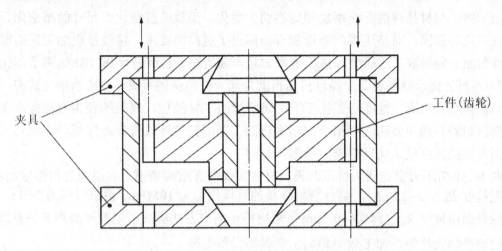

图 11.28 抛光外齿轮的夹具结构原理图

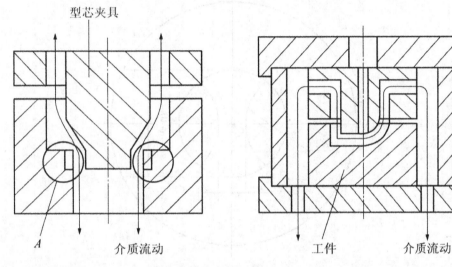

图 11.29 挤压珩磨齿轮模具的夹具结构原理图　　图 11.30 挤压珩磨型腔的夹具结构原理图

11.5.5 挤压珩磨的实际应用

挤压珩磨可用于边缘光整、倒圆角、去毛刺、抛光和少量的表面材料去除，特别适用于难以加工的内部通道抛光和去毛刺。

挤压珩磨已经应用于硬质合金拉丝模、挤压模、拉伸模、粉末冶金模、叶轮、齿轮、燃料旋流器等的抛光和去毛刺，还用于去除电火花加工、激光加工等产生的热影响层。

下面是几个典型的应用实例。

1. 铝型材挤压模

铝型材挤压模的凹模型腔复杂，精度要求高，经过电火花加工，其表面粗糙度 R_a 为 2.5μm，通常手工研磨需要 1~4h，而采用挤压珩磨技术只需 5~15min，加工表面粗糙度 R_a 约为 0.25μm，加工表面质量均匀，而且流向与挤压铝型材的流向一致，有助于提高产品质量。

由于挤压型材品种的不断增加和规格的大型化、形状的复杂化、尺寸的精密化、材料的高强度化等原因,对挤压模的制造和寿命提出了更高的要求。将经过电加工后的模具工作零件型面分别采取手工研磨和挤压珩磨加超声波清洗,然后进行 PCVD(等离子体化学气相沉积)表面强化,结果表明,经过挤压珩磨加超声波清洗的模具,TiN 涂层更致密,并且涂层与基体结合牢固,性能明显优于手工研磨后的 TiN 涂层,模具的使用寿命提高 3 倍左右。挤压珩磨与超声波清洗相结合的精密研磨工艺能有效地改善表面性质,为模具工作零件型面表面强化提供了优良的表面状态。

图 11.31 所示为麻花钻头挤压凹模,材料为镍铬高温耐热钢。内型面为精铸原始表面,表面粗糙度 R_a 为 2~2.5μm。黏性磨料介质的挤压压力为 10MPa,挤压时间为 7min,挤压珩磨后表面粗糙度 R_a 达到 0.4~0.5μm。采用挤压珩磨方法解决了型腔研磨抛光的难题,而且型腔研磨抛光均匀,加工效率和加工质量都得到提高。

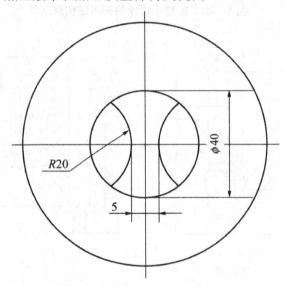

图 11.31　麻花钻头挤压凹模

2. 合金钢落料模

图 11.32 所示为落料凹模,图 11.31 所示麻花钻头挤压凹模为 12CrMoV,硬度为 62HRC。内腔用快速走丝线切割加工成形,线切割加工后的表面粗糙度 R_a 为 3.2μm。黏性磨料介质的挤压压力为 10MPa,挤压时间为 8min,挤压珩磨后表面粗糙度 R_a 达到 0.4μm,单边研磨量为 0.015~0.03mm。

3. 硬质合金落料模

图 11.33 所示的凹模材料为硬质合金。内腔用慢走丝线切割加工成形,线切割加工后的表面粗糙度 R_a 为 1.6μm。黏性磨料介质的挤压压力为 10MPa,挤压时间为 15min,挤压珩磨后表面粗糙度 R_a 达到 0.2μm,单边研磨量为 0.015~0.03mm。

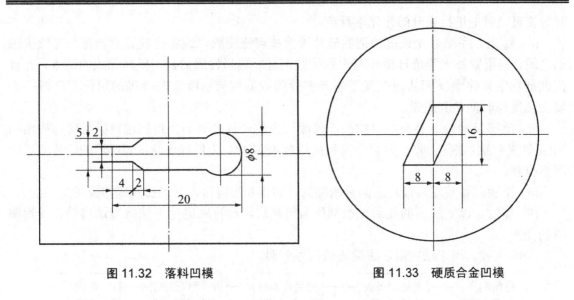

图 11.32 落料凹模　　　　　　图 11.33 硬质合金凹模

11.6 光刻技术

11.6.1 光刻加工的原理及其工艺流程

光刻(photolithography)也称照相平版印刷，它源于微电子的集成电路制造，是在微机械制造领域应用较早并仍被广泛采用且不断发展的一类微细加工方法。光刻是加工制作半导体结构或器件和集成电路微图形结构的关键工艺技术，其原理与印刷技术中的照相制版相似：在硅等基体材料上涂覆光致抗蚀剂(或称为光刻胶)，然后利用极限分辨率极高的能量束来通过掩模对光致抗蚀剂层进行曝光(或称光刻)。经显影后，在光致抗蚀剂层上获得了与掩模图形相同的极微细的几何图形，再利用刻蚀等方法，在工件材料上制造出微型结构。

1958年左右光刻技术在半导体器件制造中得到成功应用，研制成平面型晶体管，从而推动了集成电路的发明和飞速发展。数十年以来，集成技术不断微型化，其中光刻技术发挥了重要的作用。发展到现在，图形线条的宽度缩小了约3个数量级，目前已可实现小于100 nm 线宽的加工；集成度提高了约6个数量级，已经制成包含百万个甚至千万个器件的集成电路芯片。

光刻技术一般由以下基本的工艺过程构成，如图 11.34 所示。

(1) 原图制作。按照产品图样的技术要求，采用 CAD 等技术对加工图案进行图形设计，并按工艺要求生成图形加工 NC 文件。

(2) 光刻制母版。通过数控绘图机，利用激光光源按 NC 程序直接对照相底片曝光制作原图。为提高制版精度，常以单色绿光($\lambda=546$ nm)作透射光源对原图进行缩版，制成母版。

(3) 预处理基底(多为硅片)或被加工材料表面，通过脱脂、抛光、酸洗、水洗的方法使被加工表面得以净化，使其干燥，以利于光致抗蚀剂与硅片表面有良好的黏着力。

(4) 涂光致抗蚀剂。在待光刻的硅片表面均匀涂上一层黏附性好、厚度适当的光致抗蚀剂。

(5) 前烘。使光致抗蚀剂膜干燥，以增加胶膜与硅片表面的黏附性和胶膜的耐磨性，同时使曝光时能进行充分的光化学反应。

(6) 曝光。在涂好光致抗蚀剂的硅片表面覆盖掩模版，或将掩模置于光源与光致抗蚀剂之间，利用紫外光等透过掩模对光致抗蚀剂进行选择性照射。在受到光照的地方，光致抗蚀剂发生光化学反应从而改变了感光部分的胶的性质。曝光时准确的定位和严格控制曝光强度与时间是其关键。

(7) 显影及检查。显影的目的在于使曝过光的硅片表面的光致抗蚀剂膜呈现与掩模相同(正性光致抗蚀剂)、或相反(负性光致抗蚀剂)的图形。为保证质量，显影后的硅片要进行严格检查。

(8) 坚膜。使胶膜与硅片之间紧密黏附，防止胶层脱落，并增强胶膜本身的抗蚀能力。

(9) 腐蚀。以坚膜后的光致抗蚀剂作为掩蔽层，对衬底进行干法或湿法腐蚀，得到期望的图形。

(10) 去胶。用干法或湿法去除光致抗蚀剂膜。

图 11.34　光刻加工基本流程

11.6.2　光刻加工应用及关键技术

光刻加工中的关键技术主要包括掩模制作、曝光技术、刻蚀技术等，以下分别介绍。

1. 光刻掩模制作

掩模的基本功能是当光束照在掩模上时，图形区和非图形区对光有不同的吸收和透过能力。理想的情况是图形区可让光完全透射过去，非图形区则将光完全吸收，或与之完全相反，由于掩模有两种结构，而基底上涂布的抗蚀剂也有正负之分，故掩模和硅片结构共有四种组合方式。通过它们的不同组合，可以将掩模图形转印到硅片抗蚀剂上再经过显影、刻蚀和沉积金属等工艺，即可获得诸如集成电路的图形结构。

掩模的制造技术发源于光刻，而后在其发展中逐渐独立于光刻技术。制造工艺可分为版图设计、掩模原版制造、主掩模制造和工作掩模制造四个主要阶段。制作掩模的工艺流程如图 11.35 所示。

设计图形用绘图机制成标准的掩模放大图形，经缩小照相机得到比实际掩模图形放大的掩模原版图形，最后通过步进重复制版机可形成主掩模版(光刻掩模)图形。目前较先进的制版技术一般由计算机辅助设计(CAD)版图，而后在计算机控制下经电子束曝光机直接制作主掩模版，或计算机控制光学图形发生器制版。为提高掩模精度，当前绘图机—图形发生器—电子束曝光机的流程正成为制造工艺向前发展的主流。

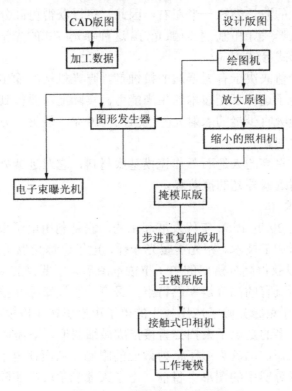

图 11.35 掩模制作工艺流程

2. 曝光技术

曝光技术可以从曝光能量束、掩模处于不同空间位置等来分类考察。编者仅从前者的角度进行阐述。

从能量束角度看，目前微细加工光刻采用的主要技术有远紫外曝光技术、电子束曝光技术、离子束曝光技术、X 射线曝光技术。其中，离子束曝光技术具有最高的分辨率；电子束则代表了最成熟的亚微米级曝光技术；紫外准分子激光曝光技术则具有最佳的经济性，是近年来发展极快且实用性较强的曝光技术，已在大批量生产中处于主导地位。几种曝光技术的比较见表 11-7。

表 11-7 几种曝光方式的比较

指标	电子束	粒子束	X 射线	准分子激光
目前达到的曝光尺寸	0.01 μm (实验) 0.1 μm (生产)	0.012 μm (实验) 0.1 (生产)	0.2 μm (实验) 0.3 μm (生产)	0.3 μm (实验) 0.5 μm (生产)
技术经济性比较	曝光缓慢，设备昂贵，生产效益较差，用于产品研制和小批量生产	最高的分辨率，较高的曝光速度，掩模选材难，可用于生产	设备庞大，成本昂贵，掩模制造困难，生产应用受到限制	曝光速度快，质量较好，可进行高效率加工，实用性强

1) 远紫外曝光技术

远紫外光(deep ultraviolet)的波长为 200~300 nm，与以往光刻曝光工艺中采用的 400nm

左右的紫外光相比，光的波长缩短一半左右，因此，可以获得更高分辨率的光刻线条。远紫外曝光光源常用长弧形汞灯和氙-汞短弧光灯。这种曝光方式的光学系统原则上可以采用接触式、接近式和投影式等结构。

远紫外曝光技术价值取决于有无合适的抗蚀剂，曝光机构的输出光谱和抗蚀剂吸收光谱之间的匹配程度决定了这种曝光技术的生产能力。实际上，要得到直壁式的抗蚀剂图形轮廓，要求抗蚀剂只能吸收少量的入射光(一般低于 20%)。但另一方面，吸收太少的入射光会增加实际的曝光时间。

对于掩模，常用质量高的人造石英作掩模基底材料，它对远紫外光有良好的透射性；而用铝膜或铬膜作为耐远紫外光的掩蔽膜。

2) 电子束曝光技术

电子束曝光技术是 20 世纪 60 年代发展起来的，它是利用电子束对微细图形进行直接描画或投影复印的图形加工技术。跟光学曝光一样，电子束曝光也是在有机聚合物(电子抗蚀剂)薄膜上进行的，以获得高分辨率的电子抗蚀剂图形为主要目的。电子束曝光技术既有扫描电子束曝光技术所具有的高分辨率的特点，又有一般投影曝光技术所具有的高生产效率、低成本的优点。电子束曝光除了应用较少的电子束投影转印掩模图形的曝光方式以外，在研究和生产中使用更多的是电子束扫描直接描成微细图形，不需掩模参与。

因为电子束的波长短，这就克服了衍射效应的限制，从而使电子束曝光技术具有高分辨率，容易获得亚微米分辨率的图形。目前，电子束曝光手段在实验中可以获得分辨率为 $0.008\mu m$ 的图形线条。电子束曝光技术是目前制造亚微米高分辨率微细图形的主要手段。普通光学曝光方法的分辨率由于受衍射效应的影响难以制作亚微米的线条图形。影响电子束曝光分辨率进一步提高的主要因素是电子抗蚀剂，以及电子在抗蚀剂中的散射效应和对准等因素。

扫描电子束曝光技术是在 20 世纪 60 年代扫描电镜基础上发展起来的。经过 40 多年的发展，已经达到了较高的生产和应用水平。目前，扫描电子束曝光技术的主要应用为：

(1) 制作 $1\mu m$ 线宽以下的单平面结构器件，制作单平面结构的高分辨率光刻掩模，制作磁泡存储器、集成电路、低温电子器件、声表面波器件等。

(2) 制作 $1\mu m$ 左右线宽的多平面结构器件及光刻掩模。

(3) 制作 $1\sim 5\mu m$ 线宽范围的多掩模器件，制作集成开关电路、光学用掩模。

(4) 制作 $5\mu m$ 线宽以上的光学分步重复曝光用中间掩模等。

除了可以直接描画亚微米图形以外，扫描电子束曝光还可以为光学曝光、电子束投影曝光制作掩模，这是其得以迅速发展的原因之一。电子束投影曝光只需一次制版，缺陷少，设计制造掩模的周期也明显缩短。在 CAD/CAM 软件的参与下，电子束曝光可以由计算机控制，灵活方便。

电子束曝光工艺过程：电子枪发射电子束，经聚焦线圈聚焦之后成为直径为亚微米量级的电子束探针。电子束曝光系统有 x 与 y 两个偏转方向的偏转器，细电子束在偏转系统的作用下，在涂有抗蚀剂的硅片上扫描曝光。电子束一点一点地曝光从而产生各种结构图形线条。

电子束曝光机的扫描方式也在很大程度上左右着生产效率。通常，光栅扫描和矢量扫描方式是电子曝光机的两种基本扫描方式，也有光栅、矢量混合扫描，国外有些单位正在研究多束同时扫描的电子束曝光机。光栅扫描最主要的特点是不管扫描场内图形数量多少，计算机必须对整个扫描场寻址。事实上，不管是掩模还是基片，实际需要曝光的图形面积只占基片总面积的 20%~30%。矢量扫描方式是电子束从参考点沿某一矢量被偏转到图形的起始点，然后在图形规定的范围内曝光。由于电子束只对占部分基片面积的图形区域寻址曝光，所以矢量扫描法比光栅扫描法的曝光效率高。

3) 离子束及其曝光技术

按离子束发射机理的不同，离子源可分力固体表面离子源、气体与蒸气离子源(通常称为等离子体型离子源)和液态金属离子源(Liquid Metalion Source，LMIS)三大类型。等离子体是由大量的电子和离子，以及少量的原子或分子组成的电中性混合气体。获得等离子体的关键是气体电子系统被电离。产生气体电离的方法有如下几种：热电离、光电离、碰撞电离。

离子束微细加工技术，如曝光、刻蚀、注入等，通常有掩模和聚焦两种方式，这与电子束曝光技术中的扫描曝光(聚焦方式)和投影曝光(掩模方式)相类似。聚焦方式无需掩模，但生产效率低；掩模方式存在掩模制造的困难和掩模与加工兼容性的矛盾，但生产效率高。聚焦离子束加工方式采用 LMIS，因为 LMIS 具有亮度高、束径小(近似点发射)等优点。但当采用掩模方式进行加工时，就必须采用平行离子束源。近似点发射的 LMIS 不可能产生平行离子束，但气体或固体离子源却有优势。事实上无论传统或现在的离子束加工都广泛使用气体源和固体源。这些离子源应用较早，比较成熟，并且掩模方式的离子束装置比聚焦方式简单，生产效率也高。

4) X 射线曝光技术

X 射线的波长极短，为数十纳米，它为发展高分辨率的图形加工工艺提供了可能性。X 射线曝光方法是麻省理工学院的 H.Smith 于 1971 年提出的。其曝光原理为：高能电子束轰击靶材料，使靶释放出 X 射线作为照明光源。从靶辐射出的 X 射线先透过很薄的滤光窗(铍对 X 射线的吸收率最低，所以通常由 10~20 μm 厚的铍材料做滤光窗)，在常压氦气氛下，经掩模对片子上的抗蚀剂进行曝光。滤光窗薄膜的作用是遮挡从靶反射的电子和从 X 射线源发出的热辐射。除用铍作窗口材料以外，也有用铝和硅等材料的。由于 X 射线的波长很短，所以接近式曝光可以忽略衍射效应。X 射线曝光与传统的紫外曝光所用的掩模和抗蚀剂在材料和加工方法上都有不同。

同步辐射源是目前亮度最高的软 X 射线源，输出功率高，定向性好。同步辐射是由同步加速器或存储环内的高能相对论性电子发射出来的。这种电子由电磁场进行加速，加速方向与它们的运动方向垂直。发射出来的辐射谱从微波波长区经过红外、可见光、紫外波长区，一直延伸到 X 射线波长区。从辐射安全角度上考虑，这种设备必须进行遥控试验，使用起来不方便，必然会提高成本。

因为任何材料对 X 射线均有吸收能力，所以实际中很难找到理想的掩模材料，只是吸收系数的大小有所不同。从实际情况和像的反差要求来考虑，通常采用低吸收的轻元素所做的低密度薄膜作透膜材料，它与掩蔽用的重元素吸收体相配合而构成掩模。底板透膜材料为厚 2~10 μm 的 Si，Si_3N_4，Al_2O_3 及聚酯等。吸收体常采用适于加工成图形、厚度为 0.2~0.5 μm 的 Au 蒸发淀积膜。Au 对于 0.834 nm 的 X 射线的吸收能力约为 Si 的 50 倍。透射膜需要在大于一个芯片面积的范围内没有扭曲变形。硅工艺现在已经较成熟，比较容易得到均匀平坦的硅晶片。因此，用硅材料做透射膜较为理想。但可见光无法穿过硅膜，因而在曝光时不可能用单一的一种光学方法进行掩模、晶片对准，这是硅透膜的不足之处。

光刻技术中所用的抗蚀剂分为光致抗蚀剂和电子抗蚀剂两种。光致抗蚀剂是对较长波长的照射光(如紫外光)比较敏感的抗蚀剂。电子抗蚀剂是对较短波长的照射光(如电子束、离子束、X射线和远紫外光等)比较敏感的抗蚀剂。

目前X射线曝光技术中用得最多的是PMMA抗蚀剂，其优点是分辨率高，但其灵敏度较低，约为500J/cm^3。

X射线波长短到基本上可以忽略衍射现象，因此X射线曝光能得到纵横比大且清晰的抗蚀剂图形。它是光学曝光中获得亚微米实用图形分辨率的主要手段。传统光刻可获得的最小实用线条尺寸为2μm(采用波长200 nm的远紫外光)，很难满足超大规模集成电路的加工要求。

X射线可穿透尘埃，用它曝光可消除因尘埃引起的图形缺陷，从而对环境的净化要求比较低。

X射线曝光的缺点主要表现在以下三个方面。

(1) X射线发射效率低，即利用率低，曝光复制的速度受到影响。

(2) 需要探寻反差大的掩模材料。掩模制造工艺复杂、困难，成本也高。掩模图形只能靠传统的光学图形发生器或电子束图形发生器来产生。

(3) 对准问题需要进一步解决。X射线难以偏转，只能靠机械结构来实现图形位置的高精度对准。

3. 刻蚀技术

刻蚀分为湿法刻蚀和干法刻蚀。它是独立于光刻的一类重要的微细加工技术，但刻蚀技术经常需要曝光技术形成特定的抗蚀剂膜，而光刻之后一般也要靠刻蚀得到基体上的微细图形或结构，所以刻蚀技术经常与光刻技术配对出现。经常采用的化学异向刻蚀方法又称为湿法刻蚀，它具有独特的横向刻蚀特性，可以使材料刻蚀速度依赖于晶体取向的特点得以充分发挥。干法刻蚀是指利用一些高能束进行刻蚀。以往硅微细加工多采用湿法刻蚀。

化学刻蚀是通过化学刻蚀液和被刻蚀物质之间的化学反应将被刻蚀物质剥离下来的刻蚀方法。大多数化学刻蚀是不易控制的各向同性刻蚀。其最大缺点就是在刻蚀图形时容易产生塌边现象，即在纵向刻蚀的同时，也出现侧向刻蚀，以至使刻蚀图形的最小线宽受到限制。通常、采用刻蚀系数K_f来反映刻蚀向纵向深入和向侧向刻蚀的情况，刻蚀系数表示为$E_t=2D/(W_2-W_1)=D/R$。

侧向刻蚀越小，刻蚀系数越大，刻蚀部分的侧面就越陡，刻蚀图形的分辨率也就越高。湿法刻蚀的示意图如图11.36所示。

化学刻蚀几乎适用于所有的金属、玻璃、塑料等材料的大批量加工，也适用于对硅、锗等半导体材料，以及玻璃板上形成的金属薄膜、氧化膜等的微细加工。它是应用范围很广的结构图形制备技术。

金属类材料和强酸碱刻蚀液之间会发生氧化还原反应，从而金属材料被溶解、剥离。例如，铁、铜、不锈钢等常用的材料广泛使用$FeCl$刻蚀液，其刻蚀效果较好。

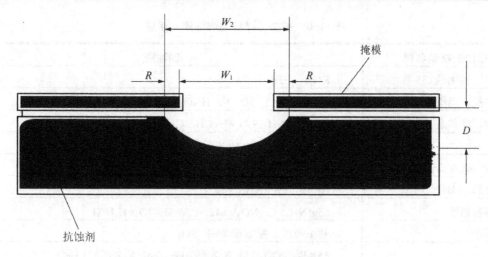

图 11.36 化学刻蚀示意图

在化学刻蚀液对铜箔进行刻蚀的过程中，由于刻蚀的各向同性，纵向刻蚀的同时也存在侧向刻蚀。这对于线宽在微米和亚微米量级的图形刻蚀来说是难以容忍的。另外，化学刻蚀法还容易使刻蚀液中混入有害杂质，影响刻蚀质量；并且在化学刻蚀图形时往往伴有放热和放气反应，从而导致所刻蚀图形的不均匀性。

图 11.37 所示为各向同性与各向异性刻蚀。各向同性刻蚀是在任何方向上刻蚀速度均等的加工，可以制造任意横向几何形状的微型结构，高度一般仅为几微米。而制造微机械需要深度达几十微米，深度比较大能够形成三维空间结构的刻蚀技术，故多采用异向刻蚀技术。它是一种在特定方向上刻蚀速度大，其他方向上几乎不发生刻蚀的加工方法。

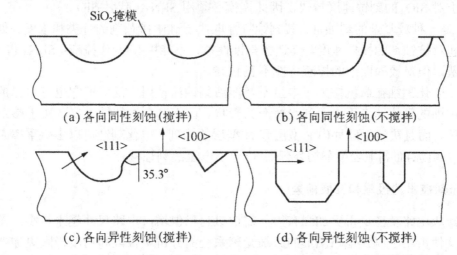

图 11.37 各向同性与各向异性刻蚀

在完成刻蚀后，要对工件进行充分水洗，以便把刻蚀液全部除去。而后立即浸入剥膜液中，抗蚀剂一接触剥膜液就会很容易地分离或溶解。用水洗可彻底清洗干净，然后用热风干燥。表 11-8 是常用被加工材料的刻蚀液配方。

表 11-8 被加工材料与刻蚀液的组成

被加工材料名称	刻蚀液
硅、氧化硅	KOH，EDP
铁板、钢板	$FeCl_3$，$FeCl_2+HNO_3$，HNO_3，HNO_3+AgNO_3
铜、钢和金	$FeCl_3$，$(NH_4)S_2O_3+HgCl_2$，$CuCl_2$
铝	20%NaOH，20%HCl+80%H_2O
镍、磁性合金	$FeCl_3$，一份浓 HNO_3+一份浓 HCl+一份 H_2O
玻璃、陶瓷	HF 液，HF+NH_4Cl 液
蒸镀铬膜	65g$(NH_4)_2Ce(NO_3)_5$+42mL70%$HClO_4$+1LH_2O
聚酯	热浓硫酸，氨基磺酸+H_2SO_4
银	55%$Fe(NO_3)_2$，无水铬酸 20g+10mL 浓硫酸+1LH_2O

微机械加工常用的刻蚀剂主要有三种：乙胺、邻苯二酚和水的混合液(简称 EDP)；KOH 溶液；HF，HNO_3 和醋酸的混合液(简称 HNA)。

EDP 是最适合于微机械加工的刻蚀液，它有三个特点：

① 可进行各向异性刻蚀，擅长制作各种形状。

② 选择刻蚀性强，适用于 SiO_2，Si_3N_4，Cr 及 Au 等多种材料作掩模的掩蔽腐蚀。

③ 刻蚀速度与掺杂剂密切相关，硅中掺硼时的刻蚀速度接近于零。

KOH 和水制成的刻蚀液，其刻蚀速度与硅片的晶向关系密切，<110>面与<111>面的速度比用 EDP 时大得多。这种刻蚀液尤其适合于在<110>面上开深槽，轮廓清晰且无侧向钻蚀。由于对 SiO_2 的刻蚀速度较快，因此掩模必须用 Si_3N_4，代替 SiO_2。

HNA 是一种较复杂的刻蚀剂，其刻蚀特性取决于硅中掺杂剂的种类和浓度、刻蚀剂的组分比例和对抗蚀剂的搅拌速度。其选择刻蚀性差，不能用 SiO_2 作掩蔽；Si_3N_4 和 Au 可以勉强作掩蔽，但对较深图形的掩蔽特性不及 EDP。

另外，电化刻蚀在微机械加工中虽不及溶液刻蚀法使用广泛，但它也有自己的独到优点。电化刻蚀的氧化速度受电流和光效应的影响。因而其刻蚀特性不仅取决于掺杂剂的种类和电阻率，而且决定于硅片内 P 型层和 N 型层的排列。电化刻蚀可以去除重掺杂的衬底(容易传导大电流)而剩下轻掺杂的外延层(传导小电流故刻蚀慢)。

11.6.3 光刻技术的极限和发展前景

随着集成电路功能变得更加强有力，需求量与日俱增，电路尺寸越来越小，图形越来越密集，就使得用于制作电路图形的微细光刻系统的分辨率极限和精度极限更加严格。以前曾普遍认为光刻极限为 0.5μm，若小于 0.5μm 就必须采用 X 射线曝光技术。通过研究用现有的光刻机加上其他新方法，如相移掩模(PSM)、SHRINC(通过照明控制达到超高分辨率)方法、多丢抗蚀剂工艺等来推进光刻技术的极限和延长光刻技术的寿命，使光刻技术延伸到(Gbit)RAM 时代。如今，光刻技术面貌大大改观。光刻技术的发展和不断推进到更小的尺寸，预计其寿命将比预料的更长远。可以说，光刻技术还远远未达到半导体制造的尽头，它可能用于小到 0.1μm 的特征尺寸，并用于 1 Gbit DRAM 芯片的生产。

1. 相移掩模技术

相移掩模最早见于 1982 年 Levenson 发表的文章，但只是在最近才重新受到重视，并成为当前的一个热门课题。简单说来，相移掩模是相对于传统的透射掩模(TM)或振幅掩模而言的。振幅掩模上凡透光部分所透过的光波相位都是相同的，而振幅不同。而相移掩模则是掩模上透过的光波相位处处不同，相邻区域相位差为 180°，而振幅可能相同，也可能不同，随相移掩模种类而定。相移掩模上，在指定的一些透光区域中局部地增加一层适当厚度的透明介质层，即所谓的相移器或相移层，来改变该处透过光的相位，使与无相移器区域透过光波之间有 180°相位差，从而改善硅片上光学像的对比度，提高分辨率，同时焦深、像亮度曝光量和宽容度也得到改善。

2. CQUEST 和 SHRINC 技术

日本佳能公司提出了一种称为 CQUEST(Canon Quatrapole Effect for Stepper Technology) 的技术。该技术使像质改善可达到透镜的分辨率极限，利用传统的透射掩模可得到类似用相移掩模的结果：增大了焦深，提高了分辨率。

由于制作相移掩模难度大、设计复杂、需用 CAD、要采用新的缺陷检查和修补技术与仪器、制作费用高、产生的电路图形设计受到相移器定位准则的严重限制，而且目前只是对个别特殊图形进行计算机模拟和曝光实验研究，尚无制作通用相移掩模的技术和手段。

CQUEST 的原理是选择和控制用于微细图形成像的照明光，使通过透镜的光程达到优化，以提高像质和增加焦深。已经证明，采用这种新的照明系统的 i(265 nm)线工艺可以使 i 线光刻延伸到 64 Mbit DRAM 时代。而且这种方法还可与镶边型相移掩模技术结合使用。

日本 Nikon 公司提出的 SHRINC(Super High Resolution by Illumination Control)方法，也是通过照明控制改善光刻系统分辨率，据称无须用昂贵的繁杂的相移掩模技术或多层抗蚀剂工艺，只须用传统掩模(TM)就可达到相移掩模或多层抗蚀剂工艺的效果，提高分辨率和改善焦深。用单层抗蚀剂和 i 线分步重复光刻机，加上 SHRINC 方法，可能用于 0.3 μm 或 0.35 μm 设计准则复杂图形的成像，有可能实现 64 MbitDRAM 的大批量生产。

SHRINC 方法也可用在准分子激光照明情况下，并可与相移掩模结合使用。当与 i 线分步重步光刻机结合时，可用于大规模生产 64 Mbit DRAM；当与 KrF 准分子激光光刻结合时，可用于大规模生产 256 Mbit DRAM；进一步与 ArF(193 nmm)准分子激光光刻和相移掩模结合，可望用于 1 Gbit DRAM 的生产。

随着光刻技术的发展，如高级 i 线分步重复光刻镜头的改善：增大数值孔径，增大视场，改善透过率，短波长，直至深紫外激光光源的采用；高级抗蚀剂和多层抗蚀剂工艺的采用；以及表面成像技术、相移掩模技术、改善照明特性的 SHRINC 技术和 CQUEST 技术等，可使光刻技术推进到 0.1μm 极限。同时，X 射线曝光技术和电子束、离子束刻蚀等技术也在相应发展。

11.7　磁性磨料加工

磁性磨料研磨加工(Magnetic Abrasive Machining, MAM)是近十年来发展起来的新型光整加工技术。将磁性研磨材料放入磁场中，磨料在磁场力的作用下将沿磁力线方向有序地排列形成磁力刷，这种磁力刷具有很好的抛磨抛光性能，同时还具有很好的可塑性。当切削阻力大于磁场的作用力时，磨料会产生滚动或滑动，不会对工件产生严重的划伤。适用于对精密零件进行抛光和去毛刺，在精密仪器仪表制造业中得到日益广泛的应用。

磁性磨料研磨加工按磨粒的状态分为干性研磨和湿性研磨两种。

干性研磨使用的磨料是干性磨料；湿性研磨是将磨料与不同的液体混合。这两种方式都能进行抛光、去毛刺和棱边倒圆。这里主要介绍干性磁力研磨。

11.7.1 加工原理

干性磁力研磨的示意图如图 11.38 所示。把磁性磨料放入磁场中，磁性磨料在磁场中将沿着磁力线的方向有序地排列成磁力刷。把工件放入 N-S 磁极中间，并使工件相对 N 极和 S 极保持一定的距离，当工件相对磁极作相对运动时，磁性磨料将对工件表面进行研磨加工。

磁性磨粒在工件表面上的运动状态通常有滑动、滚动、切削三种形式。当磁性磨粒受到的磁场力大于切削力时，磁性磨粒处于正常的切削状态。当磁性磨粒受到的磁场力小于切削力时，磁性磨粒就会产生滑动或滚动。

在研磨过程中，磁性磨粒的受力状态如图 11.38 所示。磨粒"A"是在加工区中靠近工件表面的一颗磁性磨粒。在磁场力的作用下，磨粒"A"就会沿磁力线的方向产生一个压向工件的力，这个力定义为 P_x 同时，由于工件的旋转运动，磨粒"A"在运动切线方向生一个切向力，这个力称为 P_y，因为磁极和工件之间生成的磁场是不均匀的。在切线方向由于磁力强度梯度产生了一个与 P_y 相反的磁力 F_z，这个力的作用可以防止磨粒向加工区域以外流动，这样就保证了研磨工作的正常进行。

磁力的大小与磁场强度的平方成正比。磁场强度的大小又与直流电源的电压有关，增加电压，磁场强度增强。因此，只要调节外加电压，就可以调节磁场强度的大小。

11.7.2 磁性磨料

磁性磨料的制造工艺虽不完全相同，但使用的原材料是基本相同的。常用的原料是铁加普通磨料(例如 Al_2O_3、SiC 等)。

一般的制造方法是将一定粒度的 Al_2O_3 或 SiC 与铁粉混合、烧结，然后粉碎、筛选，制成一定尺寸的磁性磨料，如图 11.39 所示。

在制造磁性磨料前，应对普通磨料(例如 Al_2O_3、SiC 等)的粒度进行选择。对于不同的工件材质和加工要求，要选择不同粒度的 Al_2O_3 或 SiC 磨料粉，因为它们的粒度大小直接影响工件的研磨抛光质量和加工表面粗糙度。

磁性磨粒的尺寸较大时，其受到磁场的作用力大，研磨抛光加工效率高；磁性磨粒的尺寸较小时，研磨过程容易控制，易于保证工件的加工表面质量，但加工效率较低。

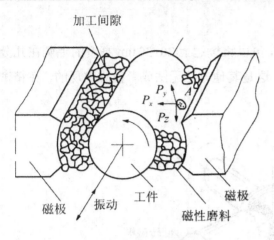
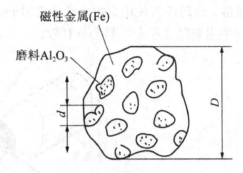

图 11.38　干性磁力研磨示意图　　　　图 11.39　磁性磨料结构示意图

11.7.3　加工工艺参数对加工质量的影响

1. 磁场强度的影响

加工间隙中的磁感应强度大小可以通过改变励磁电压的大小来控制。当励磁电压一定时，磁性磨料受到的作用力与磁感应强度的平方成正比。增大加工间隙中的磁感应强度，就能有效地提高研磨抛光效率，因此，要正确选用励磁电压。应根据工件的尺寸、工件材质、工件加工表面粗糙度的要求等合理选择电压值。一般粗加工时应选用较大的磁场强度。

2. 加工间隙的影响

当磁性磨料、工件转速、励磁电压一定时，应正确选择加工间隙的大小。试验结果和理论分析都证明：加工间隙增大，磁感应强度会减小；加工间隙小，则磁感应强度大。在粗加工时，加工间隙要尽量选小；精加工时，加工间隙要选大。加工间隙大小的值应根据具体的加工要求而定。

3. 磁极形状的影响

为了有效和可靠地工作，必须正确设计磁极的形状。若磁极的中央部分是圆弧，中央部分不容易保存磁性磨粒，中央部分就没有研磨作用，降低了磁极的利用率。若在磁极圆弧的中央开槽，则磁性磨料的受力状态改变，使中央部分集中了磁性磨粒，使磁极利用率提高。同时，磁极形状的设计应使磁性磨料在加工间隙中受到更大的磁场力，从而提高磁力研磨的加工效率。

11.7.4　应用实例

1. 利用回转磁极研磨球面(见图 11.40)

工具磁极的端面为球面，两个工具磁极绕同一轴线转动，转动方向相反。研磨时，工件不但转动，而且摆动，但球心始终不动。利用这种方法研磨，可以在几分钟内将球面从 $R_{a\,max}$ 6 μm 研磨抛光成为 R_a 0.1 μm。

2. 磁力研磨阶梯形零件(见图 11.41)

利用磁力研磨方法抛光圆柱阶梯形零件,可以将棱边上 20~30 μm 高度的毛刺在几分钟内去除,研磨成的棱边圆角半径为 0.01mm,这是其他方法无法或者很难实现的,在精密耦合件中用来抛光和去毛刺十分有效。

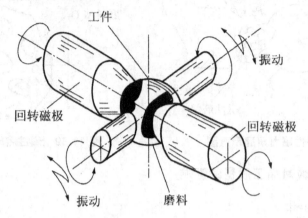

图 11.40 球面的磁力研磨

磁性磨料研磨加工技术主要用于精密机械零件的表面精整和去毛刺。去毛刺的高度不能超过 0.1mm。通常用于液压元件的阀体内腔抛光及去毛刺,效率高、质量好,棱边倒角可以控制在 0.01mm 以下,这是其他加工方法难以实现的。

磁性磨料研磨加工技术还可以用于油泵齿轮、轴瓦、轴承、异型螺纹滚子等的研磨抛光。

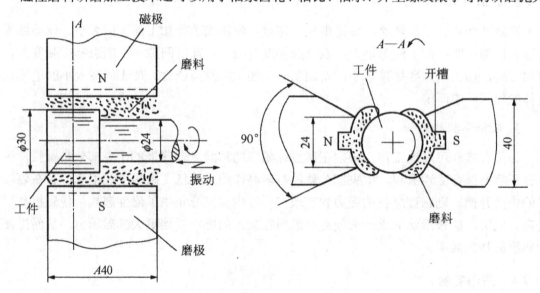

图 11.41 阶梯形零件的磁力研磨

小 结

1. 功率超声光整加工

(1) 功率超声珩磨装置的组成、结构、性能及优点。珩磨力小、珩磨温度低、油石不易堵塞、加工质量好、效率高,零件滑动面耐磨性高。

(2) 功率超声研磨是在研磨工具或工件上施加功率超声振动以改善研磨效果的一种新工艺。与普通机械研磨相比,具有效率高、表面粗糙度低的优点。

(3) 功率超声抛光的振动系统结构与研磨类似。功率超声抛光工具有两类:一类是具有磨削作用的磨具;另一类是没有磨削作用的工具。

(4) 功率超声压光是在传统压光工艺基础上,给工具沿工件表面法线方向上施加功率超声振动,在一定压力下工具与工件表面振动接触,从而对工件表面进行机械冷作硬化,大大提高了加工表面的硬度和耐磨性,降低表面粗糙度。

2. 化学加工

(1) 化学加工(CHM)是利用酸、碱、盐等化学溶液对金属产生化学反应,使金属腐蚀溶解,改变工件尺寸和形状(以至表面性能)的一种加工方法。化学加工的应用形式很多,但属于成形加工的主要有化学铣切(化学蚀刻)和光化学腐蚀加工法。属于表面加工的有化学抛光和化学镀膜等。

(2) 化学铣切,实质上是较大面积和较深尺寸的化学蚀刻,先把工件非加工表面用耐腐蚀性涂层保护起来,需要加工的表面露出来,浸入到化学溶液中进行腐蚀,使金属按特定的部位溶解去除,达到加工目的。

(3) 光化学腐蚀加工简称光化学加工(OCM)是光学照相制版和光刻(化学腐蚀)相结合的一种精密微细加工技术。可以加工出非常精细的文字图案,目前已在工艺美术、机制工业和电子工业中获得应用。

(4) 化学抛光(CP)的目的是改善工件表面粗糙度或使表面平滑化和光泽化。

(5) 化学镀膜的目的是在金属或非金属表面镀上一层金属,起装饰、防腐蚀或导电等作用。

3. 水射流及磨料流加工技术

(1) 水射流加工是以一束从小口径孔中射出的高速水射流作用在材料上,通过将水射流的动能变成去除材料的机械能,对材料进行清洗、剥层、切割的加工技术。水射流是喷嘴流出形成的不同形状的高速水流束,它的流速取决于喷嘴出口直径及面前后的压力差。加工机理是由射流液滴与材料的相互作用过程以及材料的失效机理所决定的。

(2) 磨料流加工是水射流加工的一种形式。磨料射流是在水射流中混入磨料颗粒即成为磨料射流。磨料射流的引入大大提高了液体射流的作用效果,使得射流在较低压力下即可进行除锈、切割等作业;或者在同等压力下大大提高作业效率。因此,一般情况下水射流的工业切割均采用磨料射流介质。

4. 等离子体加工

(1) 等离子体加工又称等离子电弧加工(PAM)，是利用电弧放电使气体电离成过热的等离子气体流束，靠局部熔化及汽化来去除材料的。等离子体被称为物质存在的第四种状态，物质存在的通常三种状态是气、液、固三态。等离子体是高温电离的气体，它由气体原子或分子在高温下获得能量电离之后，离解成带正电荷的离子和带负电荷的自由电子所组成，整体的正负离子数目和正负电荷数值仍相等，因此称为等离子体。

(2) 等离子体具有极高能量密度的三种效应：机械压缩效应、热收缩效应、磁收缩效应。

(3) 等离子体加工中材料去除速度和加工精度、设备和工具的确定。

5. 挤压珩磨

(1) 挤压珩磨是利用一种含磨料的半流动状态的黏弹性磨料介质、在一定压力下强迫在被加工表面上流过，由磨料颗粒的刮削作用去除工件表面微观不平材料的工艺方法。

(2) 挤压珩磨的原理、特点、适用范围、磨料介质等。

6. 光刻技术

(1) 光刻也称照相平版印刷，它源于微电子的集成电路制造，是在微机械制造领域应用较早并仍被广泛采用且不断发展的一类微细加工方法。其原理与印刷技术中的照相制版相似，在硅等基体材料上涂覆光致抗蚀剂(或称为光刻胶)，然后利用极限分辨率极高的能量束来通过掩模对光致抗蚀剂层进行曝光(或称光刻)。经显影后，在抗蚀剂层上获得了与掩模图形相同的极微细的几何图形，再利用刻蚀等方法，在工件材料上制造出微型结构。

(2) 光刻加工基本流程如下：

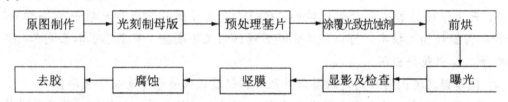

(3) 光刻加工中的关键技术：主要包括掩模制作、曝光技术、刻蚀技术等。

7. 磁性磨料加工

(1) 磁性磨料研磨加工(MAM)是将磁性研磨材料放入磁场中，磨料在磁场力的作用下将沿磁力线方向有序地排列形成磁力刷，这种磁力刷具有很好的抛磨抛光性能，同时还具有很好的可塑性。当切削阻力大于磁场的作用力时，磨料会产生滚动或滑动，不会对工件产生严重的划伤。

(2) 磁性磨料研磨加工的分类：按磨粒的状态分为干性研磨和湿性研磨两种。

(3) 影响加工质量的因素：磁场强度的影响、加工间隙的影响和磁极形状的影响。

思 考 题

1. 简述功率超声抛光的类型及工作机理。
2. 试简要介绍离子束加工原理。
3. 离子束加工有哪些具体方式？
4. 电子束加工、离子束加工和激光加工各自的适用范围有哪些？试比较三者的优缺点。
5. 试绘图分析水射流加工过程中材料的失效机理。
6. 试简要介绍水射流加工工艺的优点。
7. 试简述磨料射流加工的机理和应用。
8. 试列表归纳、比较本章中各种特种加工方法的优缺点及适用范围。
9. 如何提高化学刻蚀加工的精密度(分辨率)？
10. 在日常工作和日常生活中，有哪些物品、商品是用本章所介绍的特种加工方法制造的？

参 考 文 献

[1] 刘晋春，赵家齐，赵万生. 特种加工. 北京：机械工业出版社，2004.
[2] 张建华. 精密与特种加工技术. 北京：机械工业出版社，2003.
[3] 张辽远. 现代加工技术. 北京：机械工业出版社，2002.
[4] 周旭光等. 特种加工技术. 西安：西安电子科技大学出版社，2004.
[5] 王贵成，张银喜. 精密与特种加工. 武汉：武汉理工大学出版社，2001.
[6] 马名峻，蒋亨顺，郭洁民. 电火花加工技术在模具制造中的应用. 北京：化学工业出版社，2004.
[7] 胡传. 特种加工手册. 北京：北京工业大学出版社，2001.
[8] 朱树敏，陈远龙. 电化学加工技术. 北京：化学工业出版社，2006.
[9] 王志尧. 中国材料工程大典 第24卷 材料特种加工成形工程(上). 北京：化学工业出版社，2006.
[10] 王建业，徐家文. 电解加工原理及应用. 北京：国防工业出版社，2001.
[11] 《航空制造工程手册》编委会. 航空制造工程手册——特种加工. 北京：航空工业出版社，1993.
[12] 陈远龙. 电解加工技术的现状与展望. 2005年中国机械工程学会年会论文集. 北京：机械工业出版社，2005.
[13] 陈远龙，王天霁，万胜美. 基于PLC和触摸屏技术的数控电解加工机床研制. 电加工与模具，2005(3).
[14] 王建业. 电解加工技术的新发展——高频窄脉冲电流电解加工. 电加工，1998(2).
[15] 陈远龙. 锻模型腔的电解加工技术. 锻压技术，1995(3).
[16] 施文轩，张明歧，殷旻. 电液束加工工艺的研究及其发展. 航空制造技术，2001(6).
[17] 陈远龙，沈健，张海岩等. 保持架电化学去毛刺工艺. 轴承，1996(7).
[18] 宾胜武. 刷镀技术. 北京：化学工业出版社，2003.
[19] 陈良治. 新型材料与特种加工技术的应用. 西安：西北工业大学出版社，1990.
[20] 孙大涌. 先进制造技术. 北京：机械工业出版社，2002.
[21] 李洪. 机械加工工艺手册. 北京：北京出版社，1990.
[22] 张耀宸. 机械加工工艺设计手册. 北京：航空工业出版社，1989.
[23] 杨叔子. 机械加工工艺师手册. 北京：机械工业出版社，2002.